高等职业教育课程改革项目研究成果系列教材
“互联网+”新形态教材

电工电子技术

主　编　李文静　张亚妮　黄才彬
副主编　牛苗苗　周小玲　田晓红　徐晓钦

北京理工大学出版社
BEIJING INSTITUTE OF TECHNOLOGY PRESS

内容简介

本书包括电工技术基础、模拟电子技术和数字电子技术的相关知识。教学内容的选取以“提高学生的实践技能”为主线，重视理论和实践的有机结合，采用任务驱动、项目教学的编写形式。本书设计有直流电路的测试与分析、照明电路的分析与设计、变压器及其参数测定、卷帘门控系统中正/反转运动电路的设计、简易助听器电路的设计、函数信号发生器的设计、医院病房呼叫显示电路的设计、四路彩灯显示系统的设计8个项目。每个项目由2~3个任务组成，每个项目包括项目引入、项目分析、项目小结、学习测试环节，每个任务有学习目标、任务引入、知识链接、任务实施、评价反馈等环节。为落实党的二十大“推进教育数字化”的要求，本书融合各种类型的数字化课程资源，包括视频、动画、文本等，将传统的纸质教材升级为新形态一体化活页式教材。

本书可作为高职高专等工科院校装备制造大类、电子信息大类相关专业的教材，或供相关专业的工程技术人员自学和参考。

图书在版编目（CIP）数据

电工电子技术／李文静，张亚妮，黄才彬主编. --北京：北京理工大学出版社，2023.8

ISBN 978-7-5763-2819-6

Ⅰ.①电…　Ⅱ.①李… ②张… ③黄…　Ⅲ.①电工技术 ②电子技术　Ⅳ.①TM ②TN

中国国家版本馆CIP数据核字（2023）第162385号

责任编辑：陈莉华　　**文案编辑**：陈莉华
责任校对：周瑞红　　**责任印制**：施胜娟

出版发行／北京理工大学出版社有限责任公司
社　　址／北京市丰台区四合庄路6号
邮　　编／100070
电　　话／（010）68914026（教材售后服务热线）
（010）68944437（课件资源服务热线）
网　　址／http：//www.bitpress.com.cn

版 印 次／2023年8月第1版第1次印刷
印　　刷／河北盛世彩捷印刷有限公司
开　　本／787 mm×1092 mm　1/16
印　　张／17.75
字　　数／406千字
定　　价／49.00元

前言

本书依据教育部最新发布的《高等职业学校专业教学标准》中对本课程的教学内容要求，并参照最新颁发的国家标准和职业技能等级考核标准修订而成。

“电工电子技术”是高等职业院校装备制造大类、电子信息大类相关专业的专业基础课程，主要包括电工基础、模拟电子技术和数字电子技术的相关知识。教学内容的选取以“提高学生的实践技能”为主线，重视理论和实践的有机结合，采用任务驱动、项目教学的编写形式。项目的选取接近日常生活，以增加学生学习兴趣，秉承学以致用的指导思想，设计有直流电路的测试与分析、照明电路的分析与设计、变压器及其参数测定、卷帘门控系统中正/反转运动电路的设计、简易助听器电路的设计、函数信号发生器的设计、医院病房呼叫显示电路的设计、四路彩灯显示系统的设计8个项目。每个项目由2~3个任务组成，每个项目包括项目引入、项目分析、项目小结、学习测试环节，每个任务由学习目标、任务引入、知识链接、任务实施、评价反馈等环节组成。项目设计及实施整个环节融入课程思政内容，最大限度地彰显出职业性，使学生具有犹如身临其境的职业体验，既符合职业教育的基本规律，又培养学生在实践工作中恰当地分析问题和快速解决问题的综合能力。全面贯彻党的教育方针，落实立德树人根本任务，培养德智体美劳全面发展的社会主义建设者和接班人。

为落实党的二十大“推进教育数字化”的要求，本书将融合各种类型的数字化课程资源，包括视频、动画、文本等，将传统的纸质教材升级为新形态一体化教材。在内容的呈现方式上，尽可能采用思维导图、图片、表格等直观的呈现方式，各个知识点和操作过程表述简洁明确，给学生营造一个直观的认知环境。另外，本书有配套数字课程（https://mooc.icve.com.cn/cms/智慧职教

MOOC 学院)，建议利用教材提供的数字化资源采用线上线下混合式教学方法。

本书由重庆水利电力职业技术学院李文静、张亚妮、黄才彬担任主编，重庆水利电力职业技术学院牛苗苗、周小玲、田晓红和徐晓钦担任副主编，重庆水利电力职业技术学院赵国际、刘露萍担任主审。重庆水利电力职业技术学院侯德明，重庆华中数控技术有限公司、重庆赛菱斯智能装备有限公司及重庆众恒电器有限公司相关工程师皆参与了本书的编写，为本书提供项目资源及技术指导等。

在本书的编写过程中，参考了有关资料和文献，在此向相关的作者表示衷心的感谢。同时感谢北京理工大学出版社为本书出版付出的辛勤劳动以及向作者提出的有益修改建议。由于编者水平有限，书中难免有不妥之处，敬请广大读者批评指正。

编　者

目录

项目一

直流电路的测试与分析

项目引入

什么是电路？构成一个电路必需的要素有哪些？它们是怎么工作的？为什么开关合上后灯就可以发光？日常生活中手电筒电路、门铃电路、汽车大灯电路等都是直流电源供电电路。

项目分析

项目一知识图谱如图 1-1 所示。

手电筒是一个简单而完整的电路，其麻雀虽小，却五脏俱全。在本项目中，让我们通过手电筒电路的安装与检测来探究电路的组成，并认识电路中的基本物理量及其测量方法，以进一步学习复杂电路的分析方法。

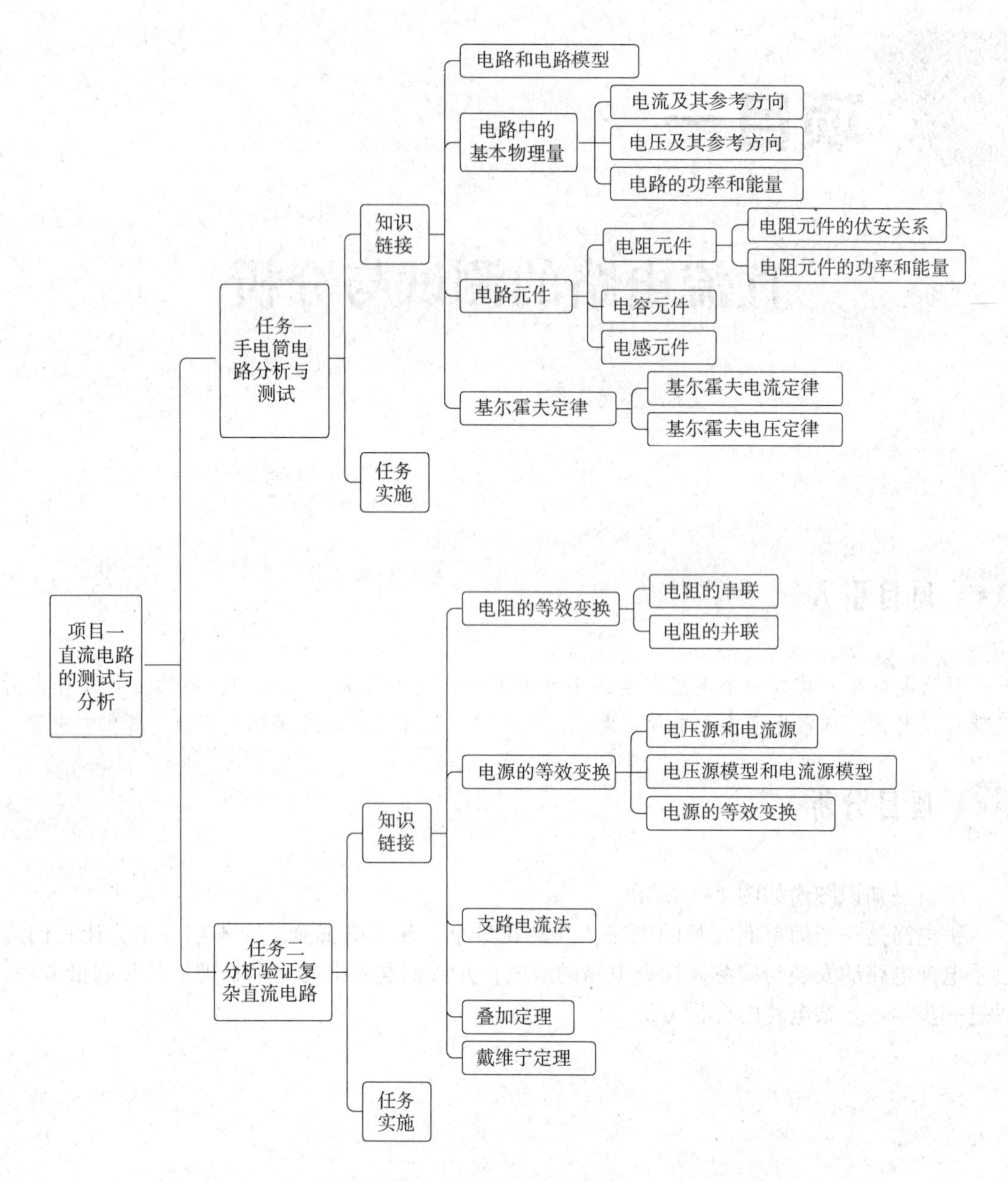

项目一
直流电路的测试与分析
任务一
手电筒电路分析与测试
知识链接
电路和电路模型
电路中的基本物理量
电流及其参考方向
电压及其参考方向
电路的功率和能量
电路元件
电阻元件
电阻元件的伏安关系
电阻元件的功率和能量
电容元件
电感元件
基尔霍夫定律
基尔霍夫电流定律
基尔霍夫电压定律
任务实施
任务二
分析验证复杂直流电路
知识链接
电阻的等效变换
电阻的串联
电阻的并联
电源的等效变换
电压源和电流源
电压源模型和电流源模型
电源的等效变换
支路电流法
叠加定理
戴维宁定理
任务实施

图 1-1　项目一知识图谱

任务一　手电筒电路分析与测试

学习目标

知识目标	能力目标	职业素养目标
1. 理解电压、电流及其参考方向的概念 2. 熟练掌握电阻元件、电压源、电流源的电压与电流的关系和基尔霍夫定律	能将实际电路抽象为电路模型	1. 对从事电子技术工作充满热情 2. 遵规守纪，团结协作，钻研技术

参考学时：6~8 学时。

任务引入

首先来看看日常生活中比较常见的电路，如手电筒电路，如图 1-2（a）所示。这是使用干电池、开关和灯泡等元件实现手电筒电路的。干电池提供 3 V 直流电压，闭合开关即可点亮灯泡。

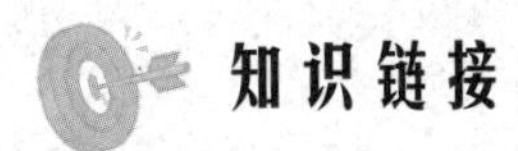

知识链接

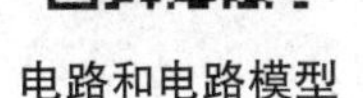

电路和电路模型

一、电路和电路模型

电路是由若干个电气设备或电路元器件（如电阻器、电容器、电感线圈、变压器、电源、半导体器件、集成电路、发电机、电动机等）按一定方式连接而成的电流通路。在现代科技领域中，电路的结构形式、完成的任务各有不同，就其功能而言，大体可分为两类：一类是进行能量的转换、传输和分配的电路，如电力系统中发电机组将热能、水能、风能等其他形式的能量转换为电能，经过输电线、变压器、开关等电气设备传输、分配给各用电设备，这些用电设备吸收电能再转化成光能、热能、机械能等其他形式的能量而得以利用；另一类是对电信号进行传递、储存、加工和处理的电路，如通信系统中收音机和电视机通过天线接收来自空间的音频和视频等信号，经过调谐、变频、放大、检波等处理，分别送到扬声器和显像管还原成原始的声音和图像。

图 1-2（a）所示为一个手电筒的实际电路，它由干电池、导线、开关和灯泡连接而成。当开关闭合时，灯泡的两端建立起电压，电路中形成电流，电流通过灯泡时使其发光。图 1-2（a）中电池是提供电能的器件，称为电源；灯泡是耗能的器件，称为负载；连接电源和负载的是导线。由于电路中的电流和电压是在电源的作用下产生的，因此电源称为电

路的激励，而电流和电压则称为电路的响应。

实际电路中的电路元器件在工作时的电磁性质是比较复杂的，往往同时具有多种电磁效应，这给电路的分析和计算带来了困难。为了简化问题，以便于探讨电路的普遍规律，在分析实际电路时，人们往往将实际的元器件理想化，抓住其主要特性，忽略其他次要因素，用一个足以表征其主要性能的理想化电路元件近似代替实际电路器件。在手电筒电路中，当有电流流过灯泡时，灯丝对电流产生阻碍作用，呈现电阻特性，但同时还会产生磁场，因而兼有电感性质。实际的电路总有内阻，因而工作时其端电压会有所下降。连接导体多少有一点电阻，甚至还有电感。但灯泡的电感是很小的，可用一个理想的电阻代替。一个新电池的内阻比灯泡的电阻小得多，可以忽略不计，故可以用一个电压恒定的理想电压源代替。在连接导体不长且截面积足够大时，其电阻可忽略不计，作为理想导体，这样处理后的各电路元件只具有单一电磁特性，可以用简单的电路符号及数学表达式来精确描述。

由各种理想电路元件组成的电路称为电路模型，图 1-2（b）就是图 1-2（a）所示电路的模型。本书分析的都是指电路模型，简称电路。在电路图中，各种电路元件都用规定的图形符号表示。

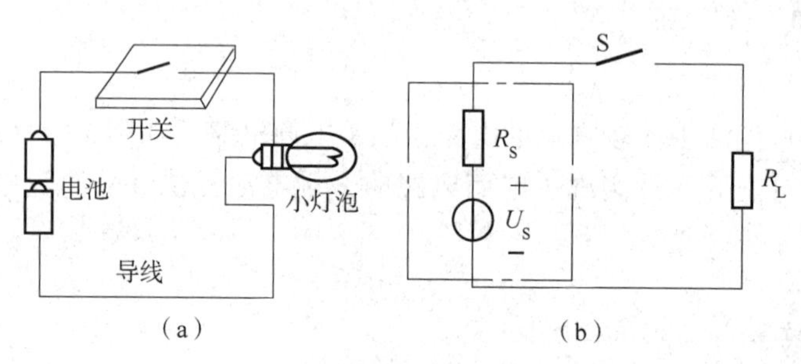

图 1-2　手电筒实际电路及其电路模型

（a）实际电路；（b）电路模型

二、电路中的基本物理量

电路基本物理量

（一）电流及其参考方向

在电场力的作用下电荷的定向移动形成电流。电流的大小用电流强度来衡量，电流强度为单位时间内通过导体任一横截面的电量，工程上就简称为电流。电流不仅表示一种物理现象，而且还是一个物理量，常以字母 i 或 I 表示。

电流表达式为

$$i(t)=\frac{\mathrm{d}q}{\mathrm{d}t} \tag{1-1}$$

在国际单位制（SI）中，电荷 q 的单位为 C（库仑）；时间 t 的单位为 s（秒）；电流 i 的单位是 A（安培，简称安）。为了使用上的方便，常用的单位还有 mA（毫安）和μA（微安），$1\ \mathrm{kA}=10^3\ \mathrm{A}=10^6\ \mathrm{mA}=10^9\ \mu\mathrm{A}$。

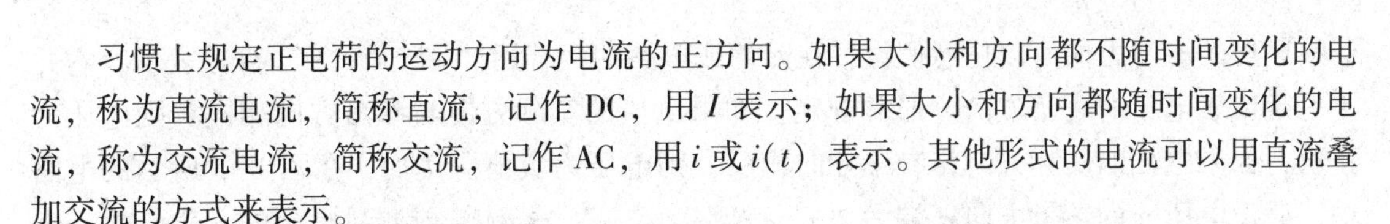

习惯上规定正电荷的运动方向为电流的正方向。如果大小和方向都不随时间变化的电流，称为直流电流，简称直流，记作 DC，用 I 表示；如果大小和方向都随时间变化的电流，称为交流电流，简称交流，记作 AC，用 i 或 $i(t)$ 表示。其他形式的电流可以用直流叠加交流的方式来表示。

上述规定的电流方向是电流在电路中的真实方向。对简单电路而言，电流的真实方向是可以直观确定的，但在一个复杂的电路中，往往很难判断出电路中电流的真实方向，而对于大小和方向都随时间变化的交变电流来说，判断其真实方向就更加困难了。为此引入参考方向的概念。

在分析与计算电路时，电流的参考方向可以任意假设，在图中用箭头表示，它并不一定代表电流的真实流向。电流参考方向的两种表示如图 1-3（a）和图 1-3（b）所示。

通常规定，如果电流的参考方向与实际方向一致，则电流为正值，记作 $i>0$；如果电流的参考方向与实际方向相反，则电流为负值，记作 $i<0$。电流参考方向与实际方向如图 1-4（a）和图 1-4（b）所示。注意：在参考方向选定后，电流值才有正负之分。

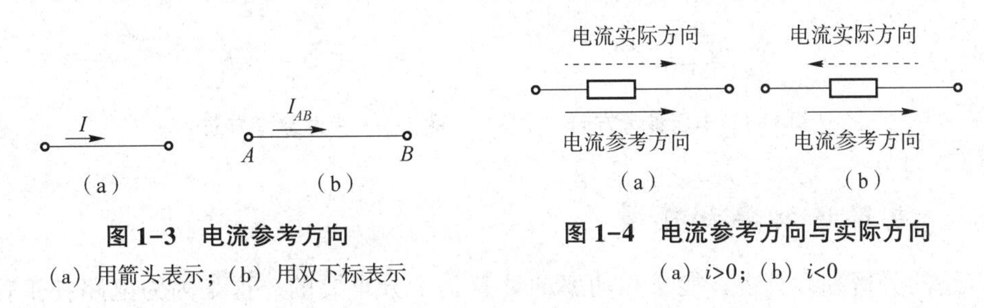

图 1-3 电流参考方向

（a）用箭头表示；（b）用双下标表示

图 1-4 电流参考方向与实际方向

（a）$i>0$；（b）$i<0$

（二）电压及其参考方向

在电路中电荷能够产生定向移动，一定受到电场力的作用，也就是电场力对电荷做了功。为了衡量电场力做功大小，引入电压这一物理量。电路中 a、b 两点间的电压 u_{ab} 为单位正电荷在电场力的作用下由 a 点转移到 b 点时减少的电能，即

$$u_{ab} \overset{\text{def}}{=} \frac{\mathrm{d}w}{\mathrm{d}q} \tag{1-2}$$

在 SI 制中，电荷 q 的单位为 C（库仑），功 w 的单位为 J（焦耳），电压 u_{ab} 的单位为 V（伏特）。常用的电压单位还有 kV（千伏）、mV（毫伏），$1\ \text{kV}=10^3\ \text{V}=10^6\ \text{mV}$。

电压总与电路中的两个点有关，通常给电压 u 加上脚标，如将 u 写成 u_{ab}，以明确电路中 a、b 两点间的电压。如果正电荷从 a 点移到 b 点是失去能量，则 a 点是高电位，为正端，标以“+”号，b 点是低电位，为负端，标以“-”号，即 u_{ab} 是电压降，其值为正。反之，如果正电荷从 a 点移到 b 点是获得能量，则 a 点是低电位，为负端，标以“-”号，b 点是高电位，为正端，标以“+”号，即 u_{ab} 是电压升，其值为负。习惯上称电压降为电压，将电压降的方向规定为电压的正方向。如果电压的大小和方向都不随时间变化，则称之为直流电压，用 U 表示。如果电压大小和方向都随时间做周期性变化，则称之为交流电压，用 u 或者 $u(t)$ 表示。其他形式的电压总可以用直流电压叠加交流电压的方式来表示。对于一个复杂电路而言，电路中电压的真实极性也称真实方向，往往也是很难判断的。为此，也需要引入电压参考方向的概念。

电压的参考方向可以任意假设，在元件或电路的两端用“+”和“-”符号表示，它并不一定代表电压的真实方向。通常规定：如果电压的实际方向与参考方向相同，则电压为正值；如果电压的实际方向与参考方向相反，则电压为负值。例如，在图 1-5 所示的电路中，假设电压 u 的参考方向 a 端为“+”，b 端为“-”，若计算或测量得到的 u 为正值，则说明电压的实际方向与参考方向相同，a 端电位高于 b 端电位；若计算或测量得到的 u 为负值，则说明电压的实际方向与参考方向相反，b 端电位高于 a 端电位。这就是说，可以用电压的正、负值，再结合电压的参考方向来表示电压的实际方向。因此，不标出电压的参考方向，电压值的正负是没有意义的。

一个元件上的电流或电压的参考方向可以独立地任意指定。如果指定流过元件电流的参考方向是从标以电压正极性的一端指向负极性的一端，即两者的参考方向一致，则把电流和电压的这种参考方向称为关联参考方向，如图 1-6 所示；当两者不一致时，称为非关联参考方向。

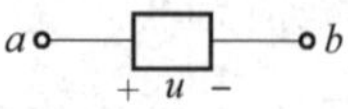

图 1-5　电压参考方向

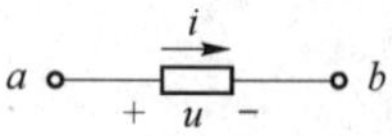

图 1-6　关联参考方向

（三）电路的功率和能量

在电路的分析和计算中，能量和功率的计算是十分重要的。这是因为电路在工作状况下总伴随有电能与其他形式能量的相互交换；另外，电气设备、电路部件本身都有功率的限制，在使用时要注意其电流值或电压值是否超过额定值，过载会使设备或部件损坏，或是不能正常工作。

为了衡量电路中能量转换的速度，引入功率这一物理量，功率用 p 表示。设在 $\mathrm{d}t$ 时间内电路转换的电能为 $\mathrm{d}w$，则功率定义为

$$p=\frac{\mathrm{d}w}{\mathrm{d}t} \tag{1-3}$$

在 SI 制中，能量 w 的单位为 J（焦耳，简称焦），时间 t 的单位为 s（秒），功率 p 的单位为 W（瓦特，简称瓦）。

电路中，人们更感兴趣的是功率与电压、电流之间的关系。对式（1-3）进一步推导，可得

$$p=\frac{\mathrm{d}w}{\mathrm{d}t}=\frac{\mathrm{d}w}{\mathrm{d}q}\frac{\mathrm{d}q}{\mathrm{d}t}=ui \tag{1-4}$$

式（1-4）表明电路的功率等于该电路的电压与电流的乘积。直流情况下，可表示为

$$P=UI \tag{1-5}$$

在 SI 制中，电流 i 的单位为 A（安培，简称安），电压 u 的单位为 V（伏特，简称伏），功率 p 的单位为 W（瓦特，简称瓦）。常用的功率单位还有 MW（兆瓦）、kW（千瓦）、mW（毫瓦）等，$1\ \mathrm{MW}=10^3\ \mathrm{kW}=10^6\ \mathrm{W}=10^9\ \mathrm{mW}$。

因为 u 和 i 的值都是代数量，所以功率 p 既可为正值也可为负值，而功率正、负也有其

特定的物理含义。在 u 和 i 为关联参考方向下，若 $p>0$，则表明电压和电流的实际方向相同，正电荷从高电位端移到低电位端，电场力对正电荷做功，电路吸收功率；若 $p<0$，则表明电压和电流的实际方向相反，正电荷从低电位端移到高电位端，外力克服电场力做功，电路将其他形式的能量转换成电能释放出功率，此时电路发出功率。在 u 和 i 为非关联参考方向下，若计算功率仍为 $p=ui$，则情况正好相反。

因此，在电压 u 和电流 i 参考方向选定后，应用式（1-4）求功率时应当注意：如果电压和电流的参考方向为关联参考方向，当 p 为正值时，表示该元件吸收功率；如果电压和电流的参考方向为非关联参考方向，当 p 为正值时，该元件发出功率。

在关联参考方向下，在 t_0 到 t 时间内，电阻所吸收的能量为

$$w_R=\int_{t_0}^{t}p\mathrm{d}\tau=\int_{t_0}^{t}ui\mathrm{d}\tau \tag{1-6}$$

在国际单位制（SI）中，能量 w 的单位为 J（焦耳）。

三、电路元件

（一）电阻元件

电路元件是电路中最基本的组成单元。电路元件通过其端子与外部相连接；元件的特性则采用与端子有关的物理量描述。每一种元件反映某种确定的电磁性质。集总（参数）元件假定：在任何时刻，流入二端元件的一个端子的电流一定等于从另一端子流出的电流，两个端子之间的电压为单值量。由集总元件构成的电路称为集总电路，或具有集总参数的电路。电路元件按与外部连接的端子数目不同可分为二端、三端、四端元件等，电路元件还可分为无源元件和有源元件、线性元件和非线性元件等。每种电路元件端钮上的电压和电流之间都存在确切的关系，称为伏安关系或伏安特性，简称 VAR 或 VAC。VAR 可以用数学式描述，也可以在 u-i 平面中用曲线描述，称为伏安特性曲线。

1. 电阻元件的伏安关系

电阻元件是对电流呈现阻力的元件，它反映电路器件消耗电能的性能，许多实际的电路器件如电阻器、灯泡、电炉等在一定条件下可以用二端线性电阻元件作为其模型。线性电阻元件是这样的理想元件：在电压和电流取关联参考方向下，在任何时刻它两端的电压和电流关系服从欧姆定律，即有

$$u=Ri \tag{1-7}$$

线性电阻元件的图形符号如图 1-7（a）所示。式（1-7）中 R 称为元件的电阻，R 是一个正实常数。当电压单位用 V、电流单位用 A 表示时，电阻的单位为 Ω（欧姆，简称欧）。

令 $G=\dfrac{1}{R}$，使式（1-7）变成

$$i=Gu \tag{1-8}$$

式中：G 为电阻元件的电导。电导的单位是 S（西门子，简称西）。R 和 G 都是电阻元件的

参数。

欧姆定律表明了线性电阻的特性：当电流通过线性电阻时，要消耗电能，在沿电流方向上电阻的两端将会产生电压降，此电压降与流过电流的大小成正比，比例系数为常数 R，就是电阻元件的电阻值，简称电阻。在 u-i 平面中，线性电阻元件的伏安特性曲线是一条在第 1、3 象限内通过坐标原点、斜率为 R 的直线，如图 1–7（b）所示。

当一个线性电阻元件的端电压不论为何值时，流过它的电流恒为零值，就把它称为“开路”。开路的伏安特性在 i-u 平面上与电压轴重合，它相当于 $R=\infty$ 或 $G=0$，如图 1–8（a）所示。当流过一个线性电阻元件的电流不论为何值时，它的端电压恒为零值，就把它称为“短路”。短路的伏安特性在 i-u 平面上与电流轴重合，它相当于 $R=0$ 或 $G=\infty$，如图 1–8（b）所示。

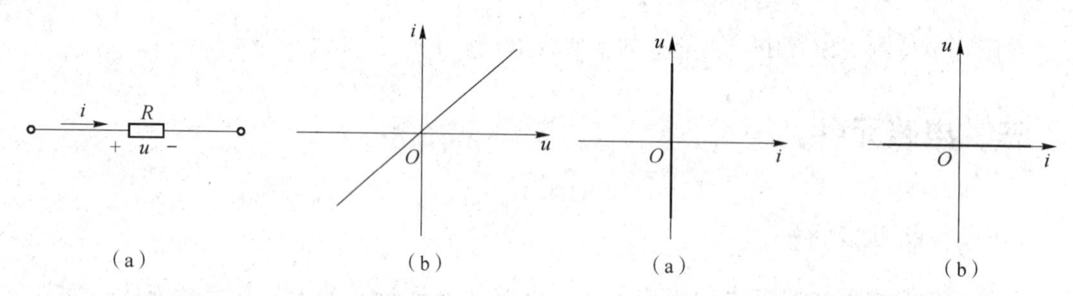

图 1–7　线性电阻元件符号及其伏安特性曲线

（a）图形符号；（b）伏安特性

图 1–8　开路和短路的伏安特性

（a）开路；（b）短路

2. 电阻元件的功率和能量

当电压 u 和电流 i 取关联参考方向时，电阻元件消耗的功率为

$$p=ui=Ri^2=\frac{u^2}{R}=Gu^2 \tag{1-9}$$

R 和 G 是正实常数，故功率 p 恒为非负值。所以，线性电阻元件是一种无源元件。

如电阻元件把吸收的电能转换成热能，即从 t_0 到 t 时间内，电阻元件吸收（消耗）的电能为

$$w=\int_{t_0}^{t} p\mathrm{d}t=\int_{t_0}^{t} Ri^2\mathrm{d}t=\int_{t_0}^{t}\frac{u^2}{R}\mathrm{d}t \tag{1-10}$$

能量通常用 J 作单位，但在电力系统中，常用“kW · h”（千瓦 · 小时）作电能的计量单位，即 1 kW 功率在 1 h 里所消耗的电能。1 kW · h 又称为 1“度”电。

（二）电容元件

在工程技术中，电容器的应用极为广泛。电容器虽然品种、规格各异，但就其构成原理来说，电容器都是由以不同介质（如云母、绝缘纸、电解质等）间隔的两块金属极板组成。当在极板上加以电压后，极板上分别聚集起等量的正、负电荷，并在介质中建立电场而具有电场能量。将电源移去后，电荷可继续聚集在极板上，电场继续存在。所以，电容器是一种能储存电荷或者说储存电场能量的部件。电容元件就是反映这种物理现象的电路模型。

线性电容元件的图形符号如图 1-9（a）所示，图中电压的正（负）极性所在极板上储存的电荷为$+q(-q)$，两者的极性一致。此时，有

$$q=Cu \tag{1-11}$$

式中：C 为电容元件的参数，称为电容。C 是一个正实常数。当电荷和电压的单位分别用 C 和 V 表示时，电容的单位为 F（法拉，简称法）。图 1-9（b）中以 q 和 u 为坐标轴，画出了电容元件的库伏特性。线性电容的库伏特性是一条通过原点的直线。

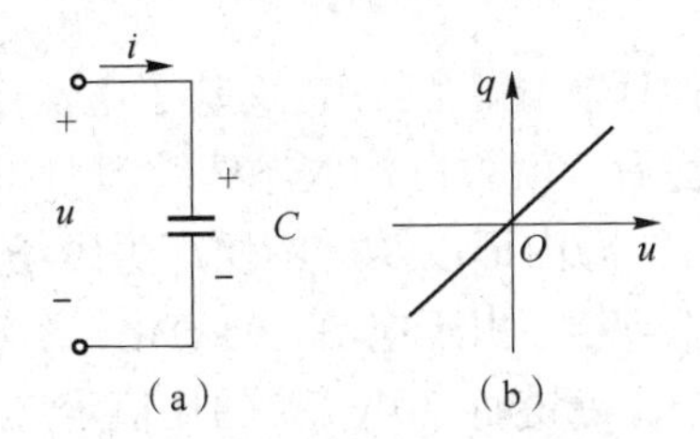

图 1-9　电容元件及其库伏特性

（a）线性电容元件的符号；（b）线性电容元件的 q-u 特性曲线

在图 1-9（a）所示电路中，如果电容元件的电压 u 和电流 i 采用关联参考方向，则有

$$i=\frac{\mathrm{d}q}{\mathrm{d}t}=\frac{\mathrm{d}Cu}{\mathrm{d}t}=C\frac{\mathrm{d}u}{\mathrm{d}t} \tag{1-12}$$

式（1-12）表明，电流和电压的变化率成正比。当电容上电压发生剧变$\left(\text{即}\frac{\mathrm{d}u}{\mathrm{d}t}\text{很大}\right)$时，电流很大。当电压不随时间变化时，电流为零。故电容在直流情况下其两端电压恒定，相当于开路，或者说电容有隔断直流（简称隔直）的作用。

由于流过电容的电流取决于电容两端电压的变化率，故电容元件是一种动态元件。电容元件 VAR 的另一种形式为

$$u(t)=\frac{1}{C}\int_{-\infty}^{t} i\mathrm{d}\tau \tag{1-13}$$

式（1-13）表明，某一时刻 t，电容两端的电压取决于电容电流从$-\infty$ 到 t 的积分，即与电流过去的全部历史有关。电容元件具有记忆电流的功能，故它又是一种记忆元件。

在任意选定 t_0作为初始时刻后，式（1-13）还可表示为

$$u(t)=\frac{1}{C}\int_{-\infty}^{t} i\mathrm{d}\tau=\frac{1}{C}\int_{-\infty}^{t_0} i\mathrm{d}\tau+\frac{1}{C}\int_{t_0}^{t} i\mathrm{d}\tau=u(t_0)+\frac{1}{C}\int_{-\infty}^{t} i\mathrm{d}\tau \tag{1-14}$$

式中：$u(t_0)$ 是初始时刻 t_0电容两端的电压，称为初始电压。

在电压和电流的关联参考方向下，线性电容元件吸收的功率为

$$p_{\text{吸}}=ui=u\cdot C\frac{\mathrm{d}u}{\mathrm{d}t} \tag{1-15}$$

从 $t=-\infty$ 到 t 时刻，电容元件吸收的电场能量为

$$w_C=\int_{-\infty}^{t} Cu\frac{\mathrm{d}u}{\mathrm{d}t}\mathrm{d}\tau=\frac{1}{2}Cu^2\Big|_{u(-\infty)}^{u(t)}=\frac{1}{2}Cu^2(t)-\frac{1}{2}Cu^2(-\infty) \tag{1-16}$$

电容元件吸收的能量以电场能量的形式储存在元件的电场中。可以认为 $t=-\infty$ 时，$u(-\infty)=0$，其电场能量也为零。这样，电容元件在任何时刻 t 储存的电场能量将等于它吸收的能量，可写为

$$w_C = \frac{1}{2}Cu^2(t) \tag{1-17}$$

式（1-17）表明，电容在某一时刻的储能，只取决于该时刻电容两端的电压，而与流过电容的电流无关。只要电容上有电压，它就有储能。并且，尽管电容的瞬时功率有正有负，但储能总为正值。综上所述，电容元件是一种动态的、有记忆的储能元件。

（三）电感元件

电感元件是实际线圈的一种理想化模型，它反映了电流产生磁通和磁场能量储存这一物理现象。用导线绕制成螺线管后，就可以构成电感线圈，如图 1-10 所示。当一个匝数为 N 的线圈通以变化的电流 i 时，线圈内部以及周围便产生磁场，形成磁通 ϕ，磁通与 N 匝线圈相交链，则称为磁链 ψ，即 $\psi=N\phi$。由于电流 i 的变化，引起磁通 ϕ 和磁链 ψ 的变化。将磁链 ψ 与电流 i 的比值定义为电感线圈的电感量，简称电感，用 L 表示，即

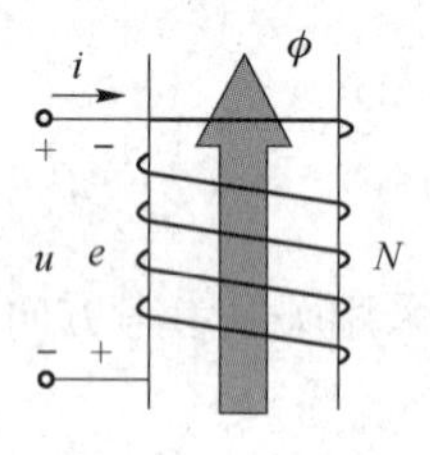

图 1-10　电感线圈

$$L \overset{\text{def}}{=} \frac{\psi}{i} \tag{1-18}$$

若磁链 ψ 与电流 i 的变化关系成正比，则电感 L 为常数，此时磁链 ψ 与电流 i 的变化关系在 ψ-i 平面上是一条通过坐标原点的直线，直线的斜率是 L，如图 1-11 所示，具有这种性质的电感称为线性电感。线性电感元件的符号如图 1-12 所示。电感 L 是表示电感元件电感量的参数，因此电感元件通常简称为电感。

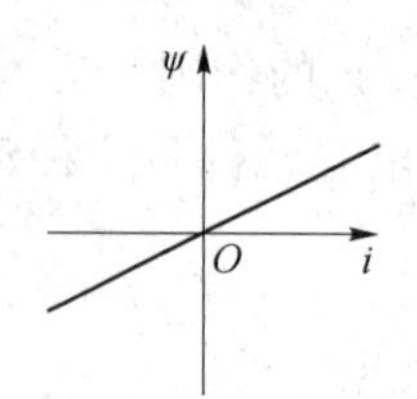

图 1-11　电感元件的 ψ-i 特性曲线

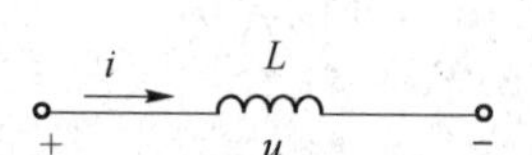

图 1-12　电感元件的符号

在 SI 制中，磁通和磁通链的单位是 Wb（韦伯，简称韦）；当电流的单位采用 A 时，则电感的单位是 H（亨利，简称亨）。

如果电感线圈中通过随时间变化的电流 i 时，则随之产生的磁链 ψ 也做相应变化，磁链 ψ 的方向与电流 i 参考方向符合右手螺旋法则。根据法拉第电磁感应定律和楞次定律，电感两端要产生感应电压 u，其方向与感应电动势 e 方向相反，如图 1-10 所示，感应电位为

$$u=-e=\frac{\mathrm{d}\psi}{\mathrm{d}t} \tag{1-19}$$

将式（1-18）代入式（1-19），可得关联参考方向下线性电感元件的伏安关系为

$$u=L\frac{\mathrm{d}i}{\mathrm{d}t} \tag{1-20}$$

式（1-20）的逆关系为

$$i=\frac{1}{L}\int u\mathrm{d}\tau \tag{1-21}$$

写成定积分形式为

$$i=\frac{1}{L}\int_{-\infty}^{t}u\mathrm{d}\tau=\frac{1}{L}\int_{-\infty}^{t}u\mathrm{d}\tau+\frac{1}{L}\int_{0}^{t}u\mathrm{d}\tau=i(0)+\frac{1}{L}\int_{0}^{t}u\mathrm{d}\tau \tag{1-22}$$

或

$$\psi=\psi(0)+\int_{0}^{t}u\mathrm{d}\tau \tag{1-23}$$

可以看出，电感元件是动态元件，也是记忆元件。

在电压和电流的关联参考方向下，线性电感元件吸收的功率为

$$p_{吸}=ui=iL\frac{\mathrm{d}i}{\mathrm{d}t} \tag{1-24}$$

当 $p>0$ 时，表示电感元件从电路中吸收能量并以磁场能量的形式储存在电感中；反之，当 $p<0$ 时，表示电感元件释放所储存的磁场能量，而电感元件自身并不消耗能量。

电感的储能 w 是瞬时功率对时间的积分，即

$$w_{吸}=\int_{-\infty}^{t}Li\frac{\mathrm{d}i}{\mathrm{d}\tau}\mathrm{d}\tau=\frac{1}{2}Li^2\Big|_{i(-\infty)}^{i(t)}=\frac{1}{2}Li^2(t)-\frac{1}{2}Li^2(-\infty) \tag{1-25}$$

由于电感电流 i（$-\infty$）为零，则式（1-25）可写为

$$w_{吸}=\frac{1}{2}Li^2(t) \tag{1-26}$$

式（1-26）表明，电感在某一时刻的储能只取决于该时刻电感中的电流，而与电感两端的电压无关。只要电感中有电流通过，它就有储能。并且，尽管电感的瞬时功率有正有负，但储能总为正值。

四、基尔霍夫定律

基尔霍夫定律

集总电路由集总元件相互连接而成。为了说明基尔霍夫定律，有必要介绍支路、节点和回路等概念。为了简化说明，在本节中把组成电路的每一个二端元件或若干个二端元件的串联组合称为一条支路。同一条支路上的各元件通过的电流相同，支路数用 b 表示。在图 1-13 所示电路中，$b=3$。把支路的连接点称为节点。节点数用 n 表示。在图 1-13 所示电路中，$n=2$。电路中任何一个闭合路径称为回路。回路数用 l 表示。在图 1-13 所示电路中，$l=3$。内部不含有支路的回路称为网孔。对于平面电路，每个网眼即为网孔。网孔是回路，但回路不一定是网孔。

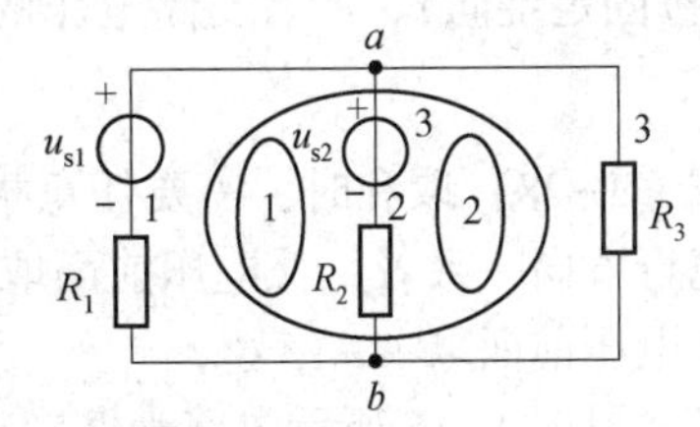

图 1-13　支路、节点和回路

基尔霍夫定律是集总电路的基本定律，它包括电流定律和电压定律。

（一）基尔霍夫电流定律

基尔霍夫电流定律（KCL）指出，“在集总参数电路中，任一时刻，流入或流出任一节点的所有支路电流的代数和等于零。”此处，电流的“代数和”是根据电流是流入节点还是流出节点判断的。若流入节点的电流前面取“+”号，则流出节点的电流前面取“-”

号；电流是流入节点还是流出节点，均根据电流的参考方向判断。所以对任意节点有

$$\sum i=0 \tag{1-27}$$

式（1-27）取和是对连接于该节点的所有支路电流进行的。

例如，以图1-14所示电路为例，对节点①应用KCL，有（各支路电流的参考方向见图）

$$+i_1-i_2+i_3-i_4=0$$

上式可改写为

$$i_1+i_3=i_2+i_4$$

此式表明，流入节点①的支路电流等于流出该节点的支路电流。它可理解为，任一时刻，流入任一节点的支路电流等于流出该节点的支路电流。KCL通常用于节点，但对包围几个节点闭合面也是适用的。对图1-15所示电路的虚线部分即可看成一个封闭面，也称广义节点，对该节点KCL依然满足，有

$$i_1+i_2+i_3=0$$

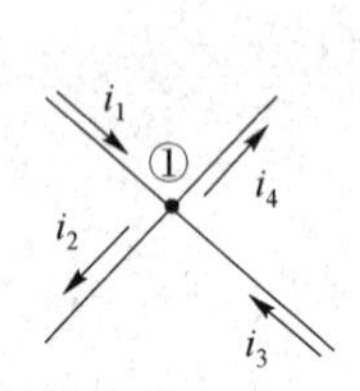

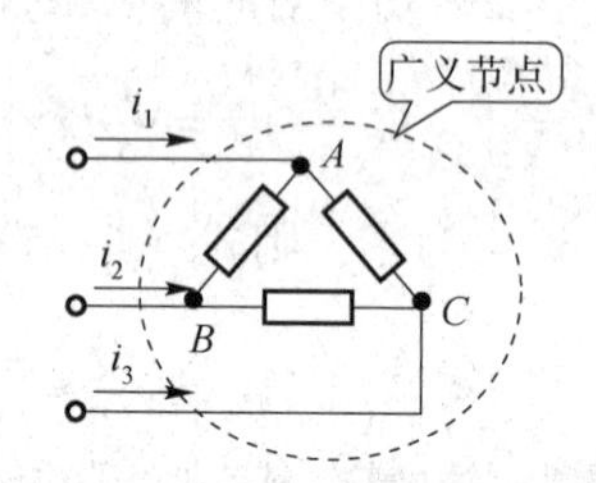

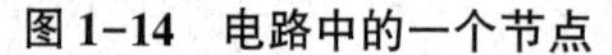

图1-14 电路中的一个节点　　**图1-15 电路中的一个广义节点**

所以，通过一个闭合面的支路电流的代数和总是等于零。这称为电流连续性。KCL是电荷守恒的体现。

（二）基尔霍夫电压定律

基尔霍夫电压定律（KVL）指出，“在集总参数电路中，任一时刻，沿任一闭合路径（按固定绕向），所有支路电压的代数和等于零。”所以，沿任一回路有

$$\sum u=0 \tag{1-28}$$

式（1-28）取和时，需要任意指定一个回路的绕行方向，凡支路电压的参考方向与回路的绕行方向一致者，该电压前面取“+”号，支路电压的参考方向与回路的绕行方向相反者，该电压前面取“-”号。

以图1-16所示电路为例，对回路列写KVL方程时，需要先指定各支路电压的参考方向和回路的绕行方向。按顺时针方向绕行一圈，箭头、有关支路的电压和参考方向如图所示。根据KVL，得

$$-U_1-U_{S1}+U_2+U_3+U_4+U_{S4}=0$$

或

$$U_1+U_{S1}=U_2+U_3+U_4+U_{S4}$$

KVL不仅适用于一个真实的闭合回路，也可将其推广到一个假想的闭合回路。如图1-17所示，即

$$U_{AB}=U_2+U_3$$

$$U_{AB}=U_{S1}+U_1-U_{S4}-U_4$$

可见，电路中任意两点间的电压等于两点间任一条路径经过的各元件电压的代数和。

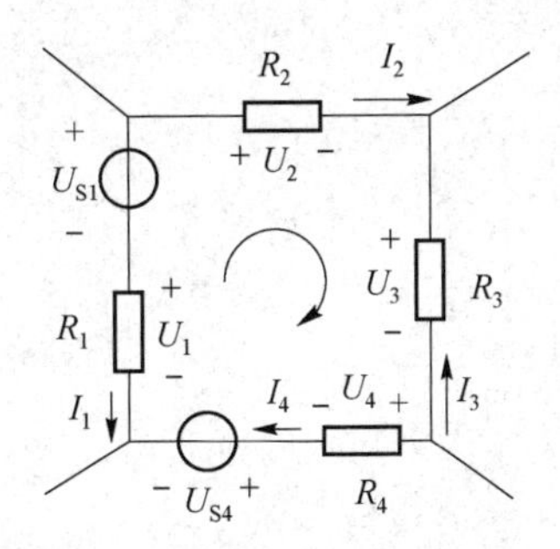

图 1-16　电路中一个回路

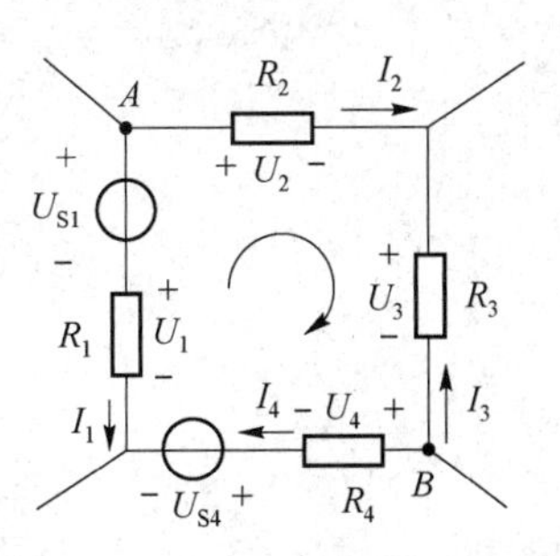

图 1-17　*A* 点到 *B* 点的假想闭合回路

任务实施

1. 识读电路图

手电筒电路由控制开关、电池、小灯泡和导线组成，如图 1-18 所示。其中开关用来接通、断开电源。

2. 连接电路

根据电路图和所给电气元件连接电路。

3. 电路检查

根据电路图从电源开始看线路有无漏接、错接，检查导线接点接触是否良好。

灯

导线

电池　开关

图 1-18　电路

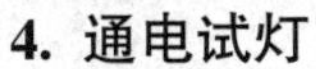

4. 通电试灯

检查无误后通电试灯。

5. 电路测量

用电流表、电压表、万用表分别测量流过负载（灯泡）的电流、负载（灯泡）两端的电压及负载（灯泡）电阻，并填写于表 1-1 中。

表 1-1　电流、电压及电阻测量结果

测量项目	电路电流 I/A	电源两端电压 $U_{电源}$/V	负载两端电压 $U_{负载}$/V	负载电阻 R/Ω
开关断开				
开关闭合				

知识与技能拓展

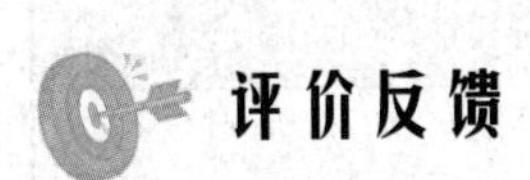

评价反馈

自我评价（40%）							
项目名称				任务名称			
班级				日期			
学号		姓名		组号		组长	
序号	评价项目					分值	得分
1	掌握手电筒电路中各部分的功能					10分	
2	熟悉手电筒的工作原理					10分	
3	能正确连接电路图					10分	
4	完成电路参数的测量					40分	
5	心得体会汇总丰富、翔实					10分	
6	积极参与讨论、答疑					10分	
7	积极对遇到困难的组给予帮助与技术支持					10分	
总分							

小组互评（30%）							
项目名称				任务名称			
班级				日期			
被评人姓名		被评人学号		被评人组别		评价人姓名	
序号	评价项目					分值	得分
1	前期预习准备充分					10分	
2	熟悉手电筒的工作原理					10分	
3	正确连接电路图					10分	
4	完成电路参数的测量					40分	
5	心得体会汇总丰富、翔实					10分	
6	积极参与讨论、答疑					10分	
7	积极对遇到困难的组给予帮助与技术支持					10分	
总分							

<table>
<tr><th colspan="6">教师评价（30%）</th></tr>
<tr><td>项目名称</td><td colspan="3"></td><td>任务名称</td><td></td></tr>
<tr><td>班级</td><td colspan="3"></td><td>日期</td><td></td></tr>
<tr><td>姓名</td><td></td><td>学号</td><td></td><td>组别</td><td></td></tr>
<tr><td colspan="6">教师总体评价意见：</td></tr>
<tr><td>总分</td><td colspan="5"></td></tr>
</table>

任务二　分析验证复杂直流电路

学习目标

知识目标	能力目标	职业素养目标
1. 掌握电路的基本定律 2. 掌握直流电阻电路的分析计算方法	1. 能对直流电路进行定性分析 2. 能对直流电路进行定量计算	1. 对从事电子技术工作充满热情 2. 遵规守纪，团结协作，钻研技术

参考学时：10~12 学时。

任务引入

前面学习了手电筒电路的分析与测试。在实际应用中，很多电路由多个电源、多个负载和多个回路组成，本任务主要掌握复杂电路的分析方法。

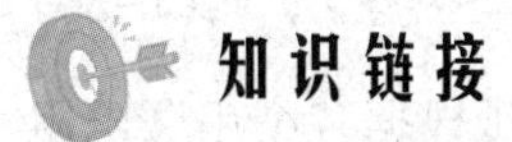

知识链接

一、电阻的等效变换

二端网络又称为一端口网络，是指任何一个复杂的网络，向外引出两个端钮的电路。其网络内部没有独立源的二端网络，称为无源二端网络。对外电路具有完全相同的伏安关系的网络，可以互相替代，这种替代称为等效变换。如果一个二端网络的端口电压、电流关系和另一个二端网络的端口电压、电流关系相同，那么这两个网络叫作等效网络。等效是具有传递性的。如果两个二端网络 N_1 和 N_1 等效，而二端网络N_2又与N_3等效，那么必有二端网络N_1和N_3等效。应用等效变换，可将一个结构较复杂的电路变换成一个结构较简单的电路，使电路的分析得以简化。无源二端网络在关联参考方向下端口电压与端口电流的比值，称为等效电阻（或输入电阻），如图 1-19 所示。

（一）电阻的串联

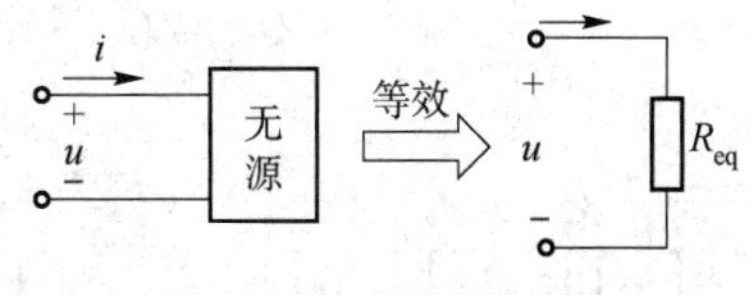

图 1-19　等效电阻

在电路中，把几个电阻元件依次首尾连接起来，中间没有分支的连接方式叫作电阻的串联。其特点是流过每一个电阻的电流相同；总电压等于各串联电阻的电压之和。

图 1-20（a）所示电路为 n 个电阻 R_1、R_2、…、R_k、…、R_n 的串联组合，电阻串联时，每个电阻中的电流为同一电流。

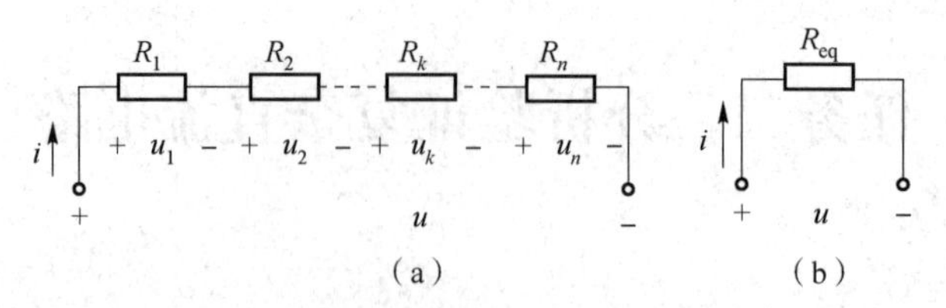

图 1-20　电阻的串联及其等效电路

应用 KVL，有

$$u=u_1+u_2+\cdots+u_k+\cdots+u_n$$

由于每个电阻的电流均为 i，有 $u_1=R_1i$，$u_2=R_2i$，…，$u_k=R_ki$，…，$u_n=R_ni$ 代入上式，得

$$u=(R_1+R_2+\cdots+R_k+\cdots+R_n)i=R_{\mathrm{eq}}i$$

其中

$$R_{\mathrm{eq}}=\frac{u}{i}=R_1+\cdots+R_n=\sum_{i=1}^{n}R_k \tag{1-29}$$

电阻 R_{eq} 是这些串联电阻的等效电阻，如图 1-20（b）所示。显然，等效电阻必大于任一个串联的电阻。

电阻串联时，各电阻上的电压为

$$u_k=R_ki=R_k\frac{u}{R_{\mathrm{eq}}},k=1,2,\cdots,n \tag{1-30}$$

可见，串联的每个电阻，其电压与电阻值成正比。或者说，总电压根据各个串联电阻的值进行分配。式（1-30）称为分压公式，使用时应注意各元件上的电压参考方向。

（二）电阻的并联

在电路中，两个或两个以上电阻接在电路中同一对节点之间的连接方式，叫作电阻的并联。其特点是各电阻两端分别接在一起，两端为同一电压；总电流等于流过各并联电阻的电流之和。

图 1-21（a）所示电路为 n 个电阻的并联组合，分别用它们的电导表示，电阻并联时，各电阻的电压为同一电压。

由于电压相等，总电流 i 可根据 KCL 写为

$$i=i_1+i_2+\cdots+i_k+\cdots+i_n=G_1u+G_2u+\cdots+G_ku+\cdots+G_nu=(G_1+G_2+\cdots+G_k+\cdots+G_n)u=G_{\mathrm{eq}}u \tag{1-31}$$

式中：G_1、G_2、…、G_k、…、G_n 为电阻 R_1、R_2、…、R_k、…、R_n 的电导。

$$G_{\mathrm{eq}}=G_1+G_2+\cdots+G_k+\cdots+G_n=\sum_{k=1}^{n}G_k \tag{1-32}$$

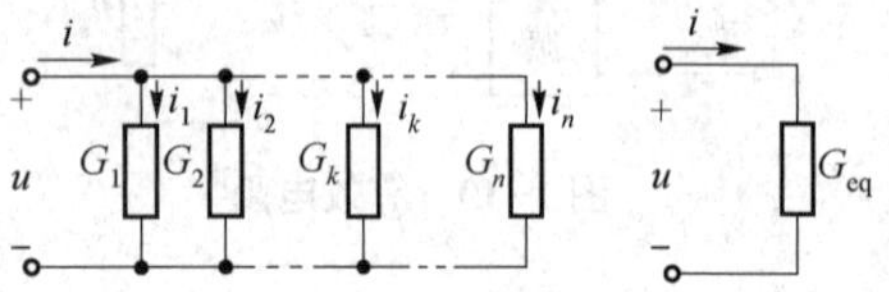

图 1-21　电导的并联及其等效电路

G_{eq} 是 n 个电阻并联后的等效电导，如图 1-21（b）所示。并联后的等效电阻 R_{eq} 为

$$\frac{1}{R_{\mathrm{eq}}}=\frac{1}{R_1}+\frac{1}{R_2}+\cdots+\frac{1}{R_k}+\cdots+\frac{1}{R_n}=\sum_{k=1}^{n}\frac{1}{R_k} \tag{1-33}$$

不难看出，等效电阻小于任一个并联的电阻。

对于两个电阻并联的电路，如图 1-22 所示，其等效电阻为

$$R_{\mathrm{eq}}=R_1 /\!/ R_2=\frac{R_1R_2}{R_1+R_2}$$

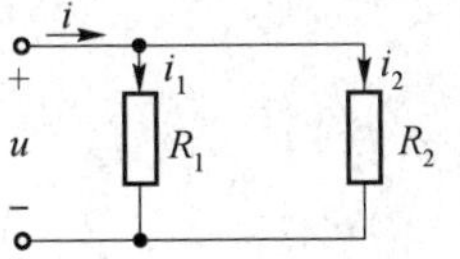

电阻并联时，各电阻的电流为

$$i_k=G_ku=\frac{G_k}{G_{\mathrm{eq}}}i,\quad k=1,\ 2,\ \cdots,\ n \tag{1-34}$$

图 1-22　两个电阻并联

可见，各个并联电导中的电流与它们各自的电导值成正比。

式（1-34）称为分流公式，使用时应注意各元件上的电流参考方向。对于图 1-22 所示两个电阻并联的电路，分流公式为

$$i_1=\frac{R_2}{R_1+R_2}i \tag{1-35}$$

$$i_2=\frac{R_1}{R_1+R_2}i \tag{1-36}$$

二、电源的等效变换

在电路中，电源通常起到提供能量的作用。电源按其在电路中能否独立工作，可分为独立电源（简称独立源）和受控电源（简称受控源）。独立源是指能够独立存在于电路中进行工作的一类电源，是实际电源如发电机、稳压源、各类电池等电气设备、电路元器件的电路模型。实际电源在工作时，如不计其本身的能量损耗，就可以视为理想电源。理想电源可分为理想电压源和理想电流源两种，它们均是一个二端元件。受控电源与独立电源有着完全不同的特点。在理想情况下，独立源的电压值或电流值是由其本身决定的，而与外接电路无关。受控电源又称非独立电源，它的电压值或电流值受电路中某支路电压或电流的控制。这种控制关系恰好反映了半导体器件如晶体三极管、场效应管在放大器中的电压、电流控制作用。所以，受控源是一些电子器件的电路模型。

（一）电压源和电流源

电压源是理想电压源的简称。电压源的电路符号如图 1-23（a）所示，该符号既可表示随时间变化的电压源 $u_{\mathrm{S}}(t)$，也可表示直流电压源 U_{S}，“+”和“-”表示电压的参考极性。图 1-23（b）所示为直流电压源符号，常用于表示电池，长竖线表示高电位端，即“+”极，短竖线表示低电位端，即“-”极。图 1-23（d）所示为电压源 $u_{\mathrm{S}}(t)$ 连接外电路时的伏安特性曲线，在任一时刻如 t_1 时刻，它是 u-i 平面上一条平行于 i 轴，电压值为 $u_{\mathrm{S}}(t_1)$ 的直线。图 1-23（e）所示为直流电压源 U_{S} 连接外电路时的伏安特性曲线。这些曲线都表明电压源两端的电压 u 和流过它的电流 i 无关，也就是与外接电路无关。

理想电压源具有以下两个基本特征：

（1）其端电压 U_{S} 是恒定值，与流过它的电流无关，即与接入电路的方式无关。

（2）其电流由它本身与外电路共同决定，即与它相连接的外电路有关。

一般认为，电压源在电路中都是提供功率的元件，但由于流过电压源的电流不是仅由

它本身决定的，所以流过电压源的电流方向是任意的，因此电压源有时也可以从外电路吸收功率。

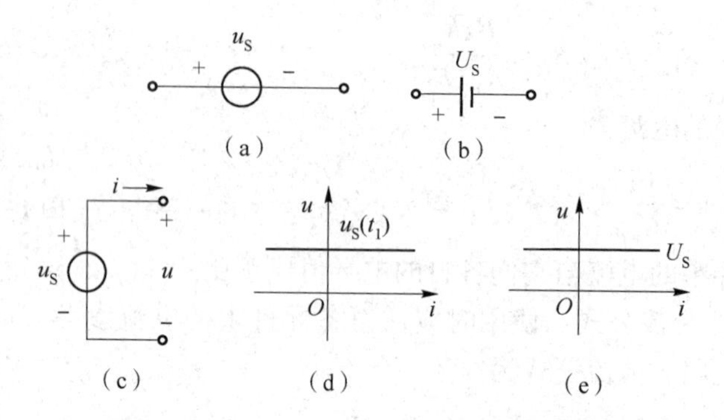

图 1-23　电压源符号及其伏安特性曲线

(a) 电压源符号；(b) 直流电压源符号；(c) 电路模型；(d) 伏安特性曲线；(e) 伏安特性曲线

电流源是理想电流源的简称。电流源的电路符号如图 1-24（a）所示，该符号既可表示随时间变化的电流源 $i_S(t)$，也可表示直流电流源 I_S。图 1-24（c）是电流源 $i_S(t)$ 连接外电路时的伏安特性曲线，在任一时刻如 t_1时刻，它是 i-u 平面上一条平行于 u 轴且电流值为 $i_S(t_1)$ 的直线。图 1-24（d）所示为直流电流源 I_S 连接外电路时的伏安特性曲线。这些曲线都表明电流源向外电路提供的电流与其两端的电压 u 无关，也就是与外接电路无关。

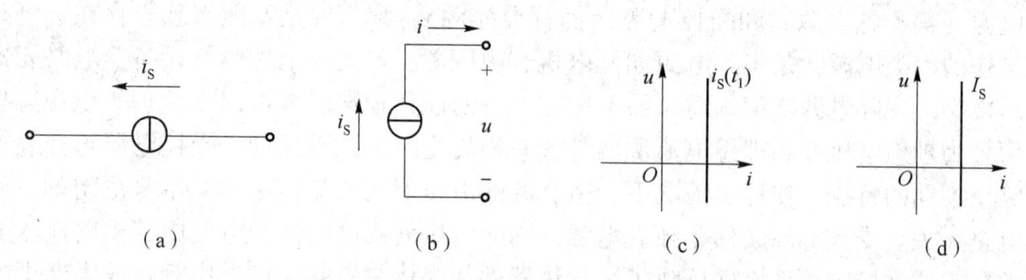

图 1-24　电流源符号及其伏安特性曲线

(a) 电流源符号；(b) 电路模型；(c) 伏安特性曲线 1；(d) 伏安特性曲线 2

理想电流源具有以下两个基本特征：

(1) 电源电流恒定不变是由电源本身决定的，与外电路无关。

(2) 电流源两端电压是由外电路决定的。

与电压源类似，电流源在电路中可以向外电路提供功率，也可以从外电路吸收功率。

(二) 电压源模型和电流源模型

实际中理想电源是不存在的，因为实际电源在工作时总会发热，说明其内部存在功率损耗。电阻是消耗功率的元件，因此可以用电阻来等效电源内部的功率损耗，这个等效电阻称为电源的内阻。这样，一个实际电源就可以用一个理想电源与一个内阻的组合来等效，作为其电路模型。一个实际电源有两种电路模型，即电压源模型和电流源模型。

电压源模型是一个理想电压源 u_S 和一个电阻 R_S的串联组合，如图 1-25（a）所示。电压源模型端口 1、1′间伏安关系可表示为

$$u=u_S-R_Si \tag{1-37}$$

图 1-25（b）所示为电压源模型的伏安特性曲线。由式（1-37）结合图 1-25 可知电压源模型的特点如下。

（1）如果 $i=0$，即端口 1、1′处开路，端口开路后的电压称为开路电压，用“u_{oc}”表示，此时有 $u=u_{oc}=u_S$。

（2）如果 $u=0$，即端口 1、1′处短路，端口短路后的电流称为短路电流，用“i_{sc}”表示，此时有 $i=i_{sc}=\dfrac{u_S}{R_S}$。

（3）如果 $i\neq 0$，即端口 1、1′处外接电路，则有 $u<u_S$，u 与 i 之间的关系用式（1-37）描述。显然，电压源的内阻 R_S 越小，实际电压源特性越接近理想电压源。

电流源模型是一个理想电流源 i_S 和一个电导 G_S 的并联组合，如图 1-26（a）所示。电流源模型端口 1、1′间伏安关系可表示为

$$i=i_S-\frac{u}{R_S}=i_S-G_Su \tag{1-38}$$

图 1-26（b）所示为电流源模型的伏安特性曲线。由式（1-38）结合图 1-26 可知电流源模型的特点如下。

（1）如果 $i=0$，即端口 1、1′处开路，端口的开路电压为 $u_{oc}=u=i_SR_S$。

（2）如果 $u=0$，即端口 1、1′处短路，端口的短路电流为 $i_{sc}=i=i_S$。

（3）如果 $i\neq 0$，即端口 1、1′处外接电路，则有 $i<i_S$，u 与 i 之间的关系用式（1-38）描述。显然，电流源的内阻 R_S 越大，实际电流源特性越接近理想电流源。

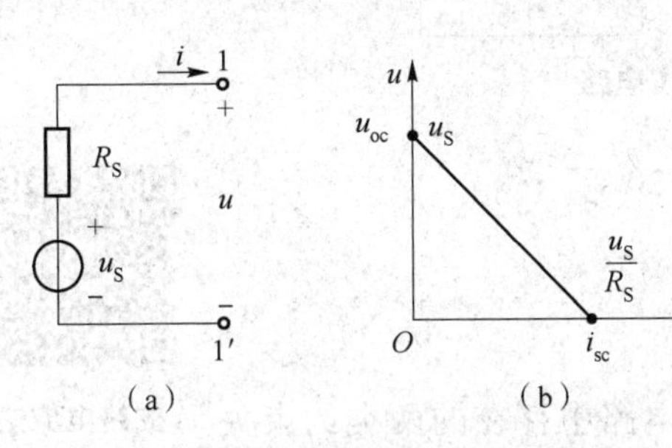

图 1-25　电压源模型及其伏安特性曲线

（a）电压源模型；（b）伏安特性曲线

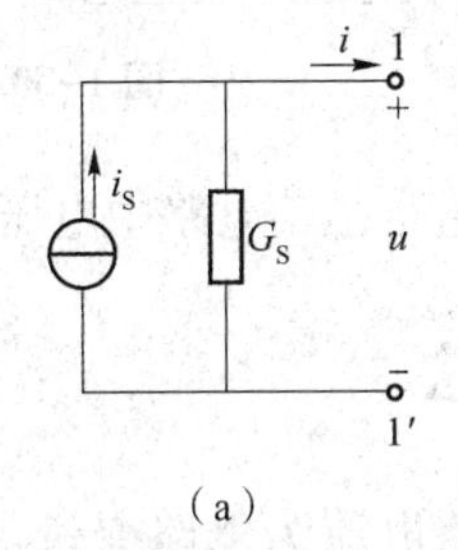

（b）

图 1-26　电流源模型及其伏安特性曲线

（a）电流源模型；（b）伏安特性曲线

（三）电源的等效变换

前已阐述，同一个实际的电源有两种不同的电路模型，即电压源模型和电流源模型，如图 1-27（a）和图 1-27（b）所示。它们之间存在相互转换关系。其中所谓的等效是指端口的电压、电流在转换过程中不能改变。

由图 1-27（a）可知，其端口的 VAR 为 $u=u_S-R_ii$，可转换成 $i=u_S/R_i-u/R_i$。

由图 1-27（b）可知，其端口的 VAR 为

$$i=i_S-G_iu$$

由电压源变换为电流源如图 1-28 所示。其变换公式为

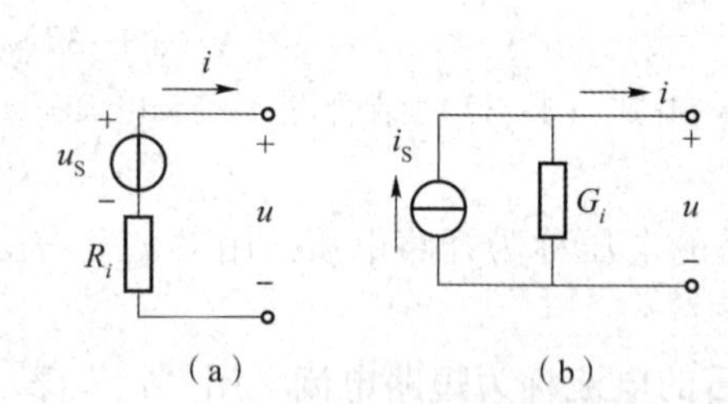

图 1-27　两种电源模型

(a) 电压源模型；(b) 电流源模型

$$i_S=\frac{u_S}{R_i},G_i=\frac{1}{R_i} \tag{1-39}$$

由电流源变换为电压源如图 1-29 所示。其变换公式为

$$u_S=\frac{i_S}{G_i},\ R_i=\frac{1}{G_i} \tag{1-40}$$

电源模型等效互换时还需要注意：①所谓的等效是对外部电路等效，对内部电路是不等效的；②理想电压源与理想电流源不能相互转换。

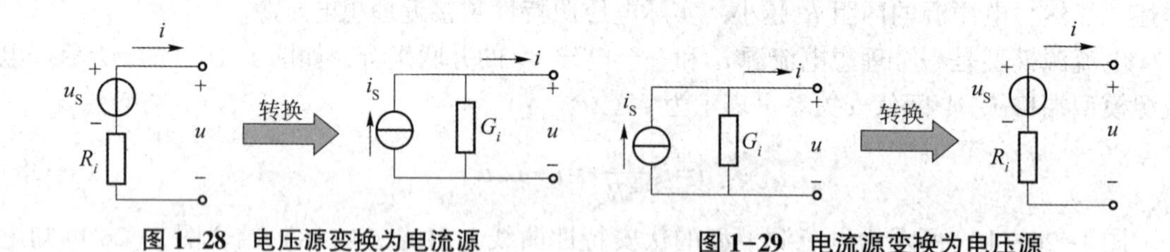

图 1-28　电压源变换为电流源　　　　图 1-29　电流源变换为电压源

例 1-1　求图 1-30 所示电路中电压 U。

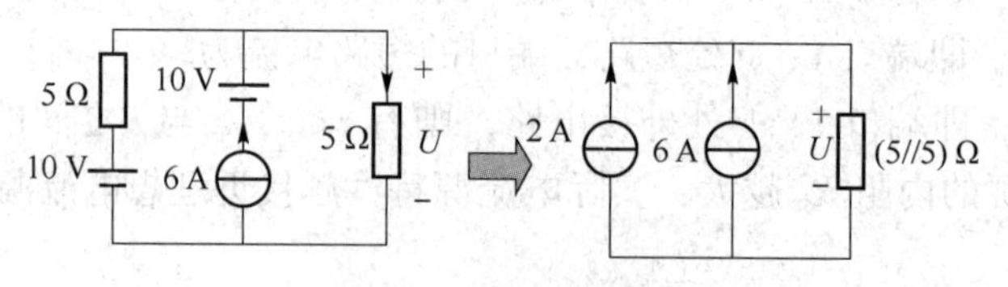

图 1-30　例 1-1 电路

利用电源转换简化电路，其电路中电压为 $U=20$ V。

支路电流法

三、支路电流法

支路电流法是以支路电流为电路变量，根据电路中存在的两类约束关系（KCL、KVL）和元件的 VAR，对独立的节点和独立回路建立方程组，求出各支路电流，再进一步求得所需物理量的方法。

独立方程是指：由 n 个方程组成的方程组中，其中任何一个方程都不能通过其余 $n-1$ 个方程的线性组合得到，则这组方程是独立的；否则是非独立的。独立节点方程是指：对于含 n 个节点的电路，有 $n-1$ 个节点是独立的。对其中任意 $n-1$ 个节点列 KCL 方程，则是独立节点方程。独立回路方程是指：对于含有 b 条支路、n 个节点的平面电路，有 $m=b-(n-1)$ 个独立的回路，对其中任意 $b-(n-1)$ 个回路列 KVL 方程，则是独立回路方程。而平面电路的网孔数一定等于 $b-(n-1)$，所以网孔一定是独立回路。对于电路中的网孔列 KVL 方程，则一定是独立回路方程。因此，对于含有 n 个节点、b 条支路的平面电路而言，有 b 个未知量需要求解。只要列出 $n-1$ 个节点的 KCL 方程和 $b-(n-1)$ 个回路的 KVL 方程或各网孔的 KVL 方程，由它们组成的方程组一定是独立的，而且对于求解 b 个未知量是够数的。

下面结合具体电路加以说明。在图 1-31 所示电路中，设电压源和电阻均为已知量，用支路电流法求解各支流电流。

图 1-31 所示电路中有 4 个节点，$n=4$，6 条支路，$b=6$，以支路电流为电路变量需要建立 6 个独立方程。

（1）选定各支路电流i_1、i_2、i_3、i_4、i_5和i_6的参考方向如图 1-31 所示。

（2）应用 KCL 列出 $n-1=3$ 个独立节点电流方程。选择图 1-31 中节点①、②、③列 KCL 方程为

节点①　　$i_1+i_2-i_6=0$　　(1-41)

节点②　　$-i_2+i_3+i_4=0$　　(1-42)

节点③　　$-i_4-i_5+i_6=0$　　(1-43)

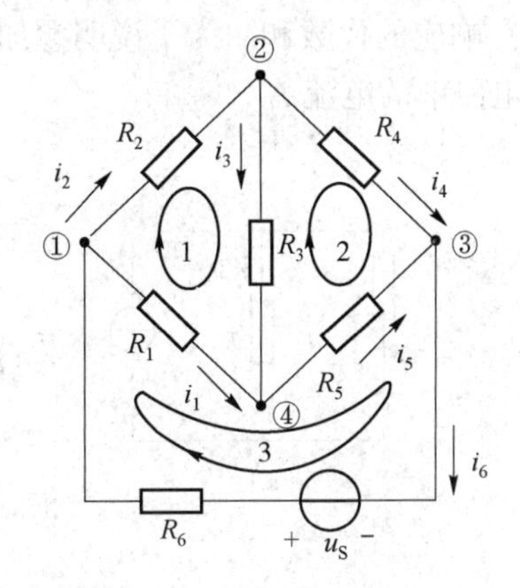

图 1-31　支流电流法示例

显然，式（1-41）~式（1-43）这 3 个节点方程中的任意一个方程都不可能由另外两个方程推导得到，所以它们是相互独立的。若对节点④列写一个节点方程：$-i_1-i_3+i_5=0$，不难看出，将上述 3 个方程相加的结果就是节点④的节点方程。由此说明，具有 4 个节点的电路，只能得到 3 个独立节点方程，至于选择哪 3 个节点列方程则是任意的。

（3）应用 KVL 和欧姆定律，列出以支路电流为变量的 $m=b-(n-1)=3$ 个独立回路方程或网孔方程。选择图 1-31 中回路 1、2 和 3，即 3 个网孔，列 KVL 方程，设各回路的绕行方向如图 1-31 所示，则

回路 1　　$-R_1i_1+R_2i_2+R_3i_3=0$　　(1-44)

回路 2　　$-R_3i_3+R_4i_4-R_5i_5=0$　　(1-45)

回路 3　　$R_1i_1+R_5i_5+R_6i_6-u_S=0$　　(1-46)

显然，上述 3 个回路方程中的任意一个方程都不可能由另外两个方程推导得到，所以它们是相互独立的。由此说明，具有 4 个节点、6 条支路的电路，只能得到 3 个独立回路方程，至于选择哪 3 个回路列方程则是任意的。

（4）联立求解式（1-41）~式（1-46）这 6 个独立方程，即可求得电路中各支路电流。

归纳应用支路电流法求解电路的步骤如下：

（1）标出各支路电流参考方向。

（2）对电路中 $n-1$ 个独立节点列出 KCL 方程。

（3）对电路中 $m=b-(n-1)$ 个独立回路列出 KVL 方程。

（4）联立求解上述 b 个方程，得到各支路电流。

四、叠加定理

叠加定理

在基本分析方法的基础上，学习线性电路所具有的特殊性质，更深入地了解电路中激励（电源）与响应（电压、电流）的关系，引入了叠加定理。

叠加定理适用于在多个电源同时作用的电路中，仅研究一个电源对多条支路或多个电源对一条支路影响的问题。

叠加定理指出，在线性电路中，当有两个或两个以上的独立源作用时，则任意支路的电流（或电压）响应，等于电路中每个独立源单独作用下在该支路中产生的电流（或电压）响应的代数和。为了说明叠加定理的特点，先看一个例子。如图 1-32（a）所示电路，求电路中的电流 I。

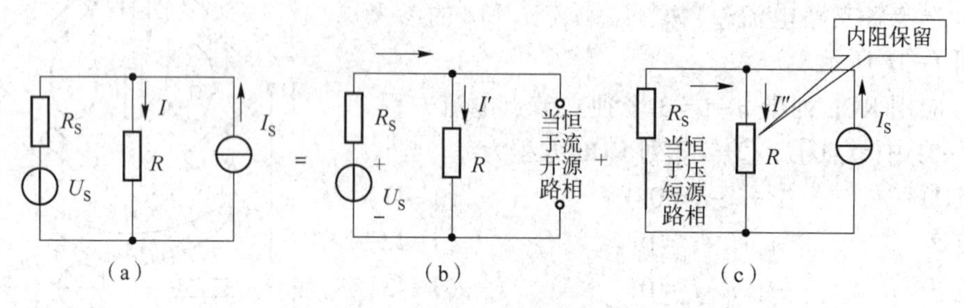

图 1-32　叠加定理举例

（a）原电路；（b）电压源单独作用时；（c）电流源单独作用时

由欧姆定律得

$$I=I'+I'' \tag{1-47}$$

其中

$$I'=\frac{U_S}{R_S+R},\ I''=I_S\frac{R_S}{R_S+R}$$

由式（1-47）可以看出，I 由两项组成，前项 I' 仅与电压源 U_S 有关，它是在电流源 I_S 视为零值（电流源开路）、电路仅由 U_S 单独作用时所产生的电流，如图 1-32（b）所示。后项 I'' 仅与电流源 I_S 有关，它是在电压源 U_S 视为零值（电压源短路）、电路仅由 I_S 单独作用时所产生的电流，如图 1-32（c）所示。也就是说，当两个独立源共同激励时，电路所产生的响应等于每个独立源单独激励时所产生的响应之和。激励与响应之间的这种关系体现了线性电路的叠加性，这种特性不仅存在于本例，而且可以推广到任意一个线性电路。

应用叠加定理时应注意以下几点：

（1）叠加定理只能用来计算线性电路的电流和电压，对非线性电路不适用。

（2）叠加时要注意电流和电压的参考方向，求其代数和。

（3）当某个独立源单独作用时，其他独立源置零，而受控电源不能置零，要保留在电路中，受控源的值随每一个独立源单独作用时控制量的变化而变化。

（4）当一个独立源作用时，其他独立源不作用。电压源不作用时，就是在该电压源处用短路代替；电流源不作用时，就是在该电流源处用开路代替。

（5）叠加定理只适用于计算线性电路中的电压和电流，而不能用于直接计算功率。因为功率与电压和电流之间不是线性关系。

五、戴维宁定理

戴维宁定理

工程实际中，常常碰到只需研究某一支路的电压、电流或功率的问题。

对所研究的支路来说，电路的其余部分就成为一个含源二端口网络，可等效变换为较简单的含源支路（电压源与电阻串联或电流源与电阻并联支路），使分析和计算简化。

戴维宁定理指出，任何一个线性含独立电源的二端口网络 N，如图 1-33（a）所示，对于外电路而言，可以等效为一个理想电压源和电阻串联的电压源模型，如图 1-33（b）所示。其中理想电压源的电压等于线性含源二端口网络的开路电压u_{oc}，如图 1-33（c）所示；电阻等于从含源二端口网络开路端子之间看进去的等效电阻R_{eq}，如图 1-33（d）所示。而这一电压源与电阻的串联组合，称为戴维宁等效电路。

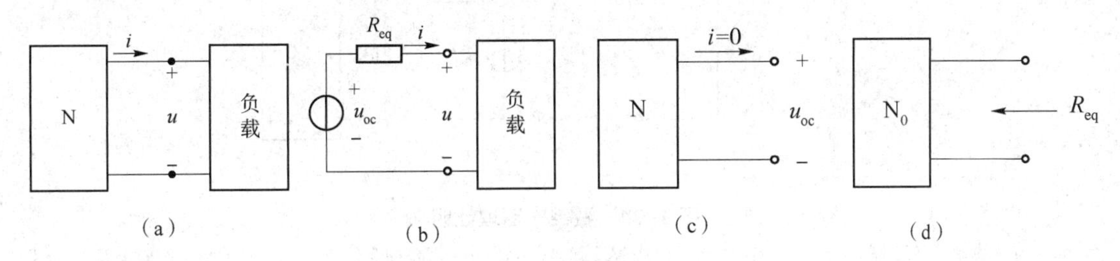

图 1-33　戴维宁定理

(a) 线性含源二端口网络；(b) 电压源模型（戴维宁等效电路）；(c) 求u_{oc}等效电路；(d) 求R_{eq}等效电路

戴维宁定理的证明：图 1-34（a）所示电路为一个线性含源二端口网络 N 与负载相接，负载可以是一个元件，也可以是一个二端口网络；可以是无源的，也可以是无源的；可以是线性的，也可以是非线性的。若流过负载的电流为 i，根据替代定理，可以用一个电流值为 i 的电流源代替负载，如图 1-34（b）所示。再根据叠加定理，电压 u 应由两个分量叠加而成，一个分量是在 N 内所有独立源不起作用时，由电流源 i 单独作用时在端口产生的电压 u'，即$u'=-R_{eq}i$，如图 1-34（c）所示；另一个分量是电流源开路后，由 N 内所有独立源共同作用产生的开路电压$u''=u_{oc}$，如图 1-34（d）所示。从而得出端口的伏安关系为

$$u=u'+u''=u_{oc}-R_{eq}i \tag{1-48}$$

根据式（1-48），可以画出对应的等效电路，如图 1-34（e）所示。它与图 1-33（b）完全相同，从而证明了戴维宁定理。

戴维宁定理常用于计算复杂电路中某条支路的电压或电流。不仅如此，由于戴维宁定理只要求被等效的二端口网络是线性的，而负载可以是非线性的，因此在电子电路中得到广泛的应用。用戴维宁定理求解电路的关键是如何正确求出开路电压u_{oc}和等效电阻R_{eq}。

1）u_{oc}的求法

u_{oc}的求解方法较多，可视具体电路形式而定，如串/并联等效、支路电流法等。

2）R_{eq}的求法

若二端口网络 N 中无受控源，则可以选用化简法。若含有受控源，则适合选用外加电源法或开路-短路法。

（1）化简法。设网络内所有独立源为零（电压源用短路代替，电流源用开路代替），可以用电阻串、并联化简或 Y-△等效变换化简等方法，求解等效电阻R_{eq}。

（2）外加电源法。需将含源二端口网络 N 中所有独立源设为零，保留受控源，得到一个无源二端口网络N_0，再求解等效电阻R_{eq}。

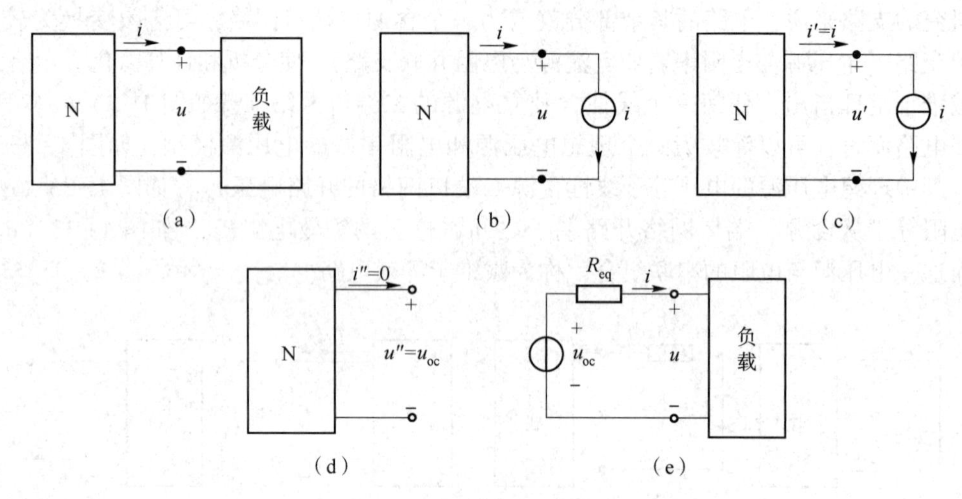

图 1-34　戴维宁定理证明

(a) 线性含源二端口网络；(b) 用电流源代替负载；(c)、(d) 用叠加定理求 u；(e) 戴维宁等效电路

①外加电压法：若在无源二端口网络N_0端口之间加一个电压源u_S，求其端口上的电流i，如图 1-35（a）所示，则等效电阻为

$$R_{eq}=\frac{u_S}{i} \tag{1-49}$$

②外加电流法：若在无源二端口网络N_0端口之间加一个电流源i_S，求其端口之间的电压u，如图 1-35（b）所示，则等效电阻为

$$R_{eq}=\frac{u}{i_S} \tag{1-50}$$

需注意，图 1-35（a）和图 1-35（b）端口上的电压和电流是非关联参考方向。

（3）开路-短路法。分别求出含源二端口网络 N 端口的开路电压u_{oc}（见图 1-36（a））和端口的短路电流i_{sc}（见图 1-36（b）），则等效电阻为

$$R_{eq}=\frac{u_{oc}}{i_{sc}} \tag{1-51}$$

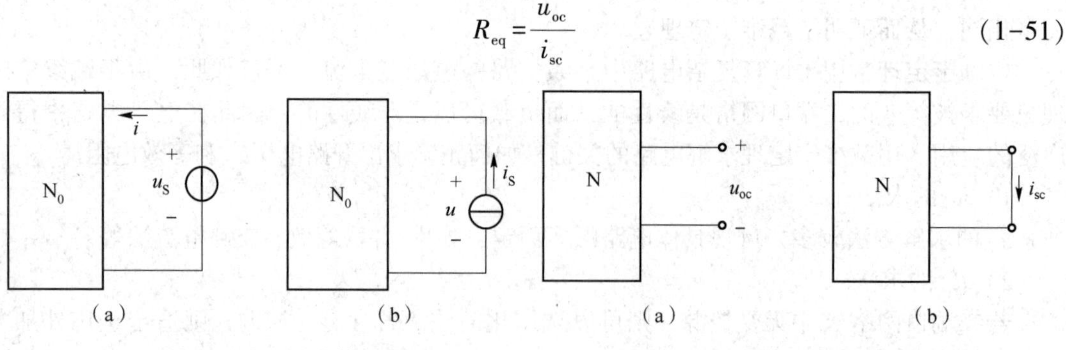

图 1-35　外加电源法求等效电阻

(a) 外加电压法；(b) 外加电流法

图 1-36　开路-短路法求等效电阻

(a) 求开路电压电路；(b) 求短路电流电路

需注意，开路电压 u_{oc} 和短路电流 i_{sc} 是关联参考方向。

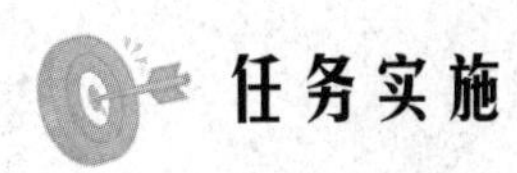

任务实施

1. 连接电路、测量和验证定律

1）基尔霍夫定律的验证

（1）调两路直流稳压电源分别输出 6 V 和 12 V 电压。

（2）按图 1-37 连接电路，检查线路正确后合上开关 S_1、S_2。

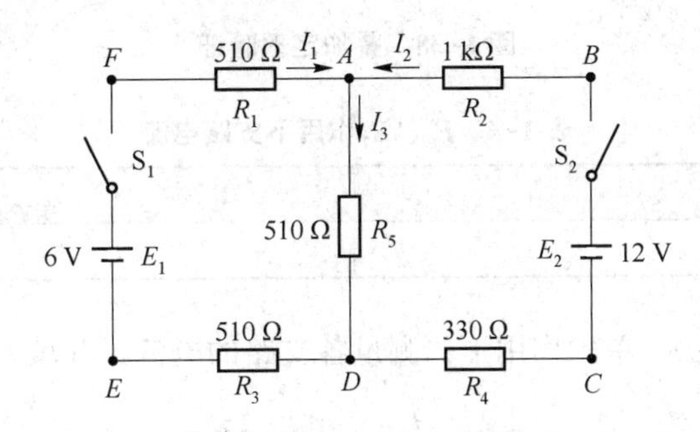

图 1-37　基尔霍夫定律验证

将万用表调至电流挡，选择适当量程，分别测量 3 条支路的电流填入表 1-2 中。

表 1-2　支路电流测量

测量项目	I_1	I_2	I_3
电流/A			

根据测量结果，节点 A 的各支路电流关系为______________________________。

将万用表调至直流电压挡，选择适当量程，分别接入电源和电阻的两端进行测量，将测得电压值填入表 1-3 中。

表 1-3　电源与回路电压测量

测量项目	E_1	E_2	U_{FA}	U_{AB}	U_{AD}	U_{CD}	U_{DE}
电压/V							

根据测量结果，回路 $ADEF$ 中各电阻两端电压与电源电压 E_1 之间的关系为__________；回路 $ABCD$ 中各电阻两端电压与电源电压 E_2 之间的关系为______________________________。

2）叠加定理的验证

（1）调两路直流稳压电源分别输出 6 V 和 12 V 电压。

（2）按图 1-38 连接电路，检查线路正确后，将开关 S_1 拨至 1 侧，支路 BD 接入电源 E_1，将开关 S_2 拨至 1 侧，支路 CD 接入电源 E_2，在 E_1、E_2 共同作用下，测量各支路的电流，并填入表 1-4 中。

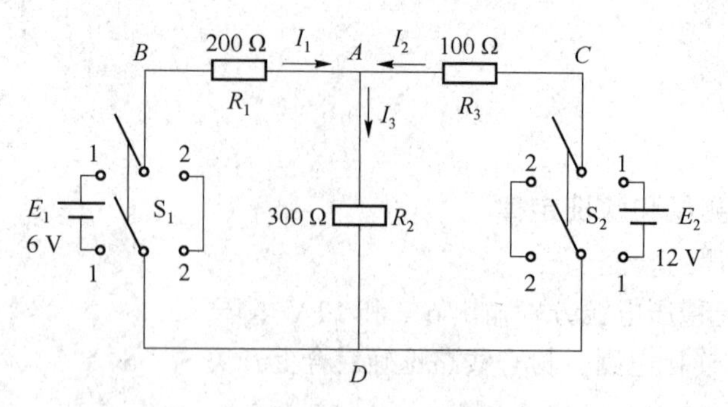

图 1-38　叠加定理验证

表 1-4　E_1、E_2作用下支路电流

测量项目	I_1	I_2	I_3
电流/A			

如图 1-39 所示，在 E_1 单独作用下，测量各支路的电流，并填入表 1-5 中。

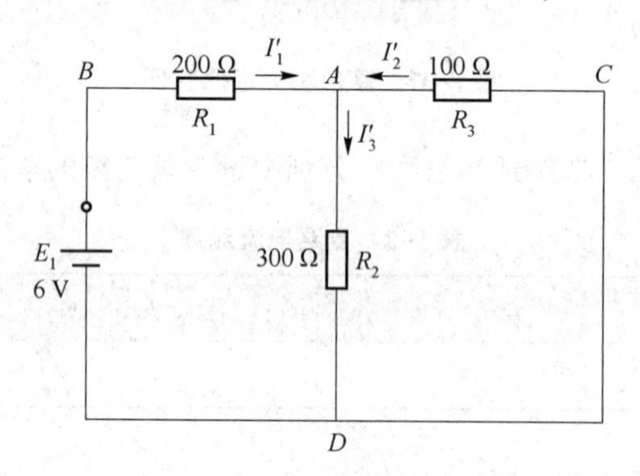

图 1-39　E_1单独作用

表 1-5　E_1作用下支路电流

测量项目	I'_1	I'_2	I'_3
电流/A			

如图 1-40 所示，在 E_2单独作用下，测量各支路的电流，并填入表 1-6 中。

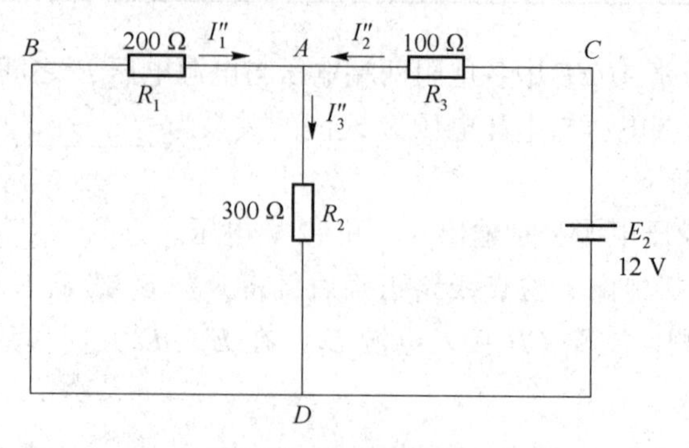

图 1-40　E_2单独作用

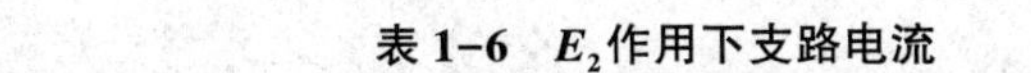

表 1-6　E_2作用下支路电流

测量项目	I''_1	I''_2	I''_3
电流/A			

将表 1-5 和表 1-6 中测得的电流对应相加，与表 1-4 中的测量值对应比较，可得结论：____。

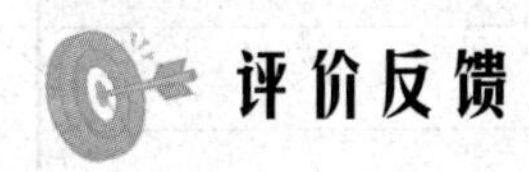

评价反馈

<table>
<tr><th colspan="8">自我评价（40%）</th></tr>
<tr><td colspan="2">项目名称</td><td colspan="2"></td><td colspan="2">任务名称</td><td colspan="2"></td></tr>
<tr><td colspan="2">班级</td><td colspan="2"></td><td colspan="2">日期</td><td colspan="2"></td></tr>
<tr><td>学号</td><td></td><td>姓名</td><td></td><td>组号</td><td></td><td>组长</td><td></td></tr>
<tr><td>序号</td><td colspan="5">评价项目</td><td>分值</td><td>得分</td></tr>
<tr><td>1</td><td colspan="5">掌握电路工作原理</td><td>15 分</td><td></td></tr>
<tr><td>2</td><td colspan="5">能正确连接电路</td><td>15 分</td><td></td></tr>
<tr><td>3</td><td colspan="5">能正确进行电流的测量</td><td>20 分</td><td></td></tr>
<tr><td>4</td><td colspan="5">能正确进行电压的测量</td><td>20 分</td><td></td></tr>
<tr><td>5</td><td colspan="5">心得体会汇总丰富、翔实</td><td>10 分</td><td></td></tr>
<tr><td>6</td><td colspan="5">积极参与讨论、答疑</td><td>10 分</td><td></td></tr>
<tr><td>7</td><td colspan="5">积极对遇到困难的组给予帮助与技术支持</td><td>10 分</td><td></td></tr>
<tr><td>总分</td><td colspan="7"></td></tr>
</table>

<table>
<tr><th colspan="8">小组互评（30%）</th></tr>
<tr><td colspan="2">项目名称</td><td colspan="2"></td><td colspan="2">任务名称</td><td colspan="2"></td></tr>
<tr><td colspan="2">班级</td><td colspan="2"></td><td colspan="2">日期</td><td colspan="2"></td></tr>
<tr><td>被评人姓名</td><td></td><td>被评人学号</td><td></td><td>被评人组别</td><td></td><td>评价人姓名</td><td></td></tr>
<tr><td>序号</td><td colspan="5">评价项目</td><td>分值</td><td>得分</td></tr>
<tr><td>1</td><td colspan="5">前期预习准备充分</td><td>10 分</td><td></td></tr>
<tr><td>2</td><td colspan="5">能正确连接电路</td><td>20 分</td><td></td></tr>
<tr><td>3</td><td colspan="5">能正确进行电流的测量</td><td>20 分</td><td></td></tr>
<tr><td>4</td><td colspan="5">能正确进行电压的测量</td><td>20 分</td><td></td></tr>
<tr><td>5</td><td colspan="5">心得体会汇总丰富、翔实</td><td>10 分</td><td></td></tr>
<tr><td>6</td><td colspan="5">积极参与讨论、答疑</td><td>10 分</td><td></td></tr>
<tr><td>7</td><td colspan="5">积极对遇到困难的组给予帮助与技术支持</td><td>10 分</td><td></td></tr>
<tr><td>总分</td><td colspan="7"></td></tr>
</table>

<table>
<tr><th colspan="6">教师评价（30%）</th></tr>
<tr><td>项目名称</td><td colspan="3"></td><td>任务名称</td><td></td></tr>
<tr><td>班级</td><td colspan="3"></td><td>日期</td><td></td></tr>
<tr><td>姓名</td><td></td><td>学号</td><td></td><td>组别</td><td></td></tr>
<tr><td colspan="6">教师总体评价意见：</td></tr>
<tr><td>总分</td><td colspan="5"></td></tr>
</table>

项目小结

1. 电路和电路模型

电路是由若干个电气设备或电路元器件按一定方式连接而成的电流通路。由各种理想电路元件组成的电路称为电路模型。

2. 电压、电流及其参考方向

（1）电流定义为 $i=\dfrac{\mathrm{d}q}{\mathrm{d}t}$，电流的方向习惯上规定正电荷运动的方向为电流的正方向。

（2）电压定义为 $u_{ab}\overset{\text{def}}{=}\dfrac{\mathrm{d}w}{\mathrm{d}q}$，电压的方向从高电位指向低电位即为电压降的方向。

（3）参考方向。若电流或电压的实际方向与参考方向一致时，则电流或电压为正值；若电流或电压的实际方向与参考方向相反时，则电流或电压为负值。

3. 功率和能量

功率与电压、电流之间的关系为 $p=ui$。电路在 $t_0\sim t$ 时间内，电阻所吸收的能量为

$$w_R=\int_{t_0}^{t}p\mathrm{d}\tau=\int_{t_0}^{t}ui\mathrm{d}\tau$$

4. 电路元件及其特性

（1）电阻元件。电阻元件 VAR 可表示为 $u=Ri$ 或 $i=Gu$，关联参考方向下取“+”，非关联参考方向下取“-”。

（2）电容元件。电容元件 VAR 可表示为 $i=\dfrac{\mathrm{d}q}{\mathrm{d}t}=\dfrac{\mathrm{d}Cu}{\mathrm{d}t}=C\dfrac{\mathrm{d}u}{\mathrm{d}t}$。关联参考方向下取“+”，非关联参考方向下取“-”。

（3）电感元件。电感元件 VAR 可表示为 $u=L\dfrac{\mathrm{d}i}{\mathrm{d}t}$ 或 $i=\dfrac{1}{L}\int u\mathrm{d}\tau$。关联参考方向下取“+”，非关联参考方向下取“-”。

5. 基尔霍夫定律

（1）基尔霍夫电流定律（KCL）：“在集总参数电路中，任一时刻流入或流出任一节点的所有支路电流的代数和等于零。”，其表达式为 $\sum i=0$。

（2）基尔霍夫电压定律（KVL）：“在集总参数电路中，任一时刻沿任一闭合路径（按固定绕向），所有支路电压的代数和等于零。”，其表达式为 $\sum u=0$。

6. 电阻的等效变换

（1）电阻的串联。n 个电阻串联时其等效电阻为

$$R_{\mathrm{eq}}=\frac{u}{i}=R_1+R_2+\cdots+R_k+\cdots+R_n=\sum_{k=1}^{n}R_k$$

（2）电阻的并联。n 个电阻并联时其等效电导为

$$G_{\mathrm{eq}}=G_1+G_2+\cdots+G_k+\cdots+G_n=\sum_{k=1}^{n}G_k$$

7. 电源的等效变换

（1）理想电源。理想电压源的电压值由其本身决定，与流过它的电流大小无关，而流过理想电压源的电流则随外电路的改变而改变。理想电流源的电流值由其本身决定，与它两端的电压大小无关，而理想电流源两端的电压则随外电路的改变而改变。

（2）电源模型。电压源模型是一个理想电压源 u_S 和一个电阻 R_S 的串联组合，其端口的 VAR 可表示为

$$u=u_S-R_Si。$$

电流源模型是一个理想电流源 i_S 和一个电导 G_S 的并联组合，其端口 VAR 可表示为

$$i=i_S-\frac{u}{R_S}=i_S-G_Su$$

电压源模型和电流源模型之间是可以相互转换的，而理想电压源和理想电流源之间是不能相互转换的。

（3）电压源、电流源的串联和并联。

①电压源串联等效。n 个电压源串联可以等效为一个电压源，这个等效电压源的电压为

$$u_S=\sum_{k=1}^{n}u_{Sk}$$

②电流源并联等效。n 个电流源的并联可以等效为一个电流源。这个等效电流源的电流为

$$i_S=\sum_{k=1}^{n}i_{Sk}$$

（4）电源的等效变换。

电压源变换为电流源，其变换公式为

$$i_S=\frac{u_S}{R_i},\ G_i=\frac{1}{R_i}$$

电流源变换为电压源，其变换公式为

$$u_S=\frac{i_S}{G_i},\ R_i=\frac{1}{G_i}$$

8. 支路电流法

支路电流法是以支路电流为电路变量，根据两类约束（KCL、KVL）和电路元件的 VAR，对独立的节点和独立的回路建立方程组，求出各支流电流，再进一步求得其他变量的方法。

当电路中含受控源时，可将受控源当独立源一样对待来列方程，但需要补充建立一个控制量与支路电流关系的附加方程。

9. 叠加定理

叠加定理指出，在线性电路中，当有两个或两个以上的独立源作用时，则任意支路的电流（或电压）响应，等于电路中每个独立源单独作用下在该支路中产生的电流（或电压）响应的代数和。叠加定理只适用于计算线性电路中的电压和电流，而不能计算功率。

当一个独立源作用时，其他独立源不作用。电压源不作用，就是在该电压源处用短路代替；电流源不作用，就是在该电流源处用开路代替。而受控源则保留在电路中，受控源的值随每一个独立源单独作用时控制量的变化而变化。

10. 戴维宁定理

戴维宁定理指出，任何一个线性含独立电源的二端口网络，对于外电路而言，可以等效为一个理想电压源和电阻串联的电压源模型。其中理想电压源的电压等于线性含源二端口网络的开路电压u_{oc}，串联电阻等于从含源二端口网络开路端子之间看进去的等效电阻R_{eq}。而这一电压源与电阻的串联组合，称为戴维宁等效电路。

学习测试

（1）如图 1-41 所示电路中，已知 $I=2$ A，$U_1=10$ V，$U_2=6$ V，$U_3=-4$ V，试问哪些元件是电源？哪些元件是负载？

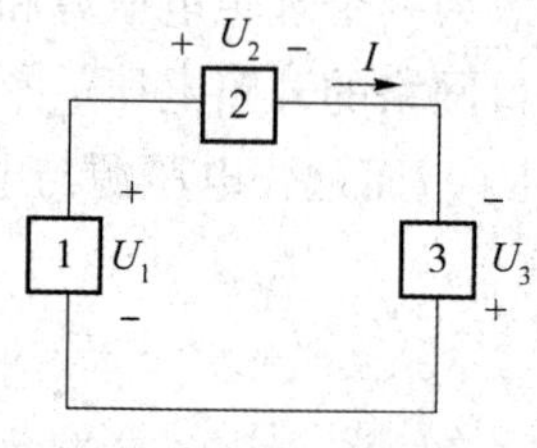

图 1-41　习题（1）用图

（2）如图 1-42 所示电路中，已知电阻 R 两端的电压 $U=10$ V，欲使流过电阻 R 的电流 $I=10$ mA，如何选取这个电阻 R？

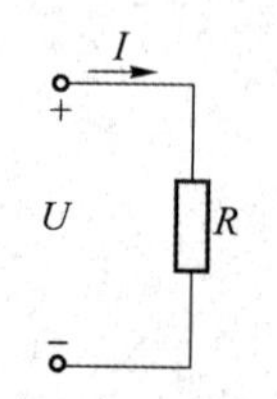

图 1-42　习题（2）用图

（3）如图 1-43 所示直流电路中，已知 $I_1=-2$ A，$I_2=6$ A，$I_3=3$ A，$I_5=-3$ A。求电流 I_4 和 I_6。

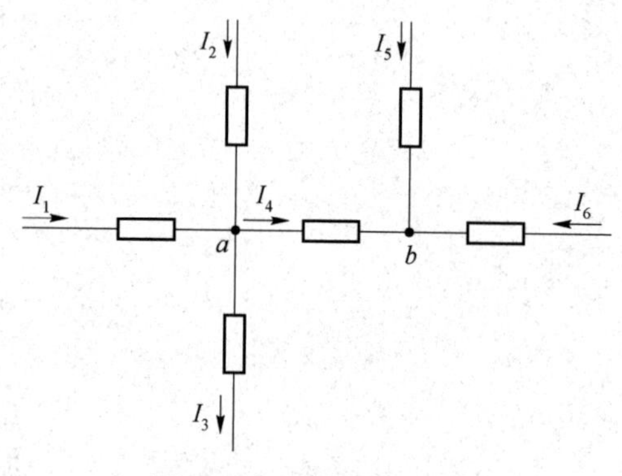

图 1-43　习题（3）用图

（4）如图 1-44 所示直流电路中，求电流 I 和电压 U。

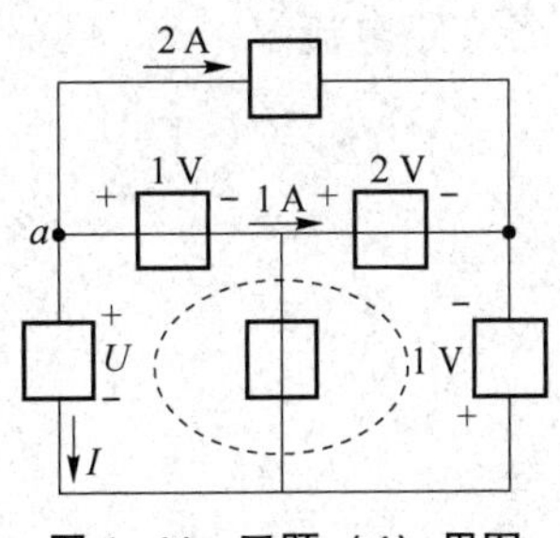

图 1-44　习题（4）用图

（5）试写出图 1-45 所示支路电压 U 和支路电流 I 之间的关系。

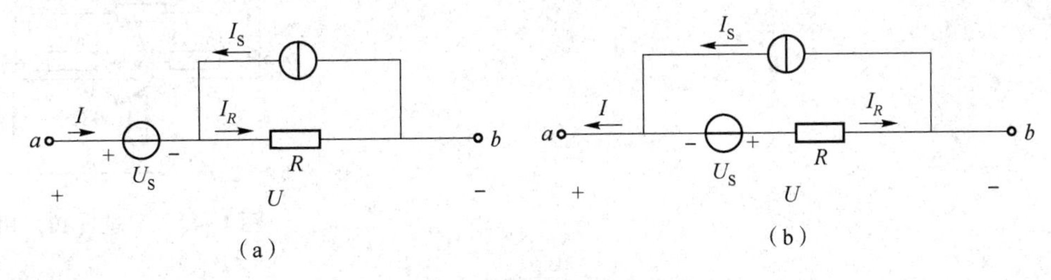

图 1-45　习题（5）用图

（6）在如图 1-46 所示直流电路中，求电流 I_1 和 I_2。

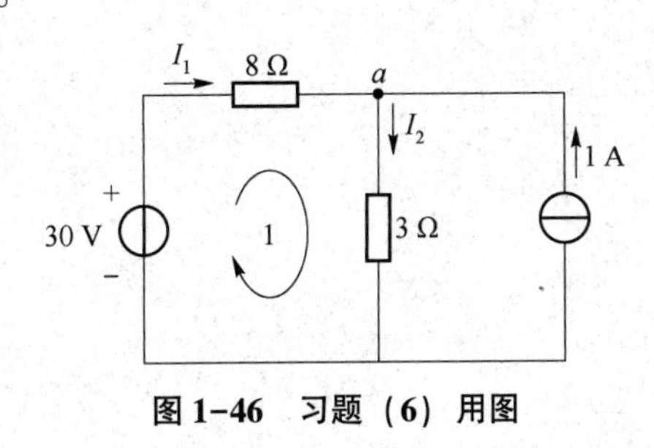

图 1-46　习题（6）用图

（7）电路如图 1-47 所示，求电流 I_1、I_2、I_3 和电压 U_1、U_2。

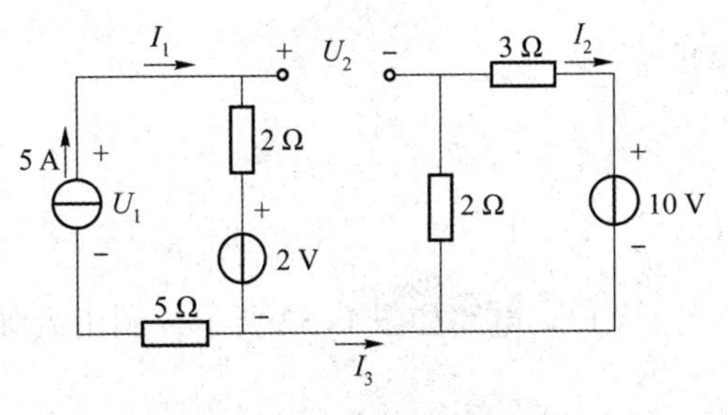

图 1-47　习题（7）用图

（8）两个电阻 R_1、R_2 串联，总电阻为 100 Ω，总电压为 60 V，欲使 $U_2 = 12$ V，试求 R_1、R_2。

（9）在图 1-48 所示电路中，已知 $U_S = 12$ V，$R_1 = R_2 = 20$ Ω，$R_3 = 30$ Ω，$R_4 = 40$ Ω，求各支路电流。

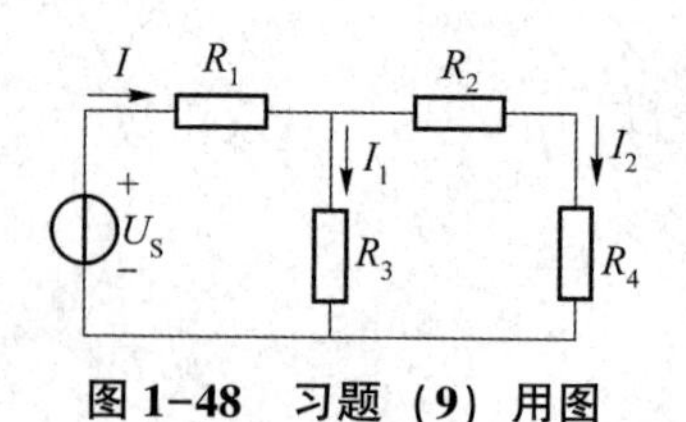

图 1-48　习题（9）用图

（10）试求图 1-49 所示电路中的输入端电阻 R_{AB}。

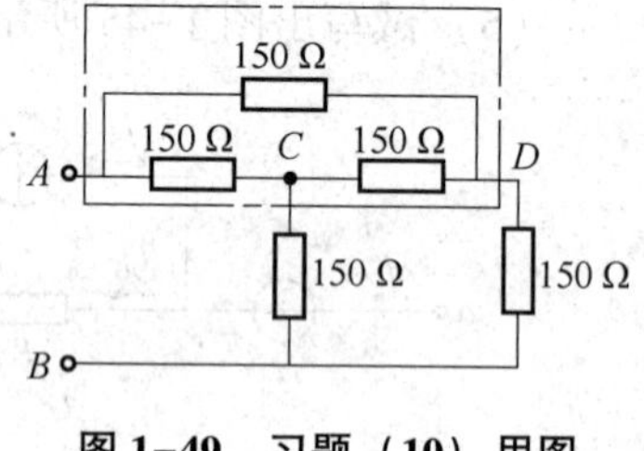

图 1-49　习题（10）用图

（11）已知图 1-50 中 $U_{S1} = 5$ V，$R_1 = 500$ Ω，$R_2 = 1\ 000$ Ω，$R_3 = 1\ 000$ Ω，$\alpha = 50$。求各支流电流。

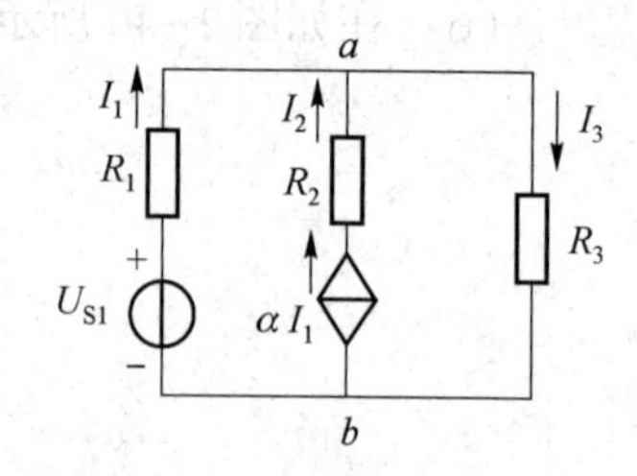

图 1-50　习题（11）用图

（12）求图 1-51 中电压 u。

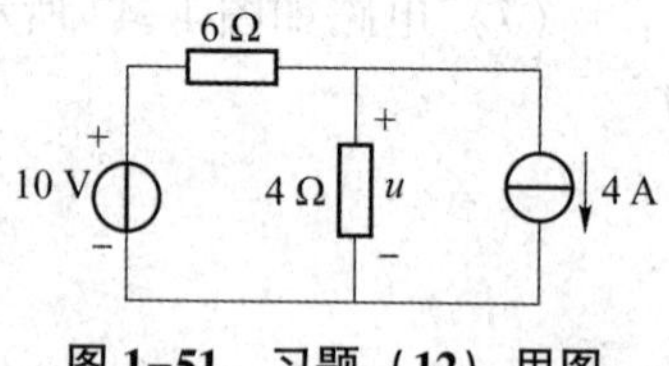

图 1-51　习题（12）用图

（13）电路如图 1-52 所示，利用戴维宁定理求 6 Ω 电阻上的电压 U。

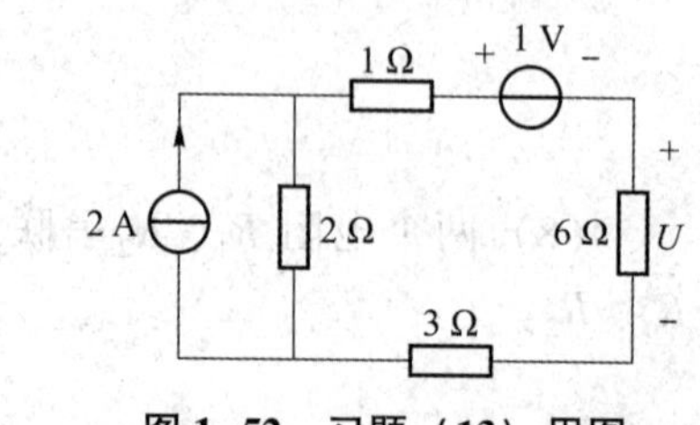

图 1-52　习题（13）用图

项目二

照明电路的分析与设计

项目引入

大小和方向不随时间发生变化的一种电流叫作直流（DC）；当电流的大小和方向随时间做周期性变化的一种电流，叫作交流（AC）。交流在日常生活及工农业生产中随处可见，如照明设备（日光灯）、电风扇、电冰箱等电气设备以及供电系统，其电路就是交流电路。

在安全用电基础上打开家庭供配电系统，可以观察到配电箱里有3种颜色的电线，如图2-1所示，每根电线各是什么颜色？每根电线各有什么功能呢？照明电路是一个至关重要的组成部分，它为我们的日常生活提供了必要的光照。无论是在家庭、商业还是工业环境中，照明电路的设计和分析都必须符合安全、可靠和高效的标准。如果你是一位电气工程师、DIY爱好者或是对照明电路感兴趣的读者，照明电路的分析与设计将为我们设计常见照明用电系统提供有用信息和使用建议。

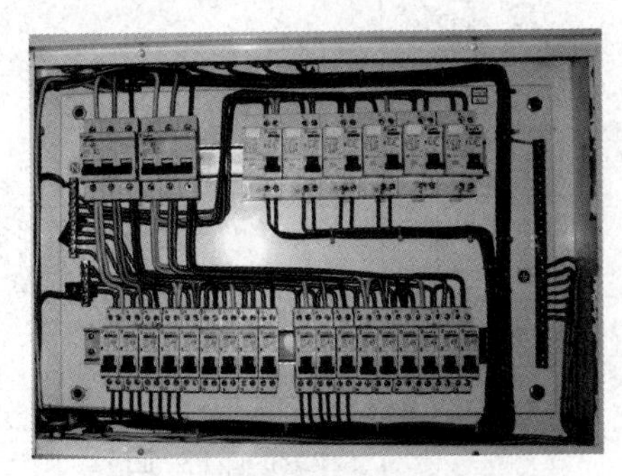

图2-1　家庭供配电箱内部接线

项目分析

项目二知识图谱如图2-2所示。

在本项目中，我们将学习有关交流电知识，掌握正弦交流电的使用，探讨照明电路的基础知识和设计原则，以及如何根据需求和特定场景来设计和优化照明电路，最终完成家庭常见照明电路的分析与设计任务，并学习安全用电相关常识。

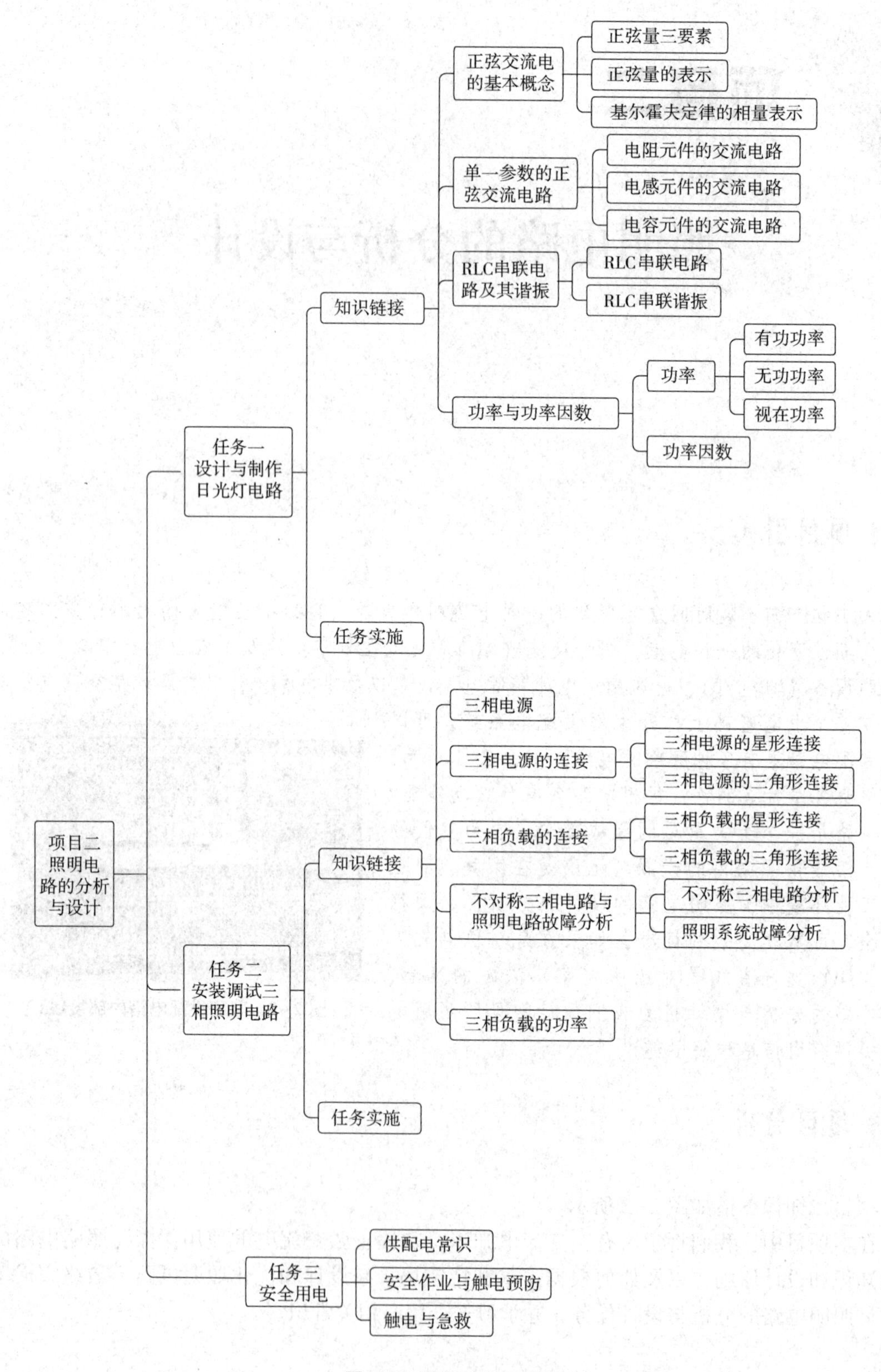

项目二 照明电路的分析与设计
任务一 设计与制作日光灯电路
知识链接
正弦交流电的基本概念
正弦量三要素
正弦量的表示
基尔霍夫定律的相量表示
单一参数的正弦交流电路
电阻元件的交流电路
电感元件的交流电路
电容元件的交流电路
RLC串联电路及其谐振
RLC串联电路
RLC串联谐振
功率与功率因数
功率
有功功率
无功功率
视在功率
功率因数
任务实施
任务二 安装调试三相照明电路
知识链接
三相电源
三相电源的连接
三相电源的星形连接
三相电源的三角形连接
三相负载的连接
三相负载的星形连接
三相负载的三角形连接
不对称三相电路与照明电路故障分析
不对称三相电路分析
照明系统故障分析
三相负载的功率
任务实施
任务三 安全用电
供配电常识
安全作业与触电预防
触电与急救

图 2-2　项目二知识图谱

任务一　设计与制作日光灯电路

学习目标

知识目标	能力目标	职业素养目标
1. 掌握单相交流电的基本概念和三要素 2. 理解提高功率因数的意义，如何提高功率因数 3. 理解日光灯的工作原理及与串联谐振的关系	1. 理解交流电路中电压、电流的相量关系 2. 学习感性负载电路提高功率因数的目的与方法 3. 熟悉日光灯的工作原理及实际电路的连接	1. 强化用电安全的重要性，培养安全意识，提高职业素养 2. 利用所学知识优化用能，提高学习知识的浓厚兴趣

参考学时：6~8 学时。

任务引入

日光灯广泛应用于各个领域，如家庭照明、商业照明、办公室照明等，设计与制作日光灯电路是一项需要掌握电气知识和技能的项目。设计与制作日光灯需要掌握交流电的特点和安全用电的要求，了解 RLC 串联谐振电路的原理和应用，同时还需要注意电路参数的调节和元件的选择，以确保电路谐振和功率的最大化，同时还需要注重安全用电，避免电路故障和安全隐患。

本学习任务是掌握电路理论和实践技能，能够选择合适的元器件，按照设计要求组装电路，确保电路的正常工作。

知识链接

正弦交流电的基本概念

一、正弦交流电的基本概念

大小和方向都不随时间变化的电流（或电压）称为直流电流（或电压）。

大小和方向都随时间做周期性变化且平均值为零的电流（或电压）称为交流电流（或电压）。

交流电的发明者是尼古拉·特斯拉（Nikola Tesla，1856—1943）。交流电简称“交流”，包括“交变电流”或“交变电压”。按正弦函数变化的交流电称为正弦交流电。正弦交流电是日常生活生产中最常见的形式，我们常说的 220 V 家庭用电就是正弦交流电。正弦交流电的波形是正弦波，如图 2-3 所示，除了正弦交流波形以外，还有三角波、方波或者任意波形等交流电。

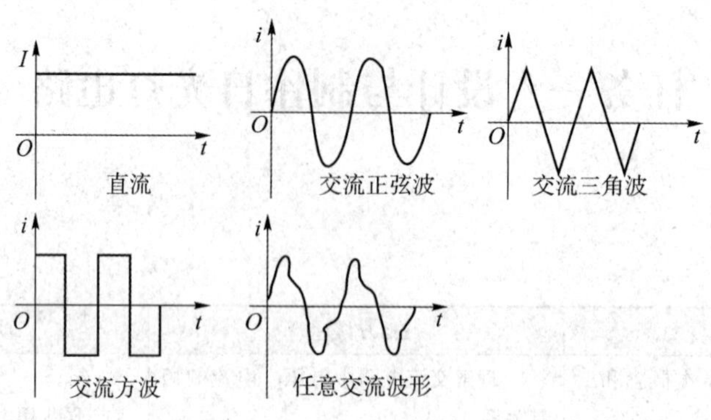

图 2-3 直流、交流波形

（一）正弦量的三要素

图 2-4 所示是典型的正弦交流电的波形图，正弦交流电流的表达式为

$$i=I_m\sin(\omega t+\phi)$$

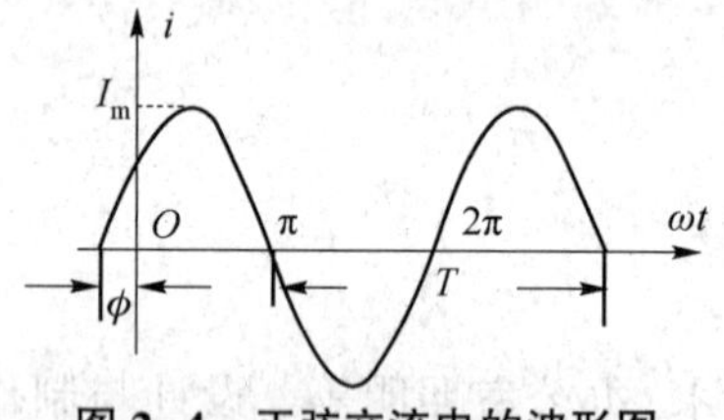

图 2-4 正弦交流电的波形图

式中：I_m 为正弦交流电的振幅，决定正弦量的大小；ω 为正弦交流电的角频率，决定正弦量变化的快慢；ϕ 为正弦交流电初相，决定正弦量起始的位置。I_m、ω、ϕ 这 3 个参数叫作正弦量三要素，任何正弦量都具备三要素。

1. 周期、频率、角频率

1）周期

正弦交流电随时间变化一周所需时间称为周期，用字母 T 表示，基本单位为秒（s）。

2）频率

正弦交流电在每秒时间内重复变化的周期数称为频率，用小写字母 f 表示，基本单位是赫兹，简称赫，以符号 Hz 表示。若 1 s 内变化一个周期，则频率是 1 Hz。周期与频率互为倒数，即

$$f=\frac{1}{T}\ (\text{Hz})$$

* 电网频率：我国是 50 Hz，美国、日本是 60 Hz。

3）角频率

正弦交流电随时间变化的快慢用角频率 ω 表示，基本单位为弧度/秒（rad/s），角频率 ω 就是正弦电量在 1 s 内变化的角度。角频率 ω 与频率 f 之间的关系为

$$\omega=2\pi f\ (\text{rad/s})$$

2. 最大值与有效值

正弦电量在每一瞬时的数值称为瞬时值，规定用英文小写字母 i、u、e 分别表示正弦电流、电压、电动势的瞬时值。

1）最大值

正弦交流电瞬时值中的最大数值就称为最大值，又称峰值、幅值等，用大写字母加 m

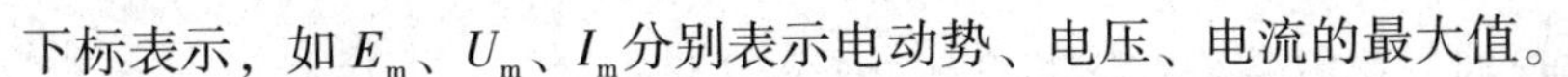

下标表示，如 E_m、U_m、I_m 分别表示电动势、电压、电流的最大值。

2）有效值

若一个交流电和直流电通过相同的电阻，经过相同的时间产生的热量相等，则这个直流电的量值就称为该交流电的有效值，用大写字母 E、U、I 等表示。

理论与实验均可证明，正弦交流电流的有效值 I 等于其幅值（最大值）I_m 的 0.707 倍，即

$$I=\frac{I_m}{\sqrt{2}}=0.707I_m$$

正弦交流电压、正弦交流电动势的有效值与最大值的关系与此类似。

因为正弦交流电的有效值与最大值（振幅值）之间有确定的比例系数，所以有效值、频率、初相这 3 个参数也可以合在一起叫作正弦交流电的三要素。

交流电压表、电流表测量的数据为有效值，交流设备铭牌标注的电压、电流也均为有效值。我国工业和民用交流电源电压的有效值为 220 V、频率为 50 Hz，因而通常将这一交流电压简称为工频电压。

3. 相位与初相位

1）相位

在正弦交流电中，电动势表达式为

$$e=E_m\sin(\omega t+\phi)$$

（$\omega t+\phi$）称为交流电的相位，它表示 t 时刻交流电对应的角度，确定了正弦量随时间变化的进程。$t=0$ 时，ϕ 称为初相位，简称初相，用来确定正弦量在计时起点的瞬时值，其单位一般用弧度（rad），工程上也用度（°）做单位。初相位与计时起点的关系如图 2-5 所示。从图中可知初相有大小与正负之分。大小可以通过正弦波形的起始点与原点之间的距离差得到；正负则遵循左正右负原则。

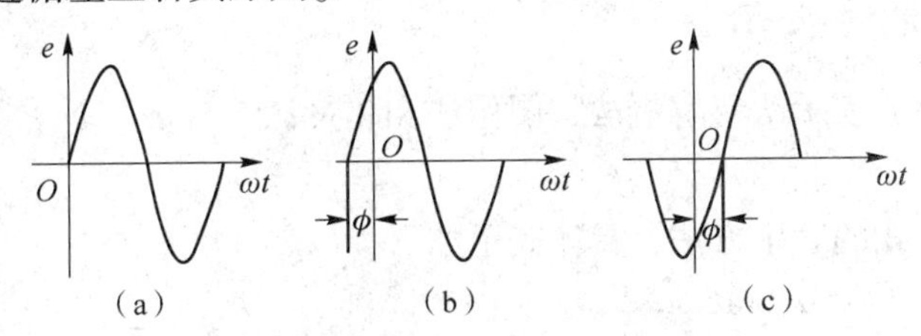

图 2-5　初相位与计时起点的关系

（a）$\phi=0$；（b）$\phi>0$；（c）$\phi<0$

2）相位差

两个同频率正弦交流电量的相位之差称为相位差，用字母 φ 表示。如果正弦交流电的频率相同，相位差就等于初相之差，即

$$\varphi=(\omega t+\phi_1)-(\omega t+\phi_2)=\phi_1-\phi_2$$

在讨论两个正弦量的相位关系时，有以下几点规定：

（1）当 $\varphi>0$ 时，称第一个正弦量比第二个正弦量的相位越前（或超前）φ；

（2）当 $\varphi<0$ 时，称第一个正弦量比第二个正弦量的相位滞后（或落后）$|\varphi|$；

（3）当 $\varphi=0$ 时，称第一个正弦量与第二个正弦量同相；

（4）当 $\varphi=\pm\pi$ 或 $\pm180°$ 时，称第一个正弦量与第二个正弦量反相；

（5）当 $\varphi=\pm\dfrac{\pi}{2}$或±90°时，称第一个正弦量与第二个正弦量正交。

相位关系如图 2-6 所示。

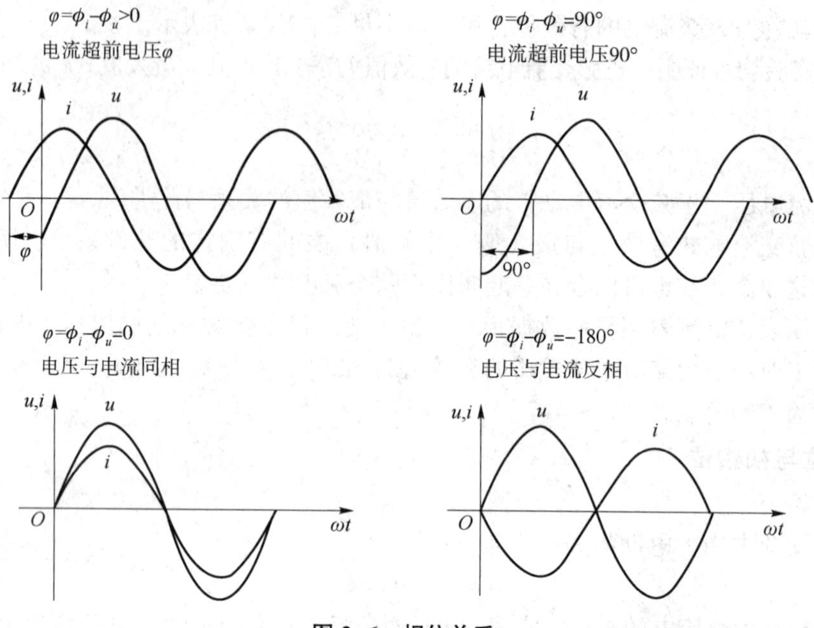

图 2-6　相位关系

注意：

（1）两同频率的正弦量之间的相位差为常数，与计时的选择起点无关。

（2）不同频率的正弦量比较则无意义。

正弦量的相量表示法

（二）正弦量的表示

正弦交流电常用的表示法有解析法、图像法和相量法 3 种。

1. 解析法

解析法是数学公式的表示方法，具体表示如下。

正弦交流电流：$i(t)=I_{\mathrm{m}}\sin(\omega t+\phi_i)$

正弦交流电压：$u(t)=U_{\mathrm{m}}\sin(\omega t+\phi_u)$

正弦交流电动势能：$e(t)=E_{\mathrm{m}}\sin(\omega t+\phi_e)$

例如，已知某正弦交流电流的最大值是 2 A，频率为 50 Hz，设初相位为 60°，则该电流的瞬时表达式为

$$i(t)=I_{\mathrm{m}}\sin(\omega t+\phi_i)=2\sin(2\pi ft+60^\circ)=2\sin(314t+60^\circ)$$

2. 图像法

图像法是 3 种方法中最直观、形象的表示方法，图 2-7 给出了不同初相角的正弦交流电的波形图。

3. 相量法

设正弦量 $u(t)=U_{\mathrm{m}}\sin(\omega t+\phi)$，则其相量可表示为 $\dot{U}=U\angle\phi$ 或者 $\dot{U}_{\mathrm{m}}=U_{\mathrm{m}}\angle\phi$。其中，$U$ 或者 U_{m} 称为相量的模，是正弦量的有效值或者幅值；ϕ 称为相量的幅角，是正弦量的初相角。

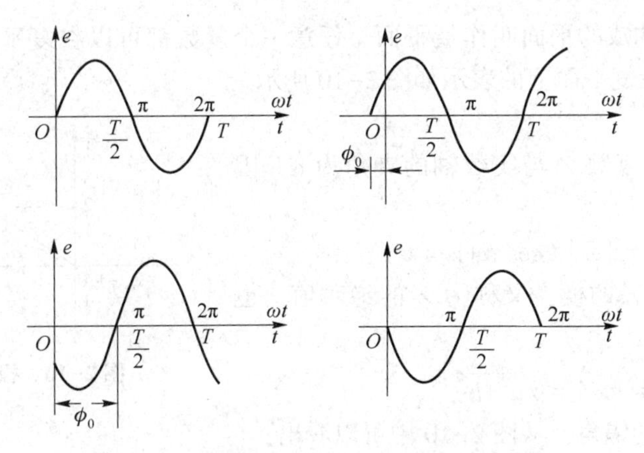

图 2-7　不同初相角的正弦交流电动势波形

在默认频率为我国工频的情况下，仅用幅值和初相就可以表示一个特定的正弦交流电，这就是正弦交流电的相量表示法。相量表示法包含幅值相量表示法和有效值相量表示法。

1）幅值相量表示法

幅值相量表示法是用正弦量的幅值作为相量的模（大小）、用初相角作为相量的幅角的正弦交流电表示法。

例如，有 3 个正弦量为

$$e=60\sin(\omega t+60°)$$
$$u=30\sin(\omega t+30°)$$
$$i=50\sin(\omega t-30°)$$

则它们的幅值相量图如图 2-8 所示。

2）有效值相量表示法

有效值相量表示法是用正弦量的有效值作为相量的模（大小），仍用初相角作为相量的幅角的正弦交流电表示法。

$$u=220\sqrt{2}\sin(\omega t+53°)\,\mathrm{V},\quad i=0.41\sqrt{2}\sin(\omega t)\,\mathrm{A}$$

则它们的有效值相量图如图 2-9 所示。

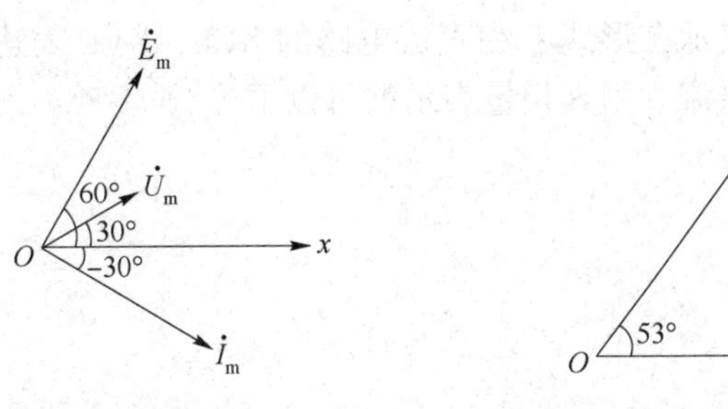

图 2-8　幅值相量表示　　**图 2-9　有效值相量表示**

4. 相量的代数、三角、指数和极坐标表达式

（1）代数式，即

$$Z=a+\mathrm{j}b$$

式中：a 为复数 Z 的实部；b 为复数 Z 的虚部。在直角坐标系中，以横坐标为实数轴、纵坐标为虚数轴，这样构成的平面叫作复平面。任意一个复数都可以在复平面上表示出来。例如，复数 $A=3+\mathrm{j}2$ 在复平面上的表示如图 2-10 所示。

（2）三角式。

在图 2-10 中，复数 Z 与实数轴的夹角为 α，因此可以写成

$$Z=a+\mathrm{j}b=|Z|(\cos\alpha+\mathrm{j}\sin\alpha)$$

式中：$|Z|$ 为复数 Z 的模，又称为 Z 的绝对值，也可用 r 表示，即

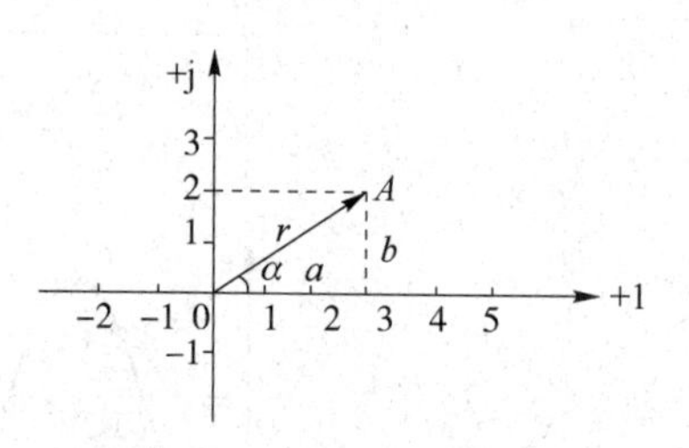

图 2-10　极坐标的表达

$$r=|Z|=\sqrt{a^2+b^2}$$

α 叫作复数 Z 的辐角，从图 2-10 中可以看出

$$\alpha=\begin{cases}\arctan\dfrac{b}{a} & (a>0)\\ \pi-\arctan\dfrac{b}{|a|} & (a<0,\ b>0)\\ -\pi+\arctan\left|\dfrac{b}{a}\right| & (a<0,\ b<0)\end{cases}$$

复数 Z 的实部 a、虚部 b 与模 $|Z|$ 构成一个直角三角形。

（3）指数式。

利用欧拉公式，可以把三角函数式的复数改写成指数式形式，即

$$\dot{Z}=|Z|\mathrm{e}^{\mathrm{j}\alpha}$$

（4）极坐标式。

复数的指数式还可以改写成极坐标式，即

$$\dot{Z}=|Z|\angle\alpha$$

以上这 4 种表达式是可以相互转换的，即可以从任一个式子导出其他 3 种式子。

（三）基尔霍夫定律的相量表示

基尔霍夫定律的相量表示在形式上和直流电路的 KCL、KVL 表达式是一样的，只要将正弦交流电路中的电压和电流改用其相量表示就可以了。

1. 基尔霍夫电流定律

瞬时值形式：$\sum i=0$

相量形式：$\sum \dot{I}=0$

2. 基尔霍夫电压定律

瞬时值形式：$\sum u=0$

相量形式：$\sum \dot{U}=0$

正弦交流电阻电路

二、单一参数的正弦交流电路

（一）电阻元件的交流电路

1. 电压、电流的瞬时值关系

电阻与电压、电流的瞬时值之间的关系服从欧姆定律。设加在电阻 R 上的正弦交流电压瞬时值为

$$u(t)=U_m\sin(\omega t)$$

则通过该电阻的电流瞬时值为

$$i=\frac{u}{R}=\frac{U_m}{R}\sin(\omega t)=I_m\sin(\omega t)$$

式中：$I_m=\frac{U_m}{R}$为正弦交流电流的振幅。这说明，正弦交流电压和电流的振幅之间满足欧姆定律。

2. 电压、电流的有效值关系

电压、电流的有效值关系又叫作大小关系。

由于纯电阻电路中正弦交流电压和电流的振幅值之间满足欧姆定律，因此把等式两边同时除以$\sqrt{2}$，即得到有效值关系，即

$$I=\frac{U}{R}\quad 或\quad U=RI$$

这说明，正弦交流电压和电流的有效值之间也满足欧姆定律。

3. 相位关系

电阻的两端电压 u 与通过它的电流 i 同相，其波形图和相量图如图 2-11 所示。

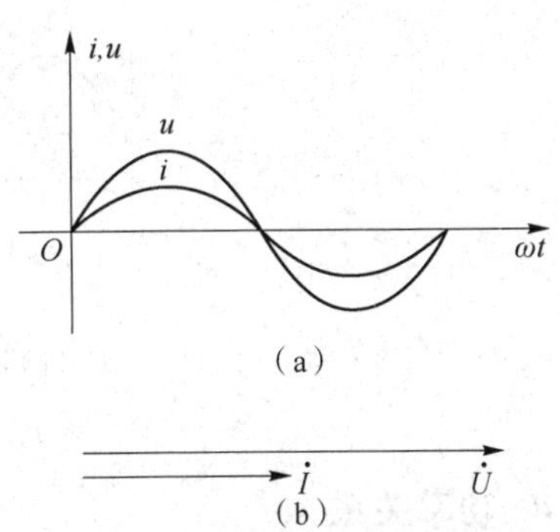

图 2-11　电阻电压与电流的波形图与相量图

（a）波形图；（b）相量图

4. 功率关系

把瞬时电压与瞬时电流的乘积定义为瞬时功率 p。对于电阻的瞬时电流、瞬时电压有

$$i=\sqrt{2}I\sin(\omega t)$$

$$u=\sqrt{2}U\sin(\omega t)=\sqrt{2}IR\sin(\omega t)$$

则电阻的瞬时功率为

$$p=ui=U_mI_m\sin^2(\omega t)=\frac{1}{2}U_mI_m[1-\cos(2\omega t)]$$

显然 $p\geqslant 0$，由此可见电阻是耗能元件，且瞬时功率随时间变化。

（二）电感元件的交流电路

正弦交流电感电路

1. 感抗

（1）感抗的概念。

反映电感对交流电流阻碍作用程度的参数叫作感抗，记作 X_L。

（2）感抗的因素。

纯电感电路中通过正弦交流电流的时候，所呈现的感抗为

$$X_L=\omega L=2\pi fL$$

式中，自感系数 L 的国际单位制是亨利（H），常用的单位还有毫亨（mH）、微亨（μH）、纳亨（nH）等，它们与 H 的换算关系为

$$1\ \mathrm{mH}=10^{-3}\ \mathrm{H},\ 1\ \mu\mathrm{H}=10^{-6}\ \mathrm{H},\ 1\ \mathrm{nH}=10^{-9}\ \mathrm{H}$$

如果线圈中不含有导磁介质，则叫作空心电感或线性电感，线性电感 L 在电路中是一常数，与外加电压或通电电流无关。

如果线圈中含有导磁介质，则电感 L 将不是常数，而是与外加电压或通电电流有关的量，这样的电感叫作非线性电感，如铁芯电感。

（3）线圈在电路中的作用。

用于“通直流、阻交流”的电感线圈叫作低频扼流圈，用于“通低频、阻高频”的电感线圈叫作高频扼流圈。电感 L 具有通直阻交的作用。

2. 电压、电流的有效值关系

电感电流与电压的大小关系为

$$I=\frac{U}{X_L}\quad 或\quad U=IX_L$$

显然，感抗与电阻的单位相同，都是欧姆（Ω）。

3. 相位关系

电感电压比电流超前 90°（或 π/2），即电感电流比电压滞后 90°，如图 2-12 所示。

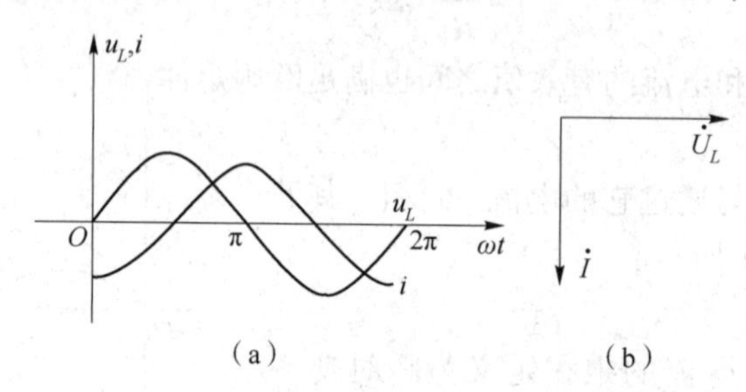

图 2-12　电感电压电流波形图与相量图

（a）波形图；（b）相量图

4. 功率关系

对于电感的瞬时电流、瞬时电压有

$$i=\sqrt{2}I\sin(\omega t)$$

$$u=\sqrt{2}I\omega L\sin(\omega t+90°)$$

则电阻的瞬时功率为

$$p=ui=UI\sin(2\omega t)$$

把单位时间内输出的总瞬时功率定义为平均功率 P，则电感的平均功率有

$$P=\frac{1}{T}\int_0^T p\mathrm{d}t=\frac{1}{T}\int_0^T UI\sin(2\omega t)\,\mathrm{d}t=0$$

从以上公式可知，电感在单位时间内不消耗能量，属于非耗能元件。纯电感不消耗能量，只和电源进行能量的交换，即能量的吞吐。

（三）电容元件的交流电路

正弦交流电容电路

1. 容抗

（1）容抗的概念。

反映电容对交流电流阻碍作用程度的参数叫作容抗，记作 X_C。容抗按下式计算，即

$$X_C=\frac{1}{\omega C}=\frac{1}{2\pi fC}$$

容抗和电阻、电感的单位一样，也是欧姆（Ω）。

（2）电容在电路中的作用。

在电路中，用于“通交流、隔直流”的电容叫作隔直电容器；用于“通高频、阻低频”将高频电流成分滤除的电容叫作高频旁路电容器。电容 C 具有隔直通交的作用。

2. 电压、电流的有效值关系

电容电流与电压的大小关系为

$$I=\frac{U}{X_C}$$

3. 相位关系

电容电流比电压超前 90°（或 π/2），即电容电压比电流滞后 90°，如图 2-13 所示。

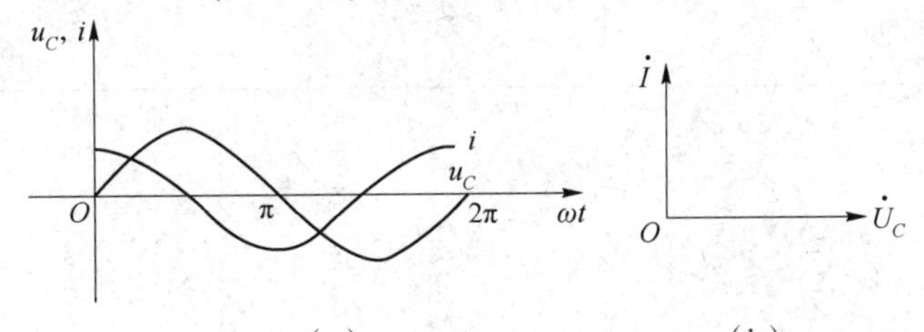

图 2-13 电容电压、电流波形图与相量图

（a）波形图；（b）相量图

4. 功率关系

对于电容的瞬时电流、瞬时电压有

$$u=\sqrt{2}U\sin(\omega t)$$

$$i=\sqrt{2}U\omega C\sin(\omega t+90°)$$

则电阻的瞬时功率为

$$p=ui=UI\sin(2\omega t)$$

电容的平均功率为

$$P=\frac{1}{T}\int_0^T p\mathrm{d}t=\frac{1}{T}\int_0^T UI\sin(2\omega t)\mathrm{d}t=0$$

从以上公式可知，电容在单位时间内不消耗能量，属于非耗能元件。纯电容不消耗能量，只和电源进行能量的交换，即能量的吞吐。

（四）单一参数正弦交流电路总结

从前面电阻、电感和电容在交流电中的电压、电流关系，总结出单一参数正弦交流电路图，如表 2-1 所示。

表 2-1　单一参数正弦交流电路特性

电路参考	电路图（参考方向）	基本关系	阻抗	电压、电流关系				功率	
				瞬时值	有效值	相量图	相量式	有功功率	无功功率
R	i + u − R	$u=iR$	R	设 $i=\sqrt{2}\,I\sin(\omega t)$ 则 $u=\sqrt{2}\,U\sin(\omega t)$	$U=IR$	O $\dot{I}$ $\dot{U}$ u、i 同相	$\dot{U}=\dot{I}R$	UI I^2R	0
L	i + u − L	$u=L\frac{\mathrm{d}i}{\mathrm{d}t}$	$\mathrm{j}X_L$	设 $i=\sqrt{2}\,I\sin(\omega t)$ 则 $u=\sqrt{2}\,I\omega L\sin(\omega t+90^\circ)$	$U=IX_L$ $X_L=\omega L$	$\dot{U}$ $\dot{I}$ O u 超前 i 90°	$\dot{U}=\mathrm{j}\dot{I}X_L$	0	UI I^2X_L
C	i + u − C	$i=C\frac{\mathrm{d}u}{\mathrm{d}t}$	$-\mathrm{j}X_C$	设 $i=\sqrt{2}\,I\sin(\omega t)$ 则 $u=\sqrt{2}\frac{I}{\omega C}\sin(\omega t-90^\circ)$	$U=IX_C$ $X_C=\frac{1}{\omega C}$	O $\dot{I}$ $\dot{U}$ u 落后 i 90°	$\dot{U}=\mathrm{j}\dot{I}X_C$	0	$-UI$ $-I^2X_C$

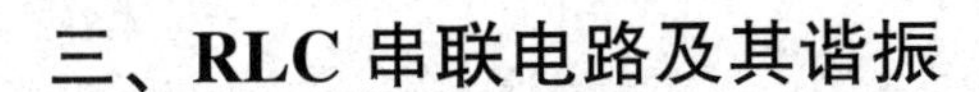

三、RLC 串联电路及其谐振

（一）RLC 串联电路

RLC 串联电路是指由电阻、电感、电容相串联构成的电路，如图 2-14 所示。

1. RLC 串联电路的电压关系

设电路中电流为 $i=\sqrt{2}I\sin(\omega t+\phi)$，则根据 R、L、C 的基本特性可得各元件的两端瞬时电压为

$$u_R=RI_m\sin(\omega t+\phi)$$

$$u_L=X_LI_m\sin(\omega t+\phi+90°)$$

$$u_C=X_CI_m\sin(\omega t+\phi-90°)$$

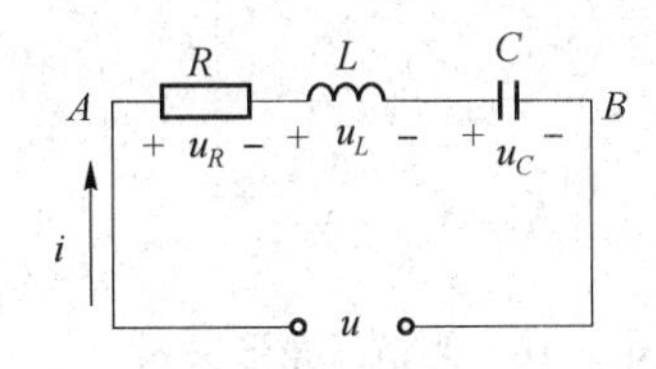

图 2-14　RLC 串联电路图

可写出各元件瞬时电压的相量形式为

$$\dot{U}_R=\dot{U}\angle\phi$$

$$\dot{U}_L=\dot{U}\angle\phi+90°$$

$$\dot{U}_C=\dot{U}\angle\phi-90°$$

根据基尔霍夫电压定律（KVL），在任一时刻总电压 u 的瞬时值为

$$u=u_R+u_L+u_C$$

写出其相量形式，则有

$$\dot{U}=\dot{U}_R+\dot{U}_L+\dot{U}_C$$

可以画出总电压、电阻电压、电感电压、电容电压的相量图形式，如图 2-15 所示。

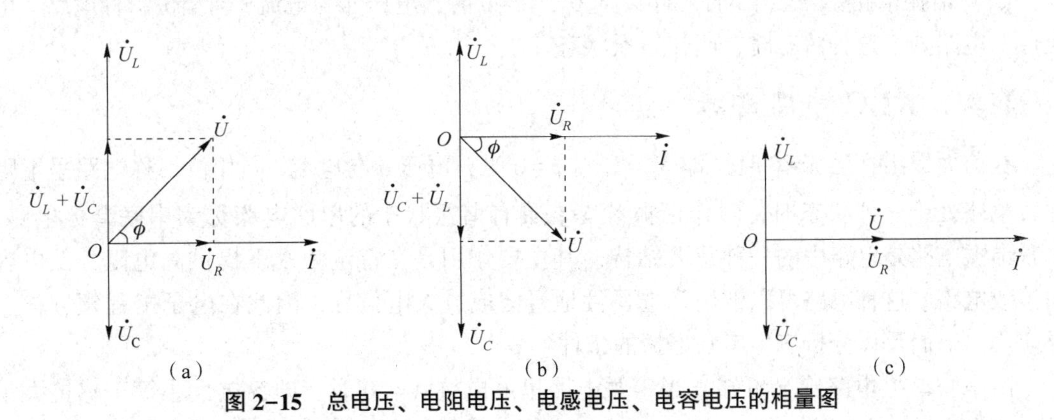

图 2-15　总电压、电阻电压、电感电压、电容电压的相量图

其中图 2-15（a）是初相大于 0 的情况，图 2-15（b）是初相小于 0 的情况，图 2-15（c）是初相等于 0 的情况。由此可以得到各电压的大小关系为

$$U=\sqrt{U_R^2+(U_L-U_C)^2}$$

上式又称为电压三角形关系式。

2. RLC 串联电路的阻抗

分析电阻、电感和电容的电压与电流大小关系，有

$$U_R = RI$$

$$U_L = X_L I$$

$$U_C = X_C I$$

则
$$U = \sqrt{U_R^2 + (U_L - U_C)^2} = I\sqrt{R^2 + (X_L - X_C)^2}$$

令$|Z| = \dfrac{U}{I} = \sqrt{R^2 + (X_L - X_C)^2} = \sqrt{R^2 + X^2}$，称该表达式为阻抗三角形关系式，$|Z|$叫作 RLC 串联电路的阻抗，其中 $X = X_L - X_C$，叫作电抗。阻抗和电抗的单位均是欧姆（Ω）。阻抗三角形的关系如图 2-16 所示。

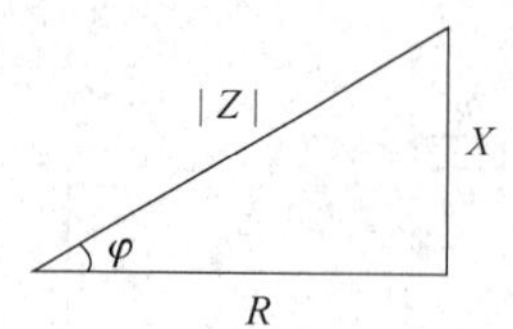

图 2-16　阻抗三角形关系

由相量图可以看出总电压与电流的相位差为

$$\varphi = \arctan\frac{U_L - U_C}{U_R} = \arctan\frac{X_L - X_C}{R} = \arctan\frac{X}{R}$$

式中：φ 为阻抗角。

3. RLC 串联电路的性质

根据总电压与电流的相位差（即阻抗角 φ）为正、为负、为零这 3 种情况，得出电路的 3 种性质。

（1）感性电路：当 $X>0$ 时，即 $X_L>X_C$，$\varphi>0$ 时，电压 u 比电流 i 超前 φ，称电路呈感性。

（2）容性电路：当 $X<0$ 时，即 $X_L<X_C$，$\varphi<0$ 时，电压 u 比电流 i 滞后 $|\varphi|$，称电路呈容性。

（3）谐振电路：当 $X=0$ 时，即 $X_L=X_C$，$\varphi=0$ 时，电压 u 与电流 i 同相位，称电路呈电阻性，电路处于这种状态时，叫作谐振状态。

（二）RLC 串联谐振

在前面提出，当 $X=0$ 时，即 $X_L=X_C$，$\varphi=0$ 时，电压 u 与电流 i 同相位，称电路呈电阻性，电路处于这种状态时，叫作谐振状态。具有谐振状态的串联电路称为串联谐振电路。串联谐振电路是电路中的一种重要结构，其主要作用是在特定频率下提供高电阻、低电容的等效电路。这种电路可以被用来选择性地过滤或放大电信号，因此在电子工程领域被广泛应用。下面具体分析产生串联谐振的条件。

由串联谐振电路定义可知，当串联电路里的电抗 $X=0$ 时，即容抗大小等于感抗大小时，令串联电路电压电流角频率为 ω，可有

$$\omega L = \frac{1}{\omega C}$$

$$2\pi f L = \frac{1}{2\pi f C}$$

即可发生谐振，电路中的电压 u 与电流 i 的相位相同，即

$$\varphi=\arctan\frac{X_L-X_C}{R}=0$$

故有串联谐振条件，即

$$X_L=X_C$$

串联谐振频率计算公式为

$$f=\frac{1}{2\pi\sqrt{LC}}$$

串联谐振又称为电压谐振，串联谐振电路的几个重要作用及注意事项如下。

（1）频率选择：串联谐振电路可以选择性地通过一定频率的电信号，同时阻挡其他频率的信号。因此，它在无线通信、调制解调、滤波等方面应用广泛。

（2）放大器：串联谐振电路在一定范围内可以提供放大作用，尤其在谐振频率附近。这种放大器被称为谐振放大器，常用于中频放大、调谐放大等电路中。

（3）电路稳定：在某些情况下，将串联谐振电路放置在信号源或负载端可以使电路更加稳定。这是因为串联谐振电路可以提供一个低电容高电阻的等效电路，从而减少电路中的信号反馈，提高电路的稳定性。

（4）传感器：串联谐振电路在某些情况下可以被用作传感器，用于温度、压力、湿度等的测量。这是因为串联谐振电路的谐振频率和电容、电感等元件的物理参数有关，当这些参数发生变化时，谐振频率也会发生变化，从而实现传感器的功能。

（5）由于串联谐振电路容易发生自激振荡，因此需要采取措施确保电路的稳定性。例如，可以通过添加稳定电路或使用稳定器等方法来保证电路的稳定性。

（6）电力系统应避免发生串联谐振。

四、功率与功率因数

（一）功率

1. 有功功率

有功功率是指电路中用于产生有用功的电功率，通常表示为 P，单位是瓦特（W，简称瓦）。在直流电路中，有功功率的计算公式为

$$P=UI$$

式中：U 为电路中的电压；I 为电路中的电流。

在交流电路中，由于电压和电流随时间变化，因此有功功率需要考虑电压和电流之间的相位关系。有功功率的计算公式为

$$P=UI\cos\varphi$$

式中：$\cos\varphi$ 为电压和电流之间的功率因数，表示电路中用于产生有用功的电功率部分。从单一参数的交流特性可知，在理想条件下，电阻的有功功率不为零，电感、电容的有功功率为零，也就是电容和电感等元件在理想情况下，它们是不会产生有功功率的，因为它们

并不直接将电能转换为其他形式的能量。

在电容元件中，当电压施加到两端时，电容元件会吸收电荷并将其储存在电场中，当电容器两端的电压变化时，电容元件会释放之前储存的电荷。这个过程中，只有电能在电场中储存和释放，而没有电能被直接转换成其他形式的能量，因此电容元件不会产生有功功率。

在电感元件中，当电流通过电感元件时，电感元件会储存磁能量，当电流变化时，电感元件会释放之前储存的磁能量。这个过程中，只有电能在磁场中储存和释放，而没有电能被直接转换成其他形式的能量，因此电感元件不会产生有功功率。

但在实际电路中，电容和电感等元件内部存在一定的电阻，导致它们会有一定的电功率耗散，也就是有功功率损耗。这个有功功率损耗通常很小，可以忽略不计，但在一些高频或高电压的电路中，它们的有功功率损耗会更加明显。

有功功率是电路中的重要参数，它可以反映电路中的实际功率消耗情况。在电力系统中，有功功率是指实际功率消耗，它是电力公司计费和控制负荷的重要参数。在电子电路中，有功功率也是评估电路性能和设计电源的重要参数。

2. 无功功率

无功功率是指电路中因电感和电容等元件而产生的非有用功的电功率，通常表示为 Q，单位是乏特（var，简称乏）。在交流电路中，由于电感和电容的存在，电流和电压之间存在相位差，因此除了产生有用功的电功率之外，电路中还存在一部分电功率用于在电感和电容中存储和释放能量，这部分电功率就是无功功率。

无功功率的计算公式为

$$Q = UI\sin\varphi$$

式中，$\sin\varphi$ 为电压和电流之间的无功功率因数，表示电路中用于产生无用功的电功率部分。从单一参数的交流特性可知，电阻元件是一种只能将电能转换为其他形式的能量，而不能储存电能的元件，因此电阻元件的无功功率总是等于0。

电感和电容元件在电路中通常会产生无功功率。当电流通过电感元件时，电感元件会储存磁场能量，当电流变化时，电感元件会释放储存的磁场能量，这个过程中电能并没有被转换为其他形式的能量，因此电感元件产生的功率是无功功率。同样地，当电压施加到电容元件上时，电容元件会储存电场能量，当电压变化时，电容元件会释放储存的电场能量，这个过程中电能也没有被转换为其他形式的能量，因此电容元件产生的功率也是无功功率。

在电力系统中，无功功率的控制可以调节电压，稳定系统运行，提高电网的可靠性。在电气设备中，无功功率的补偿可以提高电气设备的功率因数，减少电气设备的损耗和故障，延长设备寿命。

3. 视在功率

视在功率是指交流电路中总的电功率，包括有用功和无用功，通常表示为 S，单位是伏安（VA）。视在功率的计算公式为

$$S = UI$$

式中：U 为电路中的电压；I 为电路中的电流。

视在功率是一个综合指标，它包括有用功和无用功，反映了交流电路中电流和电压的总体功率消耗情况。在实际应用中，视在功率常用于评估电路的容量和负载能力。在电力

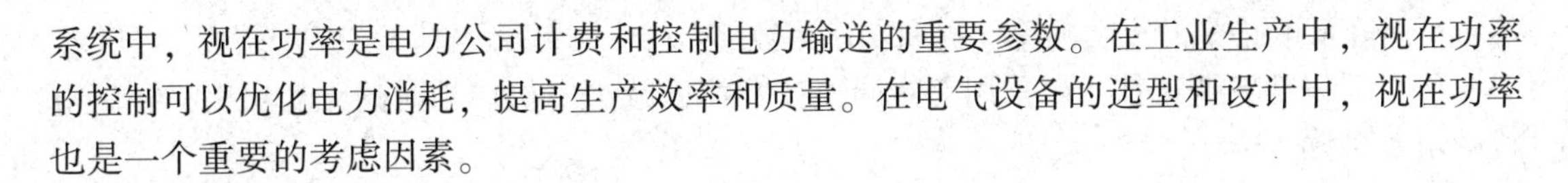

系统中，视在功率是电力公司计费和控制电力输送的重要参数。在工业生产中，视在功率的控制可以优化电力消耗，提高生产效率和质量。在电气设备的选型和设计中，视在功率也是一个重要的考虑因素。

（二）功率因数

1. 功率因数的含义

功率因数是指电路中有用功率与视在功率之间的比值，通常用符号 λ 或 PF（Power Factor）表示，也就是说

$$\lambda(\text{或者 } PF)=\cos\varphi$$

有用功率是电路中用于完成特定任务的功率，如驱动电动机、加热电阻等，而视在功率是电路中真实电压和电流所得到的乘积，表示电路所需的总功率，包括有用功率和无用功率（即电容和电感元件的无功功率）。

功率因数越高，表示电路中的有用功率所占比例越大，相同的视在功率下，功率因数越高说明电路所需的无用功率越小，这将减少电路中能量的浪费，提高电路的效率。理想情况下，功率因数应该是 1，也就是说，电路中所有的电能都被转换为有用功率。但在实际情况下，由于电路中存在电容和电感元件等无功元件，因此功率因数通常小于 1，这就需要采取一些措施来提高功率因数，如添加功率补偿装置、选择高功率因数电容器等。

2. 提高功率因数的意义

提高功率因数的意义主要有以下几个方面。

（1）提高电路效率：在同样的视在功率下，功率因数越高，电路所需的无功功率越小，电路的效率越高，从而减少电路中的能量浪费。

（2）降低电力损耗：在输电和配电过程中，由于电路的功率因数低，电力损耗会增加，提高功率因数可以降低电力损耗，减少电能的浪费，从而节约能源。

（3）增加电路容量：在一些场合，电路的功率因数低会导致电路的容量不足，提高功率因数可以增加电路的容量，满足更多的负载需求。

（4）延长电气设备寿命：由于电路的功率因数低，电气设备容易受到电力负载的冲击，从而导致寿命缩短，提高功率因数可以减少电气设备的损耗，延长设备寿命。

提高功率因数不仅是一项重要的节能措施，也是保障电力系统稳定运行和电气设备正常工作的关键。

3. 提高功率因数的方法

提高功率因数的方法主要有以下几种。

（1）添加功率补偿装置：通过添加功率补偿装置，如并联电容器或并联电感器，可以在电路中产生一个反向的无功功率，从而抵消原来的无功功率，提高功率因数。

（2）选择高功率因数电容器：使用功率因数高的电容器来替换低功率因数电容器，可以减少电路中的无功功率，提高功率因数。

（3）减少电路中的无功元件：在设计电路时，尽量减少电路中的电容和电感元件，从而降低电路的无功功率，提高功率因数。

（4）优化电路设计：通过优化电路设计，如选择合适的电路拓扑结构、调整电路参数

等，可以降低电路中的无功功率，提高功率因数。

(5) 采用变频调速技术：采用变频调速技术可以减少电机启动时的无功功率，提高电机的功率因数。

需要注意的是，具体采取哪种方法提高功率因数要根据具体情况而定，需要根据电路的特点和要求来选择最合适的方法。为了更好地发挥感性负载电路的谐振特点，需要提高感性负载电路的功率因数。在感性负载电路中，电感元件会导致电路的功率因数下降，从而导致电路的功率损耗和效率下降。因此，为了提高感性负载电路的功率因数，可以采用以下几种方法。

(1) 加入并联电容。通过并联电容元件可以改善电路的功率因数，提高电路的效率。

(2) 采用高品质的电感元件。高品质的电感元件具有较小的内阻和较高的品质因数，可以减小电路功率因数的损失，提高电路效率。

(3) 采用无功补偿技术。通过在感性负载电路中加入无功补偿元件，如电容器，可以平衡感性负载电路中的无功功率和有功功率，从而提高电路的功率因数。

(4) 通过提高感性负载电路的功率因数，可以最大化地发挥感性负载电路的功率和效率，实现更好的电路性能和应用效果。

任务实施

照明灯具日光灯的介绍

本实验中 RL 串联电路用日光灯代替，日光灯原理电路如图 2-17 所示。

灯管工作时，可以认为是一电阻负载；镇流器是一个铁芯线圈，可以认为是一个电感量较大的感性负载，两者串联构成一个 RL 串联电路。日光灯起辉过程如下：当接通电源后，启动器内双金属片动片与定片间的气隙被击穿，连续发生火花，双金属片受热伸长，使动片与定片接触。灯管灯丝接通，灯丝预热而发射电子，此时，启动器两端电压下降，双金属片冷却，因而动片与定片分开。镇流器线圈因灯丝电路断电而感应出很高的感应电动势，与电源电压串联加到灯管两端，使管内气体电离产生弧光放电而发光，此时启动器停止工作（因启动器两端所加电压值等于灯管点燃后的管压降，对 40 W 灯管电压，只有 100 V 左右，这个电压不再使双金属片打火）。镇流器在正常工作时起限流作用。

日光灯工作时整个电路可用图 2-18 所示的等效串联电路来表示。

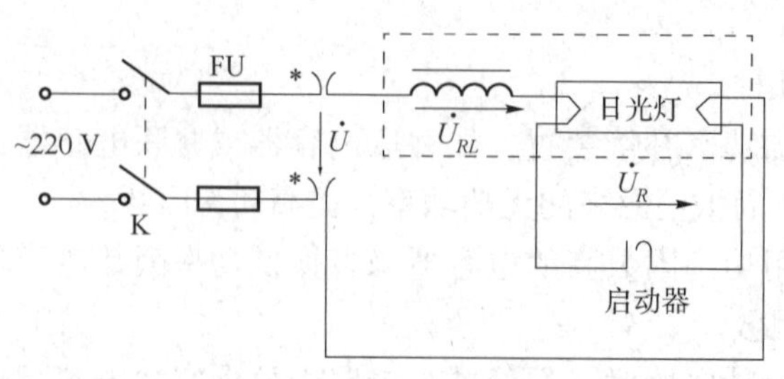

图 2-17 日光灯原理电路

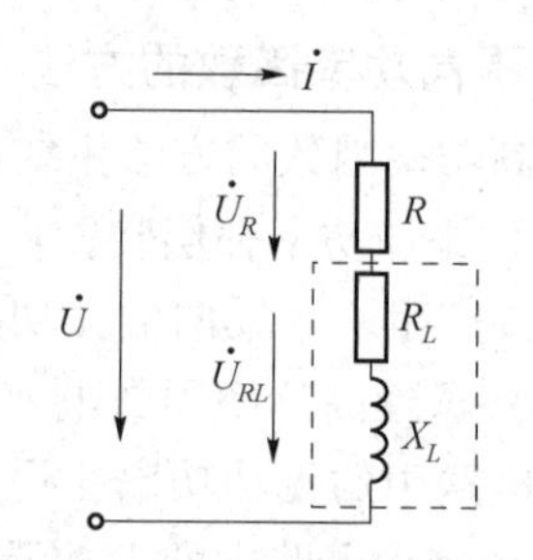

图 2-18 日光灯原理等效电路

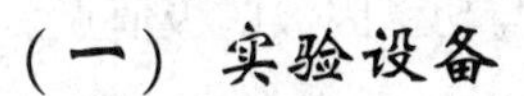

（一）实验设备

名称	数量	型号
（1）空气开关	1块	30121001
（2）熔断器	1块	30121002
（3）单相调压器	1块	30121058
（4）日光灯开关板	1块	30121012
（5）日光灯镇流器板带电容	1块	30121036
（6）单相电量仪	1块	30121098
（7）安全导线与短接桥	若干	P12-1和B511

（二）实验步骤

（1）按图2-17接好线路，接通电源，观察日光灯的启动过程。

（2）测日光灯电路的端电压U，灯管两端电压U_R、镇流器两端电压U_{RL}、电路电流I以及总功率P、灯管功率P_R、镇流器功率P_{RL}，并将数据记录于表2-2中。

表2-2 数据记录表

U	U_R	U_{RL}	I	P	P_R	P_{RL}	$\cos\varphi$

（3）日光灯电路两端并联电容，其接线如图2-19所示。逐渐加大电容量，测量端电压U、总电流I、日光灯电流I_{RL}、电容电流I_C与总功率P的值，并记录于表2-3中。

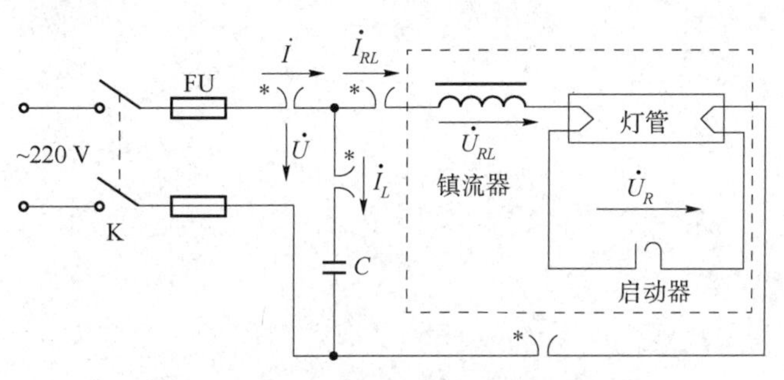

图2-19 日光灯电路两端并联电容

表2-3 数据记录表

电容/μF	测量数据					$\cos\varphi$
	U/V	I/A	I_{RL}/A	I_C/A	P/W	
1						
2						
3						
3.7						
4.7						
5.7						
6.7						

（4）在逐渐渐加大电容容量过程中，观察现象，找到总功率与功率因数的极值点。

（三）问题与讨论

（1）并联电容并改变电容容量的过程中，单相功率表有何变化？为什么？

（2）并联电容的过程中，电容电流、日光灯电流、总电流如何变化？为什么？

（3）根据发生的谐振特点说明为什么要提高感性负载电路的功率因数。

（四）实验要求及注意事项

（1）注意安全用电，必须经教师检查确认无误后方可通电。

（2）注意接线工艺，认真记录，并能处理电路故障。

（3）正确使用仪器仪表。

（4）完成实验报告及实验结果分析。

知识与技能拓展

评价反馈

<table>
<tr><th colspan="8">自我评价（40%）</th></tr>
<tr><td colspan="2">项目名称</td><td colspan="2"></td><td colspan="2">任务名称</td><td colspan="2"></td></tr>
<tr><td colspan="2">班级</td><td colspan="2"></td><td colspan="2">日期</td><td colspan="2"></td></tr>
<tr><td>学号</td><td></td><td>姓名</td><td></td><td>组号</td><td></td><td>组长</td><td></td></tr>
<tr><td>序号</td><td colspan="5">评价项目</td><td>分值</td><td>得分</td></tr>
<tr><td>1</td><td colspan="5">参与资料查阅</td><td>10 分</td><td></td></tr>
<tr><td>2</td><td colspan="5">参与同组成员间的交流沟通</td><td>10 分</td><td></td></tr>
<tr><td>3</td><td colspan="5">参与实际电路连接</td><td>20 分</td><td></td></tr>
<tr><td>4</td><td colspan="5">参与数据的分析与记录</td><td>20 分</td><td></td></tr>
<tr><td>5</td><td colspan="5">参与汇报</td><td>20 分</td><td></td></tr>
<tr><td>6</td><td colspan="5">7S 管理</td><td>10 分</td><td></td></tr>
<tr><td>7</td><td colspan="5">积极参与讨论、答疑</td><td>10 分</td><td></td></tr>
<tr><td>总分</td><td colspan="7"></td></tr>
</table>

<table>
<tr><th colspan="8">小组互评（30%）</th></tr>
<tr><td colspan="2">项目名称</td><td colspan="2"></td><td colspan="2">任务名称</td><td colspan="2"></td></tr>
<tr><td colspan="2">班级</td><td colspan="2"></td><td colspan="2">日期</td><td colspan="2"></td></tr>
<tr><td>被评人姓名</td><td></td><td>被评人学号</td><td></td><td>被评人组别</td><td></td><td>评价人姓名</td><td></td></tr>
<tr><td>序号</td><td colspan="5">评价项目</td><td>分值</td><td>得分</td></tr>
<tr><td>1</td><td colspan="5">前期预习准备充分</td><td>10 分</td><td></td></tr>
<tr><td>2</td><td colspan="5">学习感性负载电路提高功率因数的目的与方法</td><td>20 分</td><td></td></tr>
<tr><td>3</td><td colspan="5">熟悉日光灯的工作原理与实际电路的连接</td><td>20 分</td><td></td></tr>
<tr><td>4</td><td colspan="5">在 R、L 串联与 C 并联的电路中求 $\cos\varphi$ 值</td><td>20 分</td><td></td></tr>
<tr><td>5</td><td colspan="5">心得体会汇总丰富、翔实</td><td>10 分</td><td></td></tr>
<tr><td>6</td><td colspan="5">积极参与讨论、答疑</td><td>10 分</td><td></td></tr>
<tr><td>7</td><td colspan="5">积极对遇到困难的组给予帮助与技术支持</td><td>10 分</td><td></td></tr>
<tr><td>总分</td><td colspan="7"></td></tr>
</table>

<table>
<tr><th colspan="5">教师评价（30%）</th></tr>
<tr><td>项目名称</td><td colspan="2"></td><td>任务名称</td><td></td></tr>
<tr><td>班级</td><td colspan="2"></td><td>日期</td><td></td></tr>
<tr><td>姓名</td><td>学号</td><td></td><td>组别</td><td></td></tr>
<tr><td colspan="5">教师总体评价意见：</td></tr>
<tr><td>总分</td><td colspan="4"></td></tr>
</table>

任务二 安装调试三相照明电路

学习目标

知识目标	能力目标	职业素养目标
1. 理解三相负载功率的计算 2. 掌握三相交流电源的连接 3. 掌握三相负载的连接 4. 能够正确搭建三相负载的实验电路 5. 能够正确测量电路中的物理量并进行数据分析	1. 掌握三相负载和电源的正确连接方法 2. 了解三相电路中电压、电流的线值和相值的关系 3. 了解三相四线制中线的作用	1. 强化用电安全的重要性，培养安全意识，提高职业素养 2. 利用所学知识优化用能，提高学习知识的浓厚兴趣

参考学时：6~8 学时。

任务引入

安装调试三相照明电路是一项重要的电气工程任务，通常需要由专业电气工程师进行设计、安装和调试。在现代化的工业和商业建筑中，照明系统是不可或缺的设施，为人们提供舒适、高效、安全的照明环境，同时也涉及电气安全和能源管理等方面的问题。因此，安装调试三相照明电路需要具备一定的电气基础知识、三相电路知识、照明电路知识、电缆和接线知识、电气安全知识、调试和故障排除技能以及现场管理能力等，以确保工作的质量和安全。

知识链接

一、三相电源

三相电源由 3 个相互独立的电源组成，每个电源产生的电压和频率相同，但是它们的相位差为 120°。在工业和商业应用中，三相电源通常比单相电源更为常见，因为它们具有以下优点。

（1）高效能：由于 3 个电源的相位差，三相电源可以以更高的功率传输相同的能量。相比单相电源，三相电源的功率传输效率更高，能够提供更大的负载和更多的功率。

（2）稳定性好：由于 3 个电源的相位差，三相电源可以提供更平稳、更稳定的电能。这是因为当一个电源的电压出现波动时，其余两个电源可以弥补这种波动。

（3）电缆成本低：三相电源比单相电源更适合长距离传输，因为三相电缆的成本比单相电缆的成本低。这是因为三相电源可以使用相对较低的电压来传输相同的功率，从而减少了传输电力所需电缆的大小和重量。

（4）适用范围广：三相电源可以应用于大型机器和设备，如电动机、发电机、变压器和照明设备等。这是因为三相电源可以提供更高的功率输出，同时还能够提供稳定的电流和电压。

下面重点介绍最常用的对称三相电源，当提到三相电源，一般默认是对称三相电源。

振幅相等、频率相同、在相位上彼此相差 120°的 3 个正弦电源称为对称三相电源。三相电源的电压源模型如图 2-20 所示。

3 个正弦电压源正极性端为 A、B、C，负极性端为 X、Y、Z，3 个电源依次记为 u_A、u_B、u_C，其瞬时值的数学表达式如下。

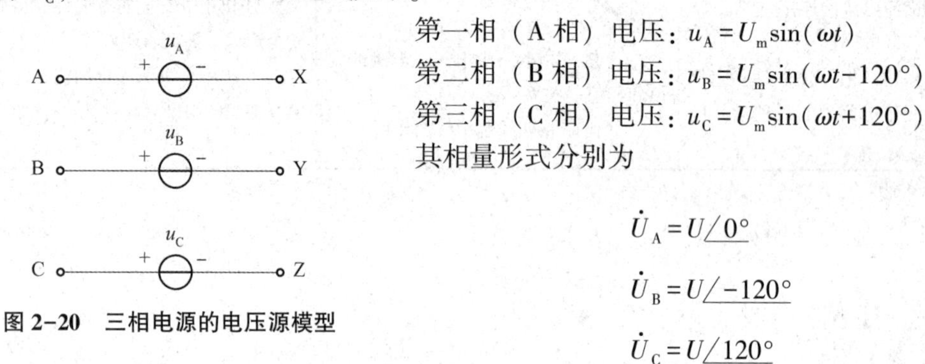

图 2-20　三相电源的电压源模型

第一相（A 相）电压：$u_A=U_m\sin(\omega t)$

第二相（B 相）电压：$u_B=U_m\sin(\omega t-120°)$

第三相（C 相）电压：$u_C=U_m\sin(\omega t+120°)$

其相量形式分别为

$$\dot{U}_A=U\angle 0°$$

$$\dot{U}_B=U\angle -120°$$

$$\dot{U}_C=U\angle 120°$$

波形图与相量图分别如图 2-21 和图 2-22 所示。

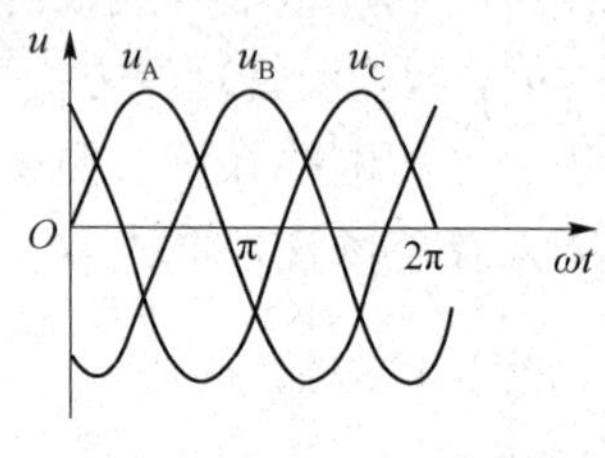

图 2-21　三相电源的波形图

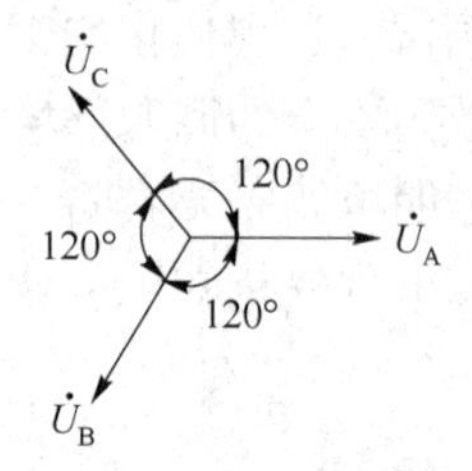

图 2-22　三相电源相量图

通过三相电源的相量图可得

$$\dot{U}_A+\dot{U}_B+\dot{U}_C=0$$

对称三相正弦电压其唯一区别是相位不同。相位不同，表明各相电压到达零值或正峰值的时间不同，这种先后次序称为相序。一般地，三相电压到达正峰值的顺序为 u_A、u_B、u_C，其相序为 A→B→C→A，这样的相序称为正序。与此相反，把相序为 A→C→B→A 的称为负序。通常在三相发动机或配电装置的三相母线上涂以黄、绿、红 3 种颜色，以表示 A、B、C 三相。在运行三相电动机或三相变压器时，一定要注意相序。改变三相电源相序，将改变电动机旋转磁场方向，电动机转子将反向旋转。

注意：

为了方便表示，本章采用相量表示指定的交流，如交流 $\dot{U}$、$\dot{I}$；采用大写符号表示指定的交流大小，若不做特殊说明，默认是有效值大小。如 $U_{AB}=5$ V 表示交变电流 $\dot{U}_{AB}$ 的有效

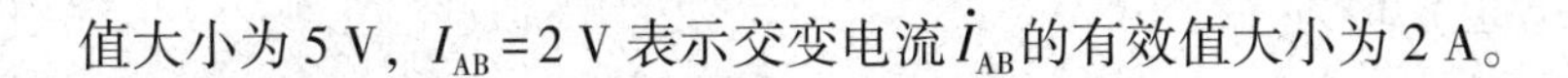

值大小为 5 V，$I_{AB}=2$ V 表示交变电流 $\dot{I}_{AB}$ 的有效值大小为 2 A。

二、三相电源的连接

在三相电源的连接方面，有两种常见的连接方式，即星形连接（也称 Y 形连接）和三角形连接（也称△形连接）。

（一）三相电源的星形连接

将三相发电机三相绕组的末端 X、Y、Z（相尾）连接在一点，始端 A、B、C（相头）分别与负载相连，这种连接方法叫作星形（Y 形）连接，如图 2-23 所示。

从三相电源 3 个相头 A、B、C 引出的 3 根导线叫作端线或相线，俗称火线，任意两根火线之间的电压叫作线电压。Y 形公共连接点 N 叫作中性点，从中性点引出的导线叫作中性线或零线。由 3 根相线和一根中性线组成的输电方式叫作三相四线制（通常在低压配电中采用）。只由 3 根相线且无中性线组成的输电方式叫作三线制。

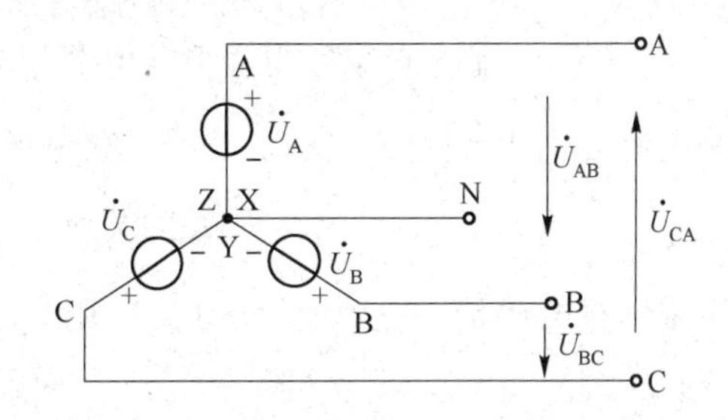

图 2-23　三相电源的星形（Y 形）接法

每相绕组始端与末端之间的电压（即相线与中性线之间的电压）叫作相电压（U_P），图 2-23 中，相电压用 $\dot{U}_A$、$\dot{U}_B$、$\dot{U}_C$ 来表示，显然这 3 个相电压也是对称的。相电压大小（有效值）均为

$$U_A=U_B=U_C=U_P$$

任意两相始端之间的电压（即火线与火线之间的电压）叫作线电压（U_L），它用 $\dot{U}_{AB}$、$\dot{U}_{BC}$、$\dot{U}_{CA}$ 来表示。

Y 形接法的相量图如图 2-24 所示，显然 3 个线电压也是对称的，即有

$$\dot{U}_{AB}+\dot{U}_{BC}+\dot{U}_{CA}=0$$

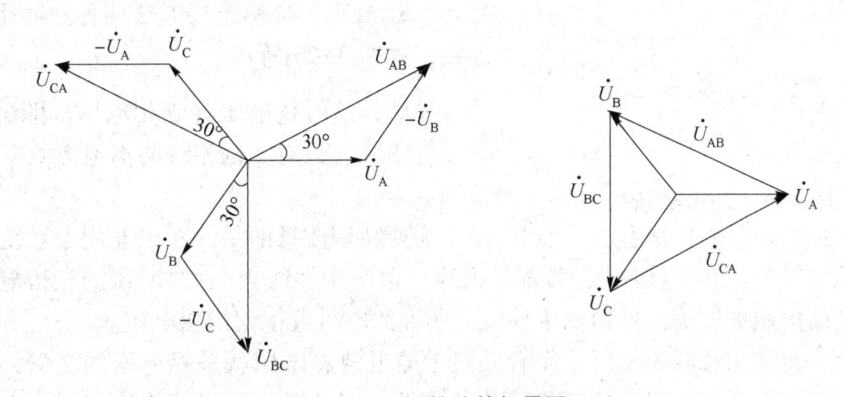

图 2-24　Y 形接法的相量图

3 个线电压的大小（有效值）均为

$$U_{AB}=U_{BC}=U_{CA}=U_L=\sqrt{3}\,U_P$$

线电压比相应的相电压超前 30°，如线电压$\dot{U}_{AB}$比相电压$\dot{U}_A$超前 30°，线电压$\dot{U}_{BC}$比相电压$\dot{U}_B$超前 30°，线电压$\dot{U}_{CA}$比相电压$\dot{U}_C$超前 30°。

即当三相相电压对称时，星形连接的三相线电压也是对称的，线电压有效值 U_L是相电压有效值 U_P的$\sqrt{3}$倍，即

$$U_L=\sqrt{3}\,U_P$$

并且，每个线电压超前所对应的相电压 30°。

流过端线的电流称为线电流，用$\dot{I}_L$或 i_L 表示，流经 A、B、C 三端的线电流分别用$\dot{I}_{LA}$、$\dot{I}_{LB}$、$\dot{I}_{LC}$表示；流过电源每相绕组的电流称为相电流，用$\dot{I}_P$或 i_P 表示，流经 A、B、C 三端的相电流分别用$\dot{I}_{PA}$、$\dot{I}_{PB}$、$\dot{I}_{PC}$表示。在星形连接中，显然各项相电流等于各项线电流，即：

$$\dot{I}_{LA}=\dot{I}_{PA},\quad \dot{I}_{LB}=\dot{I}_{PB},\quad \dot{I}_{LC}=\dot{I}_{PC}$$

流经中性线的电流称为中性线电流，用$\dot{I}_N$表示。在三相四线制中，由基尔霍夫电流定律可知：

$$\dot{I}_N=\dot{I}_{PA}+\dot{I}_{PB}+\dot{I}_{PC}$$

并且在三线制中，无论电路对称与否，都有

$$\dot{I}_{PA}+\dot{I}_{PB}+\dot{I}_{PC}=0$$

在星形连接中，每个电源都连接到一个公共的中性线，形成一个星形的电路。这种连接方式适用于低功率应用，如家庭和商业用电。星形连接的优点是电压稳定，同时也能提供良好的电流平衡和过载保护功能。

（二）三相电源的三角形连接

将三相发电机的第二绕组始端 B 与第一绕组的末端 X 相连、第三绕组始端 C 与第二绕组的末端 Y 相连、第一绕组始端 A 与第三绕组的末端 Z 相连，并从 3 个始端 A、B、C 引出 3 根导线分别与负载相连，这种连接方法叫作三角形（△形）连接，如图 2-25 所示。

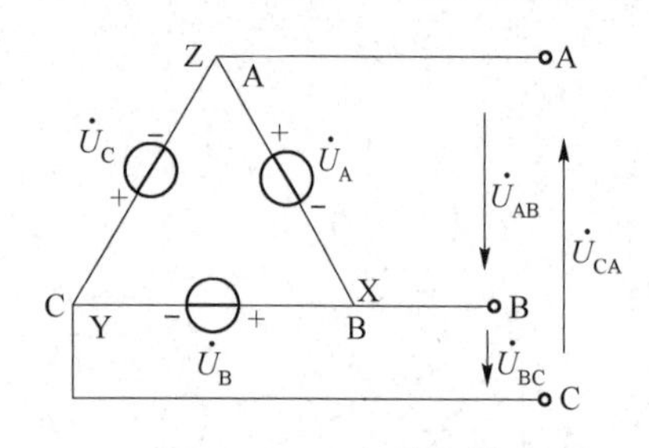

图 2-25　三相电源的三角形（△形）接法

显然，这时线电压等于相电压，即$\dot{U}_L=\dot{U}_P$，这种没有中线、只有 3 根相线的输电方式叫作三相三线制。

需要特别注意的是，在工业用电系统中，如果只引出 3 根导线（三相三线制），就都是火线（没有中性线），这时所说的三相电压大小均指线电压；而民用电源则需要引出中性线，所说的电压大小均指相电压。

如果有一相或两相电源接反，闭合回路中的电源总电压就是相电压的 2 倍，由于每相绕组的阻抗很小，会产生很大的环流而烧毁电源。因此，为了保证连接正确，先把三相绕

组连成开口三角形，再用电压表检测一下开口电压，如果电压表读数很小，说明连接正确；如果电压表的读数是电源电压的 2 倍，说明有接反的，应予以改正。

在三角形连接中，每个电源都与相邻的电源连接，形成一个三角形电路。这种连接方式适用于高功率应用，如工业生产和发电厂。三角形连接的优点是能够提供更高的功率输出，但相比星形连接，三角形连接的电流不够稳定。

需要注意的是，在三相电源中，无论是星形连接还是三角形连接，都必须将 3 个电源平衡地负载，以避免不必要的压力和电流。此外，为了保证电源系统的安全和可靠性，必须由专业的电气工程师进行设计和安装。

三、三相负载的连接

三相负载的连接方式与三相电源的连接方式有关联。三相制中的三相负载是由连接成星形或三角形的 3 个负载所组成的，分别称为负载的星形连接和负载的三角形连接，如图 2-26 所示。

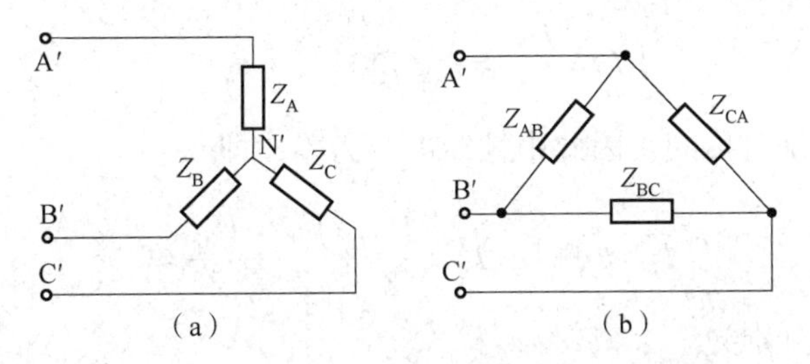

图 2-26　三相负载的星形连接与三角形连接

（a）星形连接；（b）三角形连接

负载为星形连接时，记为 Z_A、Z_B、Z_C。

负载为三角形连接时，记为 Z_{AB}、Z_{BC}、Z_{CA}。

若有

$$Z_A = Z_B = Z_C、Z_{AB} = Z_{BC} = Z_{CA}$$

则称为对称负载；否则就称为不对称负载。

三相电路就是由三相对称电源和三相负载用输电线连接起来所组成的系统。工程上根据需要可组成多种类型，如图 2-27 所示。

（一）三相负载的星形连接

三相负载的星形连接如图 2-28 所示。

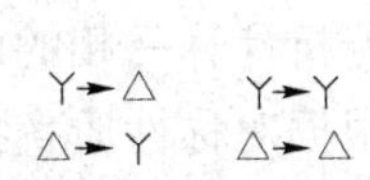

图 2-27　三相对称电源和三相负载连接方式

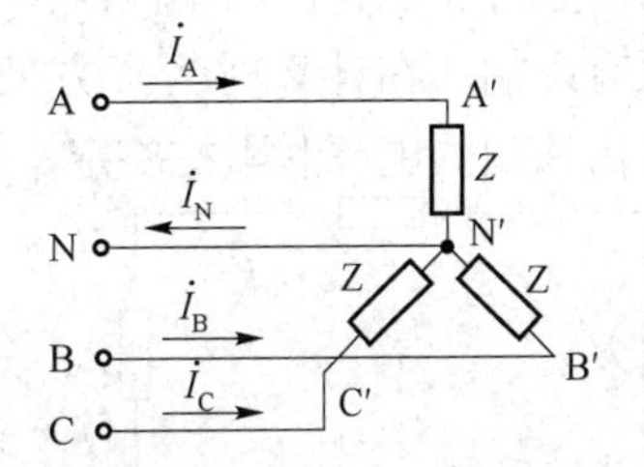

图 2-28　三相负载的星形连接

该接法有 3 根火线和一根零线，叫作三相四线制电路，在这种电路中三相电源也必须是 Y 形接法，所以又叫作 Y-Y 接法的三相电路。

可用节点电压法求中性点 N′和点 N 之间的电压。设 N 为参考节点，有

$$\dot{U}_{\mathrm{N'N}}\left(\frac{3}{Z}+\frac{1}{Z_{\mathrm{N}}}\right)=(\dot{U}_{\mathrm{A}}+\dot{U}_{\mathrm{B}}+\dot{U}_{\mathrm{C}})\frac{1}{Z}$$

因为 $\dot{U}_{\mathrm{A}}+\dot{U}_{\mathrm{B}}+\dot{U}_{\mathrm{C}}=0$，所以 $\dot{U}_{\mathrm{N'N}}=0$，也就是 N 和 N′同电位。

在负载为星形连接时，线电流等于相电流，而对每个环形电路写方程，可求得线电流为

$$\dot{I}_{\mathrm{A}}=\frac{\dot{U}_{\mathrm{A}}-\dot{U}_{\mathrm{N'N}}}{Z}=\frac{\dot{U}_{\mathrm{A}}}{Z}=\dot{I}_{\mathrm{A}}\angle 0^\circ$$

$$\dot{I}_{\mathrm{B}}=\frac{\dot{U}_{\mathrm{B}}}{Z}=\dot{I}_{\mathrm{A}}\angle -120^\circ$$

$$\dot{I}_{\mathrm{C}}=\frac{\dot{U}_{\mathrm{C}}}{Z}=\dot{I}_{\mathrm{A}}\angle 120^\circ$$

可见，线电流也是对称的，因此中性线电流为零，即

$$\dot{I}_{\mathrm{N}}=\dot{I}_{\mathrm{A}}+\dot{I}_{\mathrm{B}}+\dot{I}_{\mathrm{C}}=\frac{\dot{U}_{\mathrm{A}}}{Z}+\frac{\dot{U}_{\mathrm{B}}}{Z}+\frac{\dot{U}_{\mathrm{C}}}{Z}=0$$

负载端的相电压分别为

$$\dot{U}_{\mathrm{A'}}=\dot{I}_{\mathrm{A}}Z=\dot{U}_{\mathrm{A'}}\angle 0^\circ$$

$$\dot{U}_{\mathrm{B'}}=\dot{I}_{\mathrm{B}}Z=\dot{U}_{\mathrm{A'}}\angle -120^\circ$$

$$\dot{U}_{\mathrm{C'}}=\dot{I}_{\mathrm{C}}Z=\dot{U}_{\mathrm{A'}}\angle 120^\circ$$

可见，负载端的相电压是对称的。

$$\dot{U}_{\mathrm{A'B'}}=U\angle 0^\circ-U\angle -120^\circ=\sqrt{3}\,U\angle 30^\circ=\sqrt{3}\,\dot{U}_{\mathrm{A'}}\angle 30^\circ$$

$$\dot{U}_{\mathrm{B'C'}}=U\angle -120^\circ-U\angle 120^\circ=\sqrt{3}\,U\angle -90^\circ=\sqrt{3}\,\dot{U}_{\mathrm{B'}}\angle 30^\circ$$

$$\dot{U}_{\mathrm{C'A'}}=U\angle 120^\circ-U\angle 0^\circ=\sqrt{3}\,U\angle 150^\circ=\sqrt{3}\,\dot{U}_{\mathrm{C'}}\angle 30^\circ$$

同样，负载端的线电压也是对称的。由此得到以下规律。

（1）由于 $\dot{U}_{\mathrm{N'N}}=0$，即星形的中性点 N 与点 N′同电位，中性线的阻抗对电路的电压、电流没有影响。在计算时为了方便，中性点与各相之间可以直接短接起来，每相的电流、电压仅由该相的电源和阻抗决定，形成了各相的独立性。

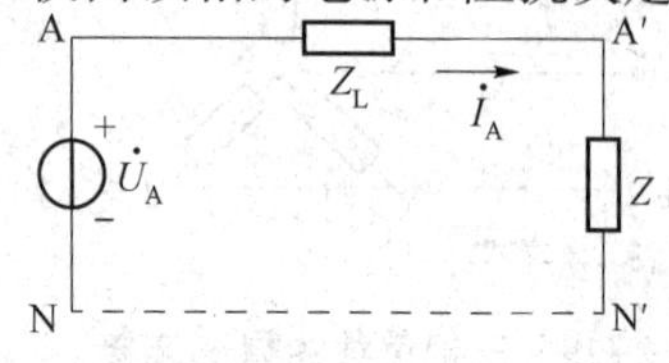

图 2-29　三相负载连接的单相图

（2）对称三相电路中任一三相电压和电流都是对称的，所以只要分析计算一相的电压和电流，其他两相的相量表达式可根据对称性质直接写出。因此在计算对称三相电路时，先画出图 2-29 所示的单相图，只要计算一相，其余各相根据对称性直接写出。

这就是对称三相系统归结为一相的计算方法，原则上可以推广到其他形式的对称系统中应用，因为根据星形-三角形的等效互换，其他形式的对称系统可以变换成星形三相电路来计算分析。

显然，不管负载是否对称（相等），电路中的线电压 U_L 都等于负载相电压 U_{YP} 的 $\sqrt{3}$ 倍，即

$$U_L = \sqrt{3}\, U_{YP}$$

负载的相电流 I_{YP} 等于线电流 I_{YL}，即

$$I_{YL} = I_{YP}$$

当三相负载对称时，即各相负载完全相同时，相电流和线电流也一定对称（称为 Y-Y 形对称三相电路），即各相电流（或各线电流）振幅相等、频率相同、相位彼此相差 120°，并且中性线电流为零。所以，中性线可以去掉，即形成三相三线制电路，也就是说，对于对称负载来说，不必关心电源的接法，只需关心负载的接法。

在星形连接中，三相负载的每个端子都连接到一个公共的中性线，形成一个星形电路。这种连接方式适用于低功率负载，如家庭和商业用电。星形连接的优点是电压稳定，同时也能提供良好的电流平衡和过载保护功能。

（二）三相负载的三角形连接

对称三相负载以三角形方式连接，由于负载直接连接在端线之间，不管负载是否对称（相等），电路中负载相电压 $U_{\triangle P}$ 都等于线电压 U_L，即

$$U_{\triangle P} = U_L$$

负载做△形连接时只能形成三相三线制电路，如图 2-30 所示。

三相负载的三角形连接中，线电流和相电流不同。当三相负载对称时，即各相负载完全相同，相电流和线电流也一定对称。负载的相电流为

$$I_{\triangle P} = \frac{U_{\triangle P}}{Z}$$

负载中的各相电流为

$$\dot{I}_{AB} = \frac{\dot{U}_{AB}}{Z},\quad \dot{I}_{BC} = \frac{\dot{U}_{BC}}{Z},\quad \dot{I}_{CA} = \frac{\dot{U}_{CA}}{Z}$$

设负载为感性负载，当三相负载对称时，有

$$\dot{I}_{AB} = I\angle{-\phi},\quad \dot{I}_{BC} = I\angle{-120°-\phi},\quad \dot{I}_{CA} = I\angle{120°-\phi}$$

根据 KCL，电路中的线电流为

$$\dot{I}_A = \dot{I}_{AB} - \dot{I}_{CA} = \sqrt{3}\, I\angle{-\phi-30°} = \sqrt{3}\, \dot{I}_{AB}\angle{-30°}$$

$$\dot{I}_B = \dot{I}_{BC} - \dot{I}_{AB} = \sqrt{3}\, I\angle{-120°-\phi-30°} = \sqrt{3}\, \dot{I}_{BC}\angle{-30°}$$

$$\dot{I}_C = \dot{I}_{CA} - \dot{I}_{BC} = \sqrt{3}\, I\angle{120°-\phi-30°} = \sqrt{3}\, \dot{I}_{CA}\angle{-30°}$$

可画出其相量关系，如图 2-31 所示。

可知，当相电流对称时，线电流也对称，并且线电流 $I_{\triangle L}$ 等于相电流 $I_{\triangle P}$ 的 $\sqrt{3}$ 倍，即

$$I_{\triangle L} = \sqrt{3}\, I_{\triangle P}$$

并滞后于所对应的相电流 30°。

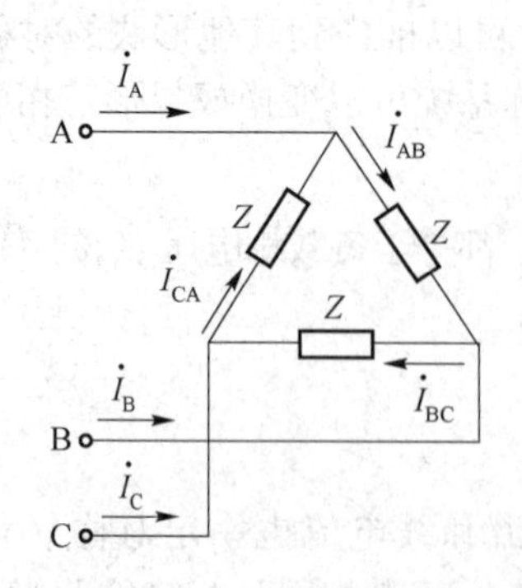

图 2-30　三相负载的三角形连接

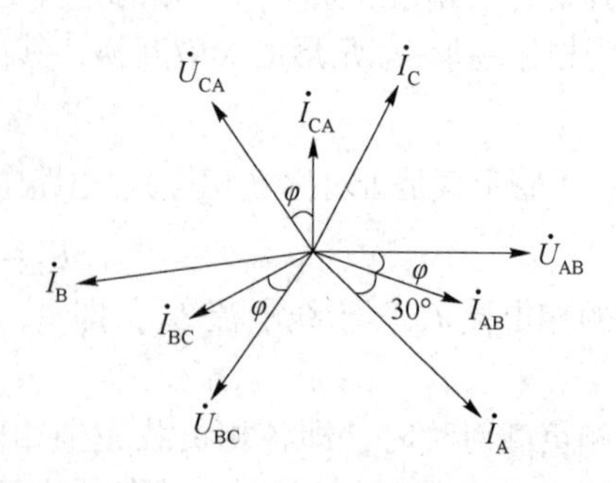

图 2-31　相、线电流相量关系图

在三角形连接中，三相负载的每个端子都与相邻的端子连接，形成一个三角形电路。这种连接方式适用于高功率负载，如工业生产和发电厂。三角形连接的优点是能够提供更高的功率输出，但相比星形连接，三角形连接的电流不够稳定。需要注意的是，在三相负载中，无论是星形连接还是三角形连接，都必须将三相平衡地负载，以避免不必要的压力和电流。此外，为了保证负载系统的安全和可靠性，必须由专业的电气工程师进行设计和安装。对于三相负载的选择和连接，需要考虑其功率、电流、电压和相位等参数，以确保其与三相电源的连接方式相匹配，并满足负载的需求。

四、不对称三相电路与照明电路故障分析

（一）不对称三相电路分析

构成三相电路的电源、三相负载以及对应的端线阻抗中，只要有一部分不对称，则称为不对称三相电路。不对称三相电路由电源不对称程度大小（由系统保证）和电路参数（负载）不对称组成，其中电路参数（负载）不对称是经常讨论的情况，在本节讨论的对象是电源对称，负载不对称（这一般发生在低压电力网中）。

对于电源对称，负载不对称的情况，不能用前面提到的单相方法来分析，即分析方法不能归结为一相电路计算，而是要用到复杂交流电路分析方法。

给出一个负载不对称三相电路图，如图 2-32 所示。

三相负载 Z_a、Z_b、Z_c 不相同。由基尔霍夫定律可知 N、n 电位不相同，即

$$\dot{U}_{nN}=\frac{\dfrac{\dot{U}_{AN}}{Z_a}+\dfrac{\dot{U}_{BN}}{Z_b}+\dfrac{\dot{U}_{CN}}{Z_c}}{\dfrac{1}{Z_a}+\dfrac{1}{Z_b}+\dfrac{1}{Z_c}+\dfrac{1}{Z_N}}\neq 0$$

负载各相电压为

$$\dot{U}_{An}=\dot{U}_{AN}-\dot{U}_{nN},\ \dot{U}_{Bn}=\dot{U}_{BN}-\dot{U}_{nN},\ \dot{U}_{Cn}=\dot{U}_{CN}-\dot{U}_{nN}$$

画出各相电压相量关系图，如图 2-33 所示。

负载中性点 n 与电源中性点 N 不重合，这称为中性点位移。在电源对称下，可由中性点位移来判断负载端不对称的程度。当中性点位移较大时，会造成负载相电压严重不对称，

可能使负载的工作状态不正常。

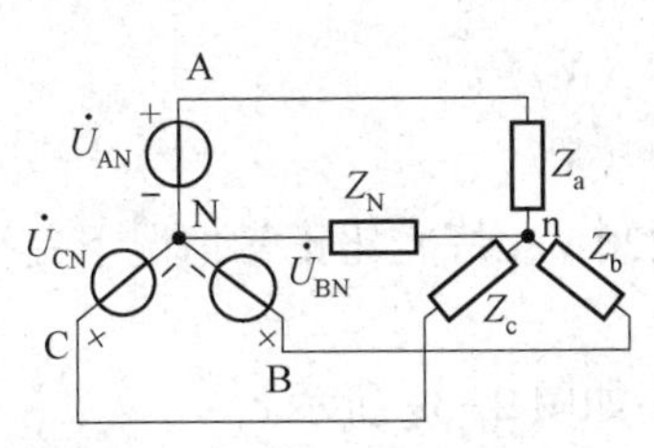

图 2-32 负载不对称三相电路

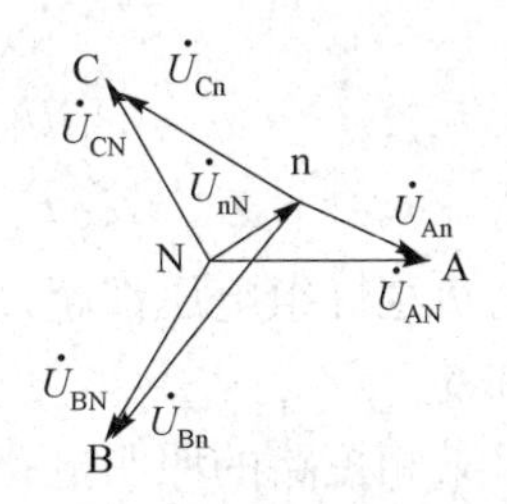

图 2-33 各相电压相量关系

（二）照明系统故障分析

家用照明设备额定工作电压是 220 V，电源与负载灯组采用三相四线制连接，现在讨论照明电路的 3 种常见情况。

（1）中性线存在时的照明电路，如图 2-34 所示（三相四线制）。中性线阻抗约为零，每相灯组的工作情况没有相互联系，而是相对独立。中性线未断开时，当某相负载灯组短路，该相阻抗为 0，结合欧姆定律，此时该相火线电流无穷大，会造成熔断丝熔断，而另外两相灯组不受影响，保持正常工作；当某相负载灯组断路，该相阻抗为无穷大，结合欧姆定律，此时该相火线电流为 0，另外两相灯组不受影响，保持正常工作。

中性线存在时的照明电路，其相量关系如图 2-35 所示。

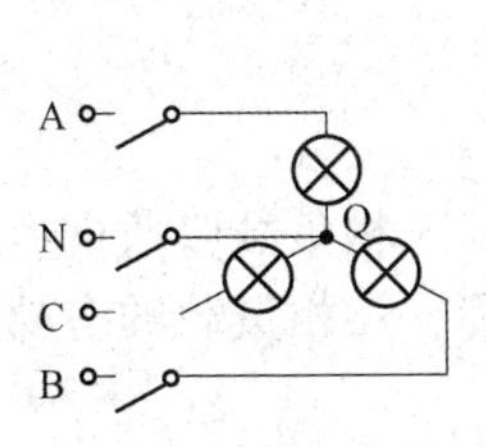

图 2-34 照明正常

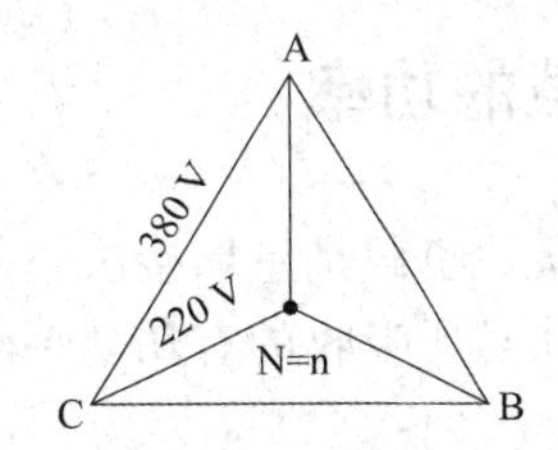

图 2-35 正常照明下的相线电压与中性点

（2）中性线断开且某相负载灯组断路的照明电路，如图 2-36 所示（三相三线制）。如 A 相负载灯组断路，没有接入电路（三相不对称）。B 相和 C 相的灯组串联在 BC 相电源 220 V 下，B 相和 C 相的灯组均未在额定电压下工作，出现灯光昏暗的情况。

中性线断开且某相断路的照明电路其相量关系如图 2-37 所示。

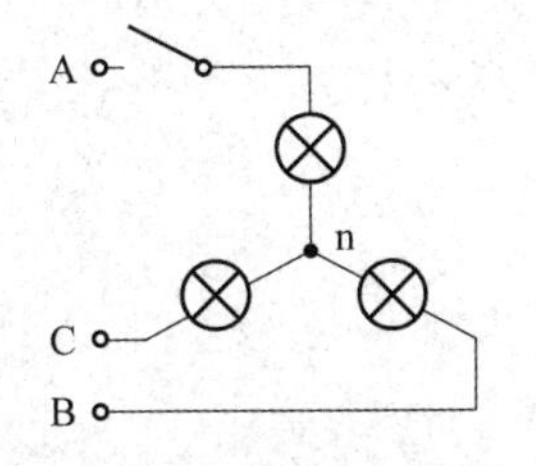

图 2-36 中性线断开并缺失 A 相

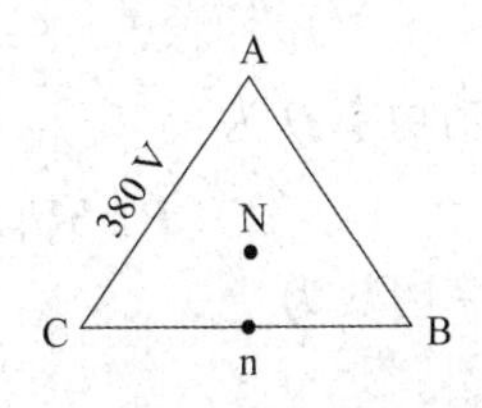

图 2-37 中性线断开并缺失 A 相下的相线电压与中性点

（3）中性线断开且某相负载灯组短路的照明电路，如图 2-38 所示（三相三线制）。如

A 相负载灯组短路，此时负载中性点 n 即为 A，因此负载灯组各相电压为

$$U_{\mathrm{An}}=0$$

$$U_{\mathrm{Bn}}=U_{\mathrm{BA}}=380\ (\mathrm{V})$$

$$U_{\mathrm{Cn}}=U_{\mathrm{CA}}=380\ (\mathrm{V})$$

B 相和 C 相的负载灯组电压都超过额定电压 220 V，灯光比正常情况下更亮，有烧毁的危险，这是不允许的。

中性线断开且某相短路的照明电路其相量关系如图 2-39 所示。

由于负载不对称，电源中性点和负载中性点不等位，中性线中有电流，各相电压、电流不存在对称关系。在实际工程中，照明中性线不装保险，并且中性线较粗，一是为了减少损耗，二是加强强度（中性线一旦断了，负载就不能正常工作了）。要消除或减少中性点的位移，尽量减少中性线阻抗，然而从经济的观点来看，中性线不可能做得很粗，应适当调整负载，使其接近对称情况。

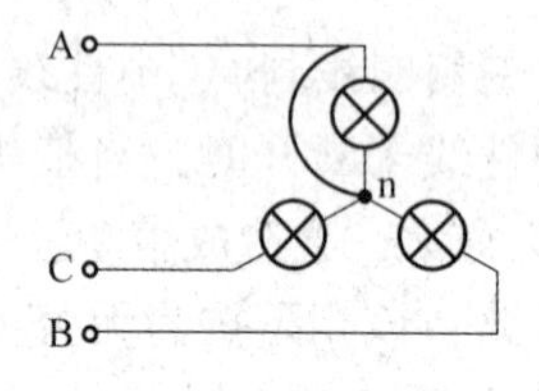

图 2-38　A 相短路

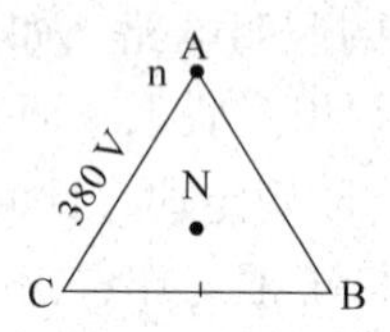

图 2-39　A 相短路下的相线电压与中性点

五、三相负载的功率

在三相电路中，无论负载是星形接法还是三角形接法，三相负载吸收的有功功率、无功功率分别等于各相负载所吸收的有功功率和无功功率的和。三相负载的有功功率等于各相功率之和，即

$$P=P_{\mathrm{A}}+P_{\mathrm{B}}+P_{\mathrm{C}}$$

在对称三相电路中，无论负载是星形连接还是三角形连接，由于各相负载相同、各相电压大小相等、各相电流也相等，所以三相功率为

$$P=3U_{\mathrm{P}}I_{\mathrm{P}}\cos\varphi=\sqrt{3}\,U_{\mathrm{L}}I_{\mathrm{L}}\cos\varphi$$

式中：φ 为对称负载的阻抗角，也是负载相电压与相电流之间的相位差。

三相电路的视在功率 S 为

$$S=3U_{\mathrm{P}}I_{\mathrm{P}}=\sqrt{3}\,U_{\mathrm{L}}I_{\mathrm{L}}$$

三相电路的无功功率 Q 为

$$P=3U_{\mathrm{P}}I_{\mathrm{P}}\sin\varphi=\sqrt{3}\,U_{\mathrm{L}}I_{\mathrm{L}}\sin\varphi$$

三相电路的功率因数为

$$\lambda=\frac{P}{S}=\cos\varphi$$

需要注意的是，功率因数是一个表示负载电流和电压之间相位差的无量纲量。如果负载具有纯电阻性，则功率因数为 1，表示负载的电流和电压是同相的；如果负载具有感性或

容性，则功率因数小于1，表示负载的电流和电压之间存在一定的相位差。在实际应用中，三相负载的功率通常使用千瓦（kW）作为单位。因此，可以通过将上述公式中的结果除以1 000来得到以千瓦为单位的三相负载功率。

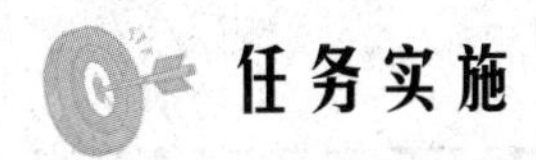

任务实施

（一）实验设备

名称	数量	型号
（1）三相空气开关	1块	30121001
（2）三相熔断器	1块	30121002
（3）三相负载板	2块	30111093
（4）单相电量仪	1块	30121098
（5）三相功率表板	1块	30121026
（6）电流插孔板	1块	30111023
（7）安全导线与短接桥	若干	P12-1和B511

（二）实验步骤

（1）测量三相四线制电源的相电压、线电压，并记录于表2-4中。

表2-4　数据记录表（1）

U_{AB}	U_{BC}	U_{CA}	$U_{AN'}$	$U_{BN'}$	$U_{CN'}$

（2）负载作星形连接。

①将灯泡负载作星形连接（见图2-40），并请教师检查线路。

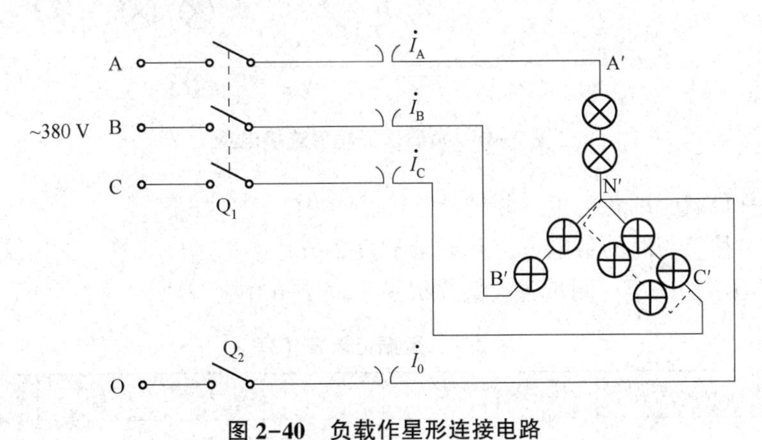

图2-40　负载作星形连接电路

②测量对称负载，将有中性线和无中性线时的各电量记录于表2-5中。

每相两盏灯泡均接入电源，测量负载侧的各相电压及电流。

断开中性线，重复对各电量进行测量。

③测量不对称负载，将有中性线和无中性线时的各电量记录于表 2-5 中。

将 C 相负载的灯泡增加一组，其他两相仍各为一组（此时电路为不对称负载）。分别测量有中性线和无中性线时的各电量。

表 2-5　数据记录表（2）

项目		对称负载		不对称负载	
		有中性线	无中性线	有中性线	无中性线
相电压/V（负载侧）	$U_{A'}$				
	$U_{B'}$				
	$U_{C'}$				
线电压	U_{AB}				
线电压	U_{BC}				
线电压	U_{CA}				
中性线电压	$U_{NN'}$	0	0	0	
电流/A	I_A				
	I_B				
	I_C				
	I_O	0	0		0

（3）负载作三角形连接。

①按图 2-41 所示连接，并请教师检查线路。

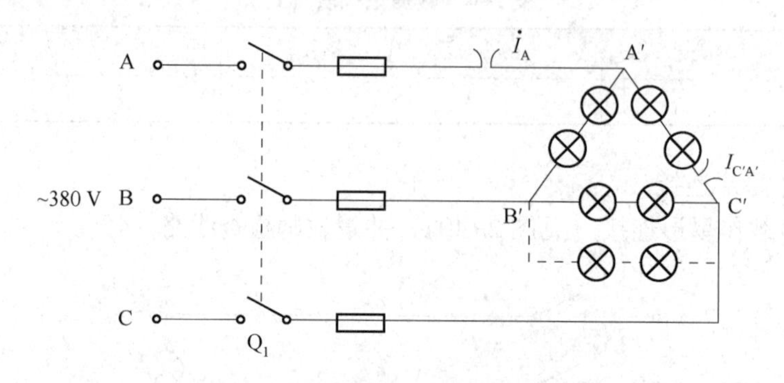

图 2-41　负载作三角形连接电路

②测量对称负载时的各电量，并记录于表 2-6 中。

③测量不对称负载时的各电量，并记录于表 2-6 中。

将 C 相灯泡增加一组，测量各电量并记录于表 2-6 中。

表 2-6　数据记录表（3）

项目	$U_{A'B'}$	$U_{B'C'}$	$U_{C'A'}$	I_A	I_B	I_C	I_{AB}	I_{BC}	I_{CA}
对称负载									
不对称负载									

（三）分析和讨论

（1）根据表 2-4 所列数据，计算三相电源相电压、线电压间的数值关系。

（2）根据表 2-5 所列数据，计算负载星形连接有中性线时的相电压、线电压的数值关系。总结负载对称与不对称、有中性线与无中性线 4 种情况下线电压与相电压的关系。

（3）根据表 2-6 所列数据，计算负载对称与不对称时相电流、线电流的数值关系。

（4）讨论星形负载电路中性线的作用。什么情况下必须有中性线，什么情况可不要中性线？

（四）实验要求及注意事项

（1）注意安全用电，必须经教师检查确认无误后方可通电。

（2）注意接线工艺，认真记录，并能处理电路故障。

（3）正确使用仪器仪表。

（4）完成实验报告及实验结果分析。

知识与技能拓展

评价反馈

自我评价（40%）							
项目名称				任务名称			
班级				日期			
学号		姓名		组号		组长	
序号	评价项目					分值	得分
1	参与资料查阅					10 分	
2	参与同组成员间的交流沟通					10 分	
3	三相负载和电源的连接方法					10 分	
4	安装调试三相照明电路					20 分	
5	照明电路故障排查正确					20 分	
6	参与汇报					10 分	
7	7S 管理					10 分	
8	积极参与讨论、答疑					10 分	
总分							

小组互评（30%）							
项目名称				任务名称			
班级				日期			
被评人姓名		被评人学号		被评人组别		评价人姓名	
序号	评价项目					分值	得分
1	前期预习准备充分					10 分	
2	三相负载和电源的连接方法					20 分	
3	照明电路故障排查正确					20 分	
4	安装调试三相照明电路					20 分	
5	心得体会汇总丰富、翔实					10 分	
6	积极参与讨论、答疑					10 分	
7	积极对遇到困难的组给予帮助与技术支持					10 分	
总分							

<table>
<tr><th colspan="6">教师评价（30%）</th></tr>
<tr><td>项目名称</td><td colspan="3"></td><td>任务名称</td><td></td></tr>
<tr><td>班级</td><td colspan="3"></td><td>日期</td><td></td></tr>
<tr><td>姓名</td><td></td><td>学号</td><td></td><td>组别</td><td></td></tr>
<tr><td colspan="6">教师总体评价意见：</td></tr>
<tr><td>总分</td><td colspan="5"></td></tr>
</table>

任务三　安全用电

学习目标

知识目标	能力目标	职业素养目标
1. 了解电击、电火灾等电气安全问题的成因、预防措施和应急处理方法 2. 了解电器的使用方法和规范，掌握正确的维护方法和周期，避免电器老化和故障带来的安全隐患 3. 能够识别常见的电器故障，采取正确的排除方法，避免因错误操作导致的安全事故	1. 能够正确、安全地使用电气设备，如正确接地、正确插拔电源线，避免短路、过载等情况 2. 了解电击、电灼伤等电气事故的急救措施，能够正确地进行急救 3. 了解安全用电的管理制度、安全生产法规和标准，制定科学的安全管理制度，加强安全意识和安全文化建设	1. 强化用电安全的重要性，培养安全意识，提高职业素养 2. 利用所学知识优化用能，培养学习知识的浓厚兴趣

参考学时：2~4 学时。

任务引入

安全用电是我们生活和工作中必须重视的问题。在现代社会中，电力已经成为我们生产和生活中必不可少的能源。然而，不正确地使用电力设备和电线可能会导致电击、火灾、爆炸等安全事故，甚至危及人身安全。因此，确保安全用电对于每个人都非常重要。在这个任务中，将探讨如何正确使用电力设备和电线，以及如何预防和应对可能发生的电力安全事故，从而保障我们的生命和财产安全。

知识链接

一、供配电常识

供配电是指电力系统中电能从发电站经过输变电，最终到达用电者的过程。以下是一些供配电常识。

（1）发电站是电能的起点，将化石能源、水能、风能等转换成电能，并通过输电线路将电能传输到变电站。

（2）变电站将高压输电线路中的电能变压降压后，送入低压配电网，以供给用户使用。

（3）高压输电线路和低压配电网之间的变电站，是电力系统中的重要设施，其主要作用是将高压电能转变为低压电能，以满足用户的用电需求。

（4）供配电系统中常用的电压等级有 110 kV、220 kV、500 kV 等。

（5）高压输电线路通常采用铁塔支架，而低压配电网通常采用木质或钢质杆塔支架。

（6）供配电系统中，为了确保电能传输的安全性，通常采用多层次保护措施，如隔离开关、熔断器、避雷器等。

（7）为了保证供电的稳定性，供配电系统还需要采用自动化控制系统和远程监控系统等先进技术。在日常用电中，应该合理规划用电需求，避免大功率电器同时使用，以减少对电网的压力，确保用电的安全和稳定。

（8）供配电系统中还有一个重要的概念，即“三相电”，这是指电力系统中采用 3 个交流电源进行电能的输送和分配，以实现电力的高效利用。三相电具有功率大、输电距离远、传输损耗小等优点，广泛应用于工业、商业和家庭用电中。三相电路的组成：三相电路通常由 3 个单相变压器、3 个单相电动机、3 个单相电阻器等组成。三相电路的主要元件是三相电源、三相变压器、三相负载和三相开关。三相电路存在较高的电压和电流，因此必须采取严格的安全措施，包括接地保护、过载保护、短路保护、漏电保护等。

（9）供配电系统中的电力负荷是指电网上用电设备和用电行为的总和，是电网的重要参数之一。电力负荷的变化直接影响着电网的稳定性和供电能力。因此，电力系统需要根据负荷的变化情况及时调整发电和配电的能力，以保证供电的稳定性和可靠性。

（10）供配电系统中的电能损耗是指电能在输电和配电过程中的损失，包括线路电阻损耗、变压器铁损和铜损、电缆绝缘损耗等。电能损耗是电网运行中不可避免的现象，因此，需要采取一系列措施来降低电能损耗，如提高输电线路的电压等级、优化变电站的布局、采用高效的电气设备等。

（11）供配电系统中还有一个重要的概念，即“短路故障”。短路故障是指电路中两个电极之间出现直接接触或近距离接触时所产生的大电流故障。短路故障会导致设备损坏、电能损耗和电网的瘫痪等严重后果，因此，需要采取一系列的保护措施来避免和处理短路故障，以保证电网的正常运行。

（12）供配电系统中的绝缘是指在电路中保持电流畅通和保证用电安全的重要环节。绝缘材料的质量和绝缘性能的稳定性对电网的运行和电气设备的寿命有着重要的影响。因此，需要采用高质量的绝缘材料，加强绝缘的监测和检测，以确保电网的安全运行。

（13）供配电系统的建设和运营需要考虑环保和可持续发展的因素。电力系统是能源消耗和排放的重要来源，需要采用节能、减排、清洁能源等措施来降低对环境的影响，实现可持续发展。同时，电力系统的建设和运营还需要考虑社会和经济的发展需求，以满足人民生产生活的需要。

在现代社会中，电力已成为不可或缺的能源之一。供配电系统的建设和运营是保障人民生产生活的重要基础设施，也是促进经济和社会发展的重要保障。因此，需要高度重视电力系统的建设和运营，采用科学、安全、可靠的方式来实现电力的分配和利用，为人民群众提供更好的生产生活条件。

二、安全作业与触电预防

1. 安全作业常识

电工安全操作基本要求如下。

（1）严格禁止带电操作，应遵守停电操作的规定，操作前要断开电源，然后检查电器、线路是否已停电，未经检查的都应视为有电。

（2）切断电源后应及时挂上“禁止合闸，有人工作”的警告牌，必要时应加锁，带走电源开关内的熔断器，然后才能工作。

（3）低压线路带电操作时，应设专人监护，使用有绝缘柄的工具，必须穿长袖衣服和长裤，扣紧袖口，穿绝缘鞋，戴绝缘手套，工作时站在绝缘垫上。

（4）工作结束后应遵守停电、送电制度，禁止约时送电。

（5）安全标识如表 2-7 所示。

表 2-7　安全标识的含义

色标	含义	举例
红色●	停止、禁止、消防	如停止按钮、灭火器、仪表运行极限
黄色●	注意、警告	如“当心触电”“注意安全”
绿色●	安全、通过、允许、工作	如“在此工作”“已接地”
黑色●	警告	多用于文字、图形、符号
蓝色●	强制执行	如“必须戴安全帽”

2. 预防触电事故的措施

1）绝缘、屏护和间距

（1）绝缘就是用陶瓷、玻璃、云母、橡胶、木材、胶木、塑料、布、纸和矿物油等绝缘材料把带电体封闭起来。

（2）屏护是指采用遮拦、护罩、护盖、箱匣等把带电体同外界隔绝开来。在我国边远农村，常听到小孩因接触变压器高压线而造成截肢的事情，实在让人痛心。

（3）间距就是指保证人体与带电体之间的安全距离。例如，10 kV 架空线路经过居民区时与地面（或水面）的最小距离为 6.5 m；常用开关设备安装高度为 1.3～1.5 m；明装插座离地面高度应为 1.3～1.5 m；暗装插座离地距离可取 0.2～0.3 m；在低压操作中，人体或其携带的工具与带电体之间的最小距离不应小于 0.1 m。

2）接地和接零

（1）工作接地就是在三相交流电力系统中，作为供电电源的变压器低压中性点接地。工作接地有以下作用：一是减轻高压窜入低压的危险，配电变压器中存在高压绕组窜入低压绕组的可能性。一旦高压窜入低压，整个低压系统都将带上非常危险的对地电压。但有了工作接地，就能稳定低压电网的对地电压，在高压窜入低压时将低压系统的对地电压限制在规定的 120 V 以下。二是降低低压一相接地时的触电危险，在中性点不接地系统中，当一相接地时，因为导线和地面之间存在电容和绝缘电阻，可构成电流的通路，但由于阻抗很大，接地电流很小，不足以使保护装置动作而切断电源，所以接地故障不易被发现，可能长时间存在。而在中性点接地的系统中，一相接地后的接地电流较大，接近单相短路，保护装置可迅速动作，断开故障点。

（2）保护接地就是为了防止电气设备外露的不带电导体意外带电造成危险，将该电气设备经保护接地线与深埋在地下的接地体紧密连接起来。由于绝缘破坏或其他原因而可能呈现危险电压的金属部分，都应采取保护接地措施，如电动机、变压器、开关设备、照明器具及其他电气设备的金属外壳都应予以接地。一般低压系统中，保护接电电阻应小于 4 Ω。保护接地是中性点不接地低压系统的主要安全措施。

（3）保护接零就是把电气设备在正常情况下不带电的金属部分与电网的零线（或中性线）紧密地连接起来。应当注意的是，在三相四线制的电力系统中，通常是把电气设备的金属外壳同时接地、接零，这就是所谓的重复接地保护措施。

3）安装漏电保护装置

漏电保护装置即漏电流动作保护器，它可以在设备及线路漏电时通过保护装置的检测机构取得异常信号，经中间机构转换和传递，然后促使执行机构动作，自动切断电源来起保护作用。当漏电保护装置与自动开关组装在一起时，就成为漏电自动开关。这种开关同时具备短路、过载、欠压、失压和漏电等多种保护功能。

当设备漏电时，通常出现两种异常现象：三相电流的平衡遭到破坏，出现零序电流；某些正常状态下不带电的金属部分出现对地电压。以防止人身触电为目的的漏电保护装置，应该选用高灵敏度快速型的（动作电流为 30 mA）。

4）采用安全电压

安全电压的工频有效值不超过 50 V，直流不超过 120 V。我国规定安全电压的工频有效值的等级为 42 V、36 V、24 V、12 V 和 6 V。凡金属容器内、隧道内、矿井内等工作地点狭窄、行动不便，以及周围有大面积接地导体的环境，使用手提照明灯时应采用 12 V 安全电压。

三、触电与急救

1. 触电事故分类

触电事故分为电击和电伤两种。

（1）电击又分为直接接触电击和间接接触电击。绝缘、屏护、间距等属于防止直接接触电击的安全措施。接地、接零等属于间接接触电击的安全措施。

（2）电伤按照电流转换成作用于人体的不同能量形式，分为电弧烧伤、电流灼伤、皮肤金属化、电烙印、机械性损伤、电光眼等伤害。

2. 触电事故的规律

（1）国内外统计资料表明，每年的 6—9 月事故最多，主要是由于这段时间天气炎热、人体衣单而多汗，触电危险性较大；还由于这段时间多雨、潮湿、电气设备绝缘性能降低等。

（2）国内外统计资料表明，低压触电事故远多于高压触电事故。

（3）携带式设备和移动式设备触电事故多。

（4）电气事故多发生在分支线、接户线、地爬线、接线端、压线头、焊接头、电线接头、电缆头、灯座、插头、插座、控制器、开关、接触器、熔断器等处，主要是由于这些连接部位机械牢固性较差，电气可靠性也较低，容易出现故障。

（5）据我国部分省、市统计资料表明，农村触电事故为城市的 6 倍，主要是由于农村用电条件差、设备简陋、人员技术水平低、管理不严、电气安全知识缺乏的缘故。

(6) 冶金、矿业、建筑、机械行业触电事故多，由于这些行业有潮湿、高温、现场情况复杂、移动式设备和携带式设备多或现场金属设备多等不利因素存在，因此触电事故较多。

(7) 青、中年以及无证电工事故多，主要是由于这些人多是操作者，即多是接触电气设备工作的人员。另外也由于经验不足、电气安全知识不足的缘故。

(8) 误操作和违章作业造成的事故多，主要是由于教育不够及安全措施不完备的缘故。

3. 触电急救

触电急救有脱离电源、急救处理等措施。

1) 脱离电源

脱离电源分脱离低压电源和脱离高压电源两类情况。

(1) 对于低压触电事故，如果触电者触及带电设备，救护人员应设法迅速拉开电源开关或拔出电源插头，或者使用带有绝缘柄的电工钳切断电源。当电线搭接在触电者身上或被压在身下时，可用干燥的衣服、手套、木棒等绝缘物作为工具，拉开触电者或挑开电线，使触电者脱离电源。

(2) 对于高压触电事故，救护人应戴上绝缘手套，穿上绝缘靴，使用相应电压等级的绝缘工具拉开电压开关；或者抛掷金属线使线路短路、接地，迫使保护装置动作，切断电源。对于没有救护条件的，应该立即电话通知有关部门停电。

救护人员可站在绝缘垫上或干木板上进行救护。触电者未脱离电源之前，不得直接用手触及触电者，而且最好用一只手进行救护。当触电者处在高处的情况下，应考虑触电者解脱电源后可能会从高处坠落，所以要同时做好防摔措施。

2) 急救处理

当触电者脱离电源以后，必须迅速判断触电程度的轻重，立即对症救治，同时通知医生前来抢救。

(1) 如果触电者神志清醒，则应使之就地平躺，严密观察，暂时不要站立或走动，同时也要注意保暖和保持空气新鲜。

(2) 如果触电者已神志不清，则应使之就地平躺，确保气道通畅，特别要注意触电者的呼吸、心跳状况。注意不要摇动触电者头部呼叫触电者。

(3) 如果触电者失去知觉，停止呼吸，但心脏微有跳动，则应在通畅气道后立即施行口对口（或鼻）人工呼吸急救法。

(4) 如果触电者伤势非常严重，呼吸和心跳都已停止，通常对触电者立即就地采用口对口（或鼻）人工呼吸法和胸外心脏挤压法进行抢救。有时应根据具体情况采用摇臂压胸呼吸法或俯卧压背呼吸法进行抢救。

①口对口人工呼吸法的具体操作步骤。

a. 迅速松开触电者的上衣、裤带或其他妨碍呼吸的装饰物，使其胸部能自由扩张。

b. 使触电者仰卧，清除触电者口腔中的血块、痰唾或口沫，取下假牙等物，然后将其头部尽量往后仰（最好用一只手托在触电者颈后），鼻孔朝天，使其呼吸道畅通。

c. 救护人员捏紧触电者鼻子，深深吸气后再大口向触电者口中吹气，为时约 2 s。吹气完毕后救护人员应立即离开触电者的嘴巴，放松触电者的鼻子，使之自身呼气，为时约 3 s。触电者如果是儿童，只可小口吹气以防肺泡破裂。

d. 救护人员向触电者的胸部垂直用力向下挤压，压出心脏里的血液。对成人应压陷 3~4 cm。

e. 挤压后，掌根迅速放松，但手掌不要离开胸部，让触电者胸部自动复原，心脏扩张，使血液又回到心脏来。按照上述要求反复地对触电者的心脏进行挤压和放松。挤压与放松的动作要有节奏，每秒钟进行一次，每分钟 80 次效果最好。急救者在挤压时，切忌用力过猛，以防造成触电者内伤，但也不可用力过小，而使挤压无效。如果触电者是儿童，则可用一只手挤压，用力要轻，以免损伤胸骨。注意对心跳和呼吸都停止的触电者的急救要同时采用人工呼吸法和胸外心脏挤压法。如果现场只有一人时，可采用单人操作。单人进行抢救时，先给触电者吹气 3~4 次，然后再挤压 7~8 次，接着交替重复进行。如果由两人合作进行抢救则更为适宜，其方法是上述两种方法的组合，但在吹气时应将其胸部放松，挤压只可在换气时进行。

②胸外心脏挤压法的具体操作步骤

a. 首先要解开触电者的衣服和腰带，清除口腔内异物，使呼吸道通畅。

b. 触电者仰天平卧，头部往后仰，后背着地处的地面必须平整、牢固，如硬地或木板之类。

c. 救护人员位于触电者的一侧，最好是跪跨在触电者臀部位置，两手相叠，右手掌放在触电者心窝稍高一点的地方，在胸骨下 1/3~1/2 处，左手掌复压在右手背上。

③急救时应注意的事项

a. 任何药物都不能替代口对口人工呼吸和胸外心脏挤压法抢救触电者，这是对触电者最基本的两种急救方法。

b. 抢救触电者应迅速而持久地进行，在没有确定触电者确已死亡的情况下，不要轻易放弃，以免错过机会。

c. 要慎重使用肾上腺素。只有经过心电图仪鉴定心脏确已停止跳动且配备有心脏除颤装置时，才允许使用肾上腺素。

知识与技能拓展

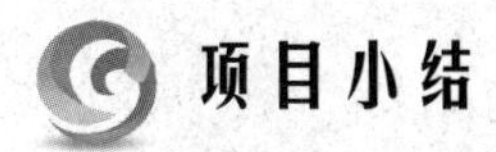

项目小结

（1）照明电路是电气工程领域中的一个重要分支，涉及交流电的基本概念、单一参数正弦交流电路、RLC 串联电路及其谐振、功率与功率因数、照明灯具日光灯。

（2）正弦交流电的基本概念，包括正弦量三要素、正弦量的表示和基尔霍夫定律的相量表示。单一参数正弦交流电路，包括电阻元件的交流电路、电感元件的交流电路和电容元件的交流电路。RLC 串联电路及其谐振，包括 RLC 串联电路和 RLC 串联谐振。最后学习照明灯具日光灯，包括日光灯的构造、工作原理、电路原理和安全用电等知识。

（3）三相电源和三相负载的连接，包括三相电源的星形（Y 形）连接和三相电源的三角形（△形）连接。三相负载的连接，包括三相负载的星形连接和三相负载的三角形连接。不对称三相电路与照明电路故障分析，包括不对称三相电路分析和照明系统故障分析。

（4）在安全用电中，学习供配电常识、安全作业常识、触电预防和触电与急救处理，并在任务实施中学习验电笔的使用。

学习测试

交流电项目篇

一、填空题

（1）在交流电中，电流、电压随时间按正弦规律变化的称为__________。正弦交流电的三要素是指__________。

（2）设 $u=311\sin314t$ V，则此电压的最大值为__________，有效值为__________，频率为__________，初相位为__________。

（3）有两个正弦交流电流 $i_1=70.7\sin(314t-30°)$ A，$i_2=60\sin(314t+60°)$ A，则两电流的有效相量为 $\dot{I}_1=$__________，其极坐标形式为__________；$\dot{I}_2=$__________，其指数形式为__________。

（4）我国工频电流的频率为________Hz，周期为________s，角频率为________rad/s。

（5）已知正弦交流电压有效值为 100 V，周期为 0.02 s，初相位是−30°，则其解析式为__________。

（6）如果用交流电压表测量某交流电压，其读数为 380 V，此交流电源的最大值为__________V。

（7）把复数 $100\angle60°$ 转化为代数形式为__________。

（8）把复数 5+j5 转化为极坐标形式为__________。

（9）正弦交流电压的最大值 U_m 与其有效值之比为__________。

（10）称相位差为 ±180°的两个同频正弦量为__________关系。

二、判断题

（1）最大值就是正弦交流电的最大瞬时值。（　　）

（2）相量法反映了正弦交流电的三要素。（　　）

（3）正弦量的三要素是指其最大值、角频率和相位。（　　）

（4）正弦量可以用相量表示，因此可以说，相量等于正弦量。（　　）

（5）频率为 50 Hz 的正弦交流电，其周期是 0.02 s。（　　）

三、单选题

（1）$u(t)=5\sin(6\pi t+10°)$ V 与 $i(t)=3\cos(6\pi t-15°)$ V 的相位差是（　　）。

A. 25°　　B. 5°　　C. −65°　　D. −25°

2. 正弦电压 $u_1=10\sin(314t+10°)$ V，$i_1=60\sin(628t)$ A 的相位差是（　　）。

A. 300　　B. −300　　C. 00　　D. 不确定

3. 某正弦电压最大值为 380 V，频率为 50 Hz，初相角为 90°，其瞬时值表达式为（　　）。

A. $u=573\sin314t$　　B. $u=537\sin(314t+45°)$

C. $u=380\sin(314t+90°)$　　D. $u=380\sin(314t-90°)$

4. 我国生活用电电压是 220 V，这个数值是交流电的（　　）。

A. 最大值　　B. 有效值　　C. 瞬时值　　D. 平均值

5. 某一正弦交流电的频率是 200 Hz，则其周期是（　　）s。

A. 0.005　　B. 0.05　　C. 0.5　　D. 5

6. 在交流电的相量式中，不能称为相量的参数是（　　）。

A. $\dot{U}$　　B. $\dot{I}$　　C. $\dot{E}$　　D. Z

7. 我国电力系统常采用（　　），称为工频。

A. 314 Hz　　B. 628 Hz　　C. 50 Hz　　D. 100 Hz

8. 某灯泡上标有“220 V，100 W”字样，则 220 V 是（　　）。

A. 最大值　　B. 瞬时值　　C. 有效值　　D. 平均值

9. 通常用交流仪表测量的是交流电压的（　　）。

A. 幅值　　B. 平均值　　C. 瞬时值　　D. 有效值

10. 频率是反映交流电变化的（　　）。

A. 位置　　B. 快慢　　C. 大小　　D. 方向

四、简答题

（1）什么叫频率？什么叫周期？两者有什么关系？

（2）正弦交流电的三要素是什么？

（3）如何依据波形图确定正弦交流电的初相？

（4）什么是正弦量的有效值？它和最大值有什么关系？

（5）什么是正弦量的相量？它有几种表达形式？

五、计算题

（1）某正弦电压的最大值 $U_{m}=310$ V，初相位 $\phi_{u}=30°$；某正弦交流电流的最大值 $I_{m}=14.1$ A，初相位 $\phi_{i}=-60°$。它们的频率均为 50 Hz。试分别写出电压和电流的瞬时值表达式及正弦电压 u 和电流 i 的有效值。

（2）已知 $\dot{I}_1=10\angle 30°$ A；$\dot{I}_2=15\angle 45°$ A；$\dot{U}_1=200\angle 120°$ V；$\dot{U}_2=300\angle 60°$ V。试画出它们的相量图，并写出 i_1、i_2、u_1、u_2 的解析式（设频率为 $f=50$ Hz）。

安全用电篇

一、单选题

（1）单相三孔插座的上孔接（　　）。

A. 火线　　B. 保护零线　　C. 零线　　D. 零线和保护零线

（2）在湿度大、狭窄、行动不便、周围有大面积接地导体的场所，使用的手提照明灯应采用（　　）V 安全电压。

A. 36　　B. 24　　C. 12　　D. 42

（3）电流对人体的伤害可以分为（　　）两种类型。

A. 电击、电伤　　B. 触电、电击

C. 电伤、电烙印　　D. 触电、电烙印

（4）电线接地时，人体距离接地点越远，跨步电压越低，一般距离接地点（　　），跨步电压可看成为零。

A. 20 m 以内　　B. 20 m 以外　　C. 30 m 以内　　D. 30 m 以外

(5) 人体对交流电的频率而言，(　　) 的交流电对人体伤害最严重。

A. 220 Hz　　B. 80 Hz　　C. 50 Hz　　D. 20 Hz

二、判断题

(1) 电流从带电体流经人体到大地形成回路，这种触电叫单相触电。 (　　)

(2) 为了防止触电，可采用绝缘、防护、隔离等技术措施以保证安全。 (　　)

(3) 当电流通过人体超过 30 mA 时，会对人体造成伤害。 (　　)

(4) 剩余电流动作保护作为防止低压触电伤亡事故的前置保护，广泛应用在低压配电系统中。 (　　)

(5) 安全电压是为防止触电事故而采用的由特定电源供电的电压系列，安全电压是一个系列，即 42 V、36 V、24 V、12 V、6 V。 (　　)

三、简答题

(1) 电击与电伤有什么区别？

(2) 电流对人体的伤害程度与哪些因素有关？

(3) 什么是安全电压？一般正常环境下的安全电压最高额定值是多少？

(4) 举例说明在日常生活中，哪些习惯可实现节约用电？(至少列举 3 项)。

项目三

变压器及其参数测定

变压器是一种静止电机，它能根据需要将交流电能从一种电压等级变换至同频率的另一种电压等级。变压器种类繁多，结构也有所差别，但都是利用电磁感应原理来实现能量转换的。除变换电压之外，变压器还能变换电流和阻抗，在电力系统和电子设备中应用十分广泛。图 3-1 所示为某 10 kV 油浸式变压器。

图 3-1 变压器外形

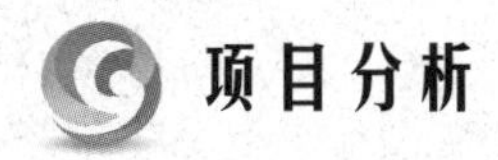

项目分析

项目三知识图谱如图 3-2 所示。

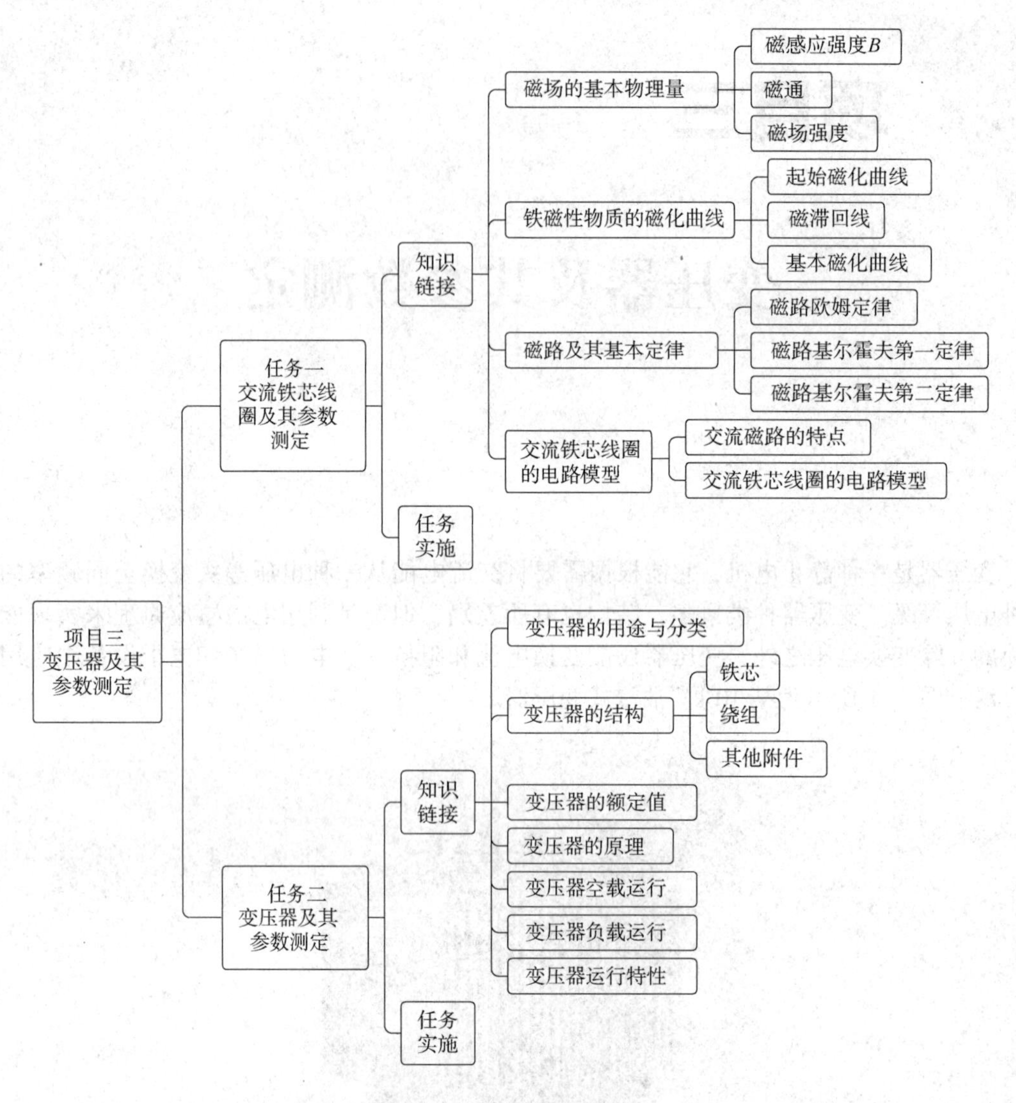

项目三
变压器及其
参数测定
任务一
交流铁芯线
圈及其参数
测定
知识
链接
任务
实施
磁场的基本物理量
磁感应强度B
磁通
磁场强度
铁磁性物质的磁化曲线
起始磁化曲线
磁滞回线
基本磁化曲线
磁路及其基本定律
磁路欧姆定律
磁路基尔霍夫第一定律
磁路基尔霍夫第二定律
交流铁芯线圈
的电路模型
交流磁路的特点
交流铁芯线圈的电路模型
任务二
变压器及其
参数测定
知识
链接
任务
实施
变压器的用途与分类
变压器的结构
铁芯
绕组
其他附件
变压器的额定值
变压器的原理
变压器空载运行
变压器负载运行
变压器运行特性

图 3-2　项目三知识图谱

任务一　交流铁芯线圈及其参数测定

学习目标

知识目标	能力目标	职业素养目标
1. 理解磁路基本物理量 2. 理解磁路的基尔霍夫定律、磁路欧姆定律 3. 理解磁通连续性原理和安培环路定律	1. 能测量交流铁芯线圈的参数 2. 能分析实验数据变化趋势反映的电磁规律	1. 树立正确的价值观，自觉践行行业道德规范 2. 遵规守纪，团结协作，爱护设备，钻研技术

参考学时：4~6学时。

任务引入

铁磁材料作为磁路广泛应用于各种电机、电器和电工仪表中，掌握磁路特点及其基本规律具有重要意义。通过交流铁芯线圈及其参数测定任务，加深对磁场及其基本物理量、磁路的基本定律和铁磁性物质的磁化性能、交流磁路的特点的认识。

知识链接

磁场的主要物理量

一、磁场的基本物理量

（一）磁感应强度B

磁感应强度是磁场的基本物理量，用B表示。磁场中某点的磁感应强度方向规定为该点小磁针N极所指的方向。在磁场中放置一个长为Δl、电流为I并与磁场方向垂直的导体，当它受到的电磁力为ΔF时，该点的磁感应强度大小定义为

$$B=\frac{\Delta F}{I\Delta l} \tag{3-1}$$

式中：磁感应强度B的SI单位为特斯拉，符号为T。

为了使磁场的分布状况形象化，常用磁感应线描述磁场。磁感应线上各点的切线方向代表该点的磁场方向，磁感应线的疏密反映磁感应强度的大小，磁感应强度大的地方磁感应线密，磁感应强度小的地方磁感应线疏。如果磁场中各点的磁感应强度量值相等、方向相同，则这种磁场称为均匀磁场。

（二）磁通 Φ

垂直穿过某一平面（面积为 A）的磁感应线总数称为通过这一面积的磁通量，磁通也即磁感应强度的通量，用符号 Φ 表示。

设均匀磁场的磁感应强度为 B，面积为 A 的平面与磁场垂直，则该平面的磁通为

$$\Phi = BA \tag{3-2}$$

磁通的 SI 单位为韦伯（Wb）。和电流的连续性相似，磁通连续性是磁场的基本性质，通过磁场中任一闭合曲面的总磁通恒等于零，即磁通连续性原理。

由式（3-2）可得

$$B = \frac{\Phi}{A} \tag{3-3}$$

故磁感应强度又称为磁通密度。

（三）磁场强度

磁场的大小不但与产生它的电流有关，还与磁场空间的介质有关。为反映介质的磁作用，引入磁场强度。磁感应强度用 H 表示 ，定义为

$$H = \frac{B}{\mu} \tag{3-4}$$

式中：H 的 SI 单位是 A/m；μ 为反映介质导磁性能的参数，称为磁导率。磁导率的 SI 单位是 H/m。对各向同性的介质，μ 是标量。真空的磁导率是常量，记作 μ_0。

$$\mu_0 = 4\pi \times 10^{-7}\ \text{H/m}$$

可根据磁导率的不同，将介质分为非铁磁性物质和铁磁性物质。非铁磁性物质的磁导率近似等于真空的磁导率μ_0。铁磁性物质的磁导率不是常量，可达空气磁导率的数万倍，属非线性介质。将介质的磁导率与真空磁导率做比较，并定义相对磁导率为

$$\mu_r = \frac{\mu}{\mu_0} \tag{3-5}$$

非铁磁性材料的相对磁导率 $\mu_r \approx 1$；铁磁性材料，如硅钢片的$\mu_r = 6\,000 \sim 8\,000$。

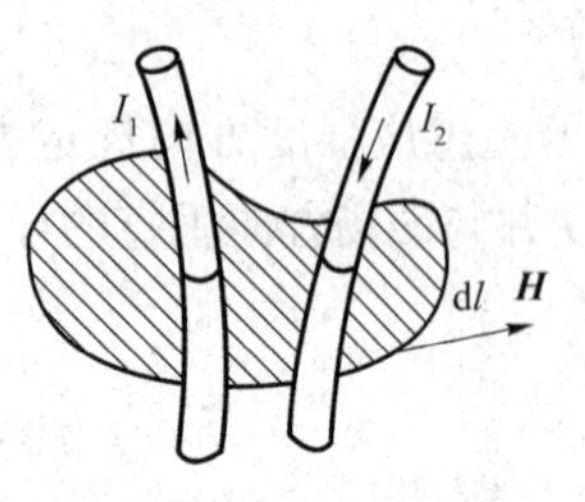

图 3-3　安培环路定律

安培环路定律揭示了磁场与电流的依存关系，即磁场强度沿任意闭合路径的线积分等于该路所包围的电流的代数和。由图 3-3 有

$$\oint_l H \cdot \mathrm{d}l = \sum I_i \tag{3-6}$$

式中电流的正、负选取要根据电流的方向和所选路径的方向之间是否符合右手螺旋定则而定。符合时取正；反之取负。

二、铁磁性物质的磁化曲线

物质的磁化性能可用磁化曲线即 B-H 曲线表示，如图 3-4 所示，环形线圈绕在磁介质上，若该介质为非铁磁性物质，产生的磁场与空心线圈无太大差别。真空的 B、H 关系为 $B=\mu_0 H$，这是一个线性关系，如图 3-5 中的直线①所示，非铁磁性物质的磁化曲线与此相

似。若环形线圈绕在铁磁性物质上，其磁场可达到原磁场的数千倍乃至数万倍。铁磁性物质的磁导率不是常数，其磁化曲线是非线性的。铁磁性物质的这种特殊的磁化性能，根源在于它的分子结构（磁畴）。电工设备正是利用铁磁性物质的高导磁性，将铁、钴、镍及其合金以及铁氧体作为磁路的主要材料。

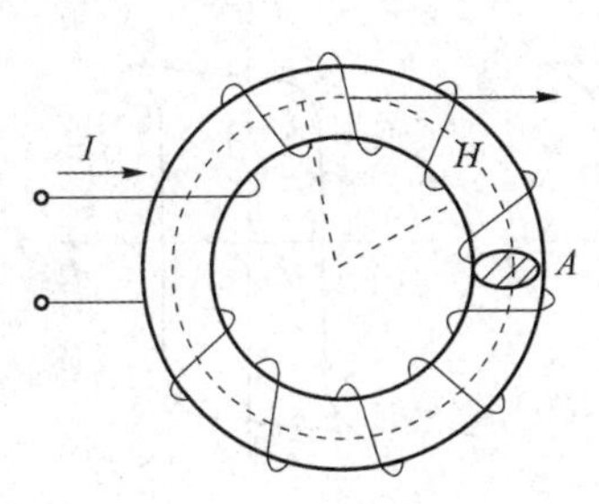

图 3-4　介质磁化性能

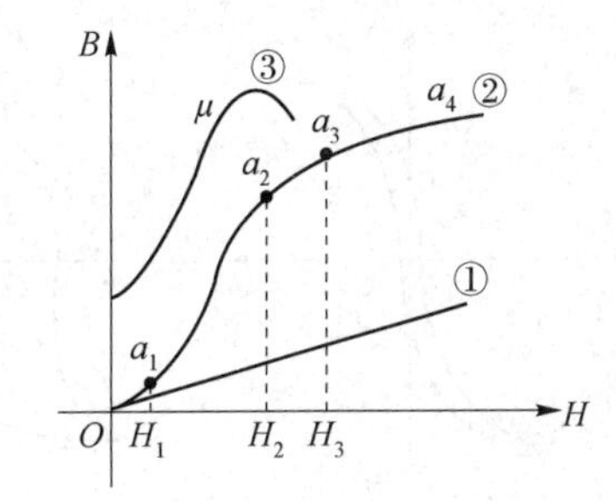

图 3-5　起始磁化曲线

（一）起始磁化曲线

所谓“起始”，就是铁磁性物质从 $H=0$、$B=0$ 开始磁化，其 $B-H$ 曲线如图 3-5 中的曲线②所示。在磁场强度较小的情况下（图中 $0\sim H_1$），磁感应强度 B 增加缓慢，如曲线的 Oa_1 段所示；随着 H 的继续增大（图中 $H_1\sim H_2$），B 急剧增大，如曲线的 a_1a_2 段所示，此段中 $B-H$ 近似线性，也称为“线性段”；若 H 继续增大（图中 $H_2\sim H_3$），B 的增长率反而减小，如曲线的 a_2a_3 段所示；当 $H>H_3$ 时，B 的增长率就相当于真空的增长率，如曲线的 a_3a_4 段所示，这种现象称为磁饱和，这段曲线近似与直线①平行。a_2、a_3 点称为膝点和饱和点。曲线②表明铁磁性物质的 $B-H$ 关系为非线性关系，也即铁磁性物质的磁导率 μ 不是常数。$\mu-H$ 关系如曲线③所示。在磁化曲线的开始段和饱和段，μ 都较小，膝点附近 μ 达到最大，所以铁磁材料通常工作在 a_2 点附近。

（二）磁滞回线

实际工作时，铁磁性材料常常处于交变磁场中，H 的大小和方向都要变化。实验表明，处于交变磁场中铁磁材料的 $B-H$ 关系是磁滞回线的关系，如图 3-7 所示。

由图 3-6 中曲线可见，当 H 从 $+H_m$ 开始减小时，B 并不是沿着起始磁化曲线回降，而是沿着比它稍高的曲线 ab 下降，这种 B 的变化滞后于 H 的变化的现象称为磁滞。由于磁滞的原因，当 H 下降到零时，B 并不是降到零，而是降到 b 点，对应的磁感应强度 B_r 称为剩磁。为了去掉剩磁，需施加一反向磁场，当反向磁场达到 H_c 时，$B=0$，H_c 的大小称为矫顽力，它表示铁磁材料反抗退磁的能力。当 H 继续反向增加时，铁磁性物质开始反向磁化，当 $H=-H_m$ 时，反向磁化到饱和点 a'。当 H 从 $-H_m$ 变化到 $+H_m$ 时，$B-H$ 曲线沿 $a'b'a$ 变化而完成一个循环，所形成的封闭曲线 $aba'b'a$ 称为磁滞回线。

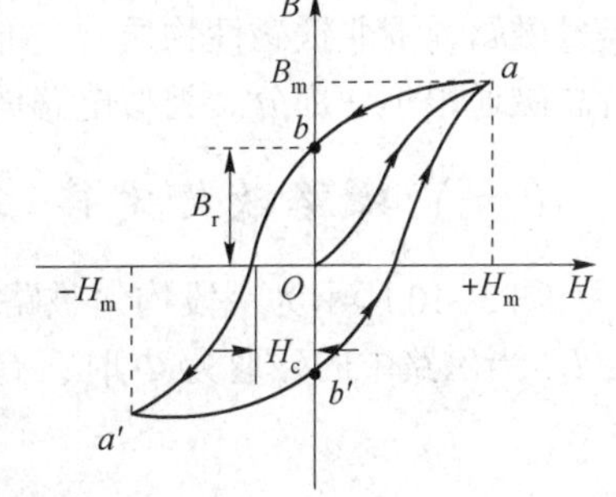

图 3-6　磁滞回线

铁磁性物质在反复磁化过程中要消耗能量并转化为

热能而耗散。这种能量损耗称为磁滞损耗。可以证明，反复磁化一次的磁滞损耗与磁滞回线的面积成正比。

可按磁滞回线形状将铁磁性物质分为软磁性材料、硬磁性材料、矩磁性材料 3 类，如图 3-7 所示。

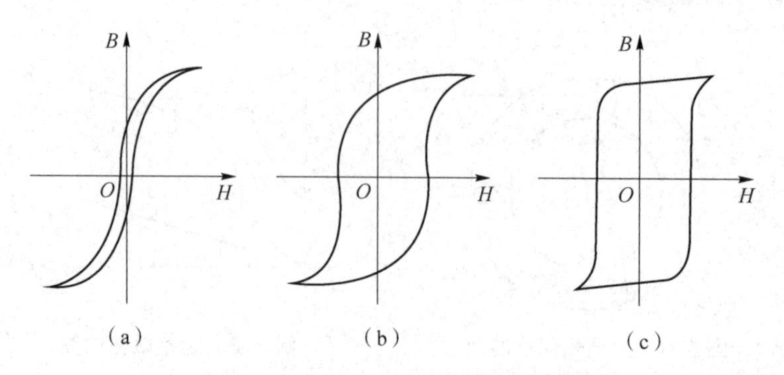

图 3-7　不同类型铁磁材料的磁滞回线

（a）软磁性材料；（b）硬磁性材料；（c）矩磁性材料

（三）基本磁化曲线

在非饱和状态下，对同一铁磁性材料取不同的 H_m 值进行反复磁化，将得到一系列磁滞回线，如图 3-8 中虚线所示。连接各磁滞回线顶点所构成的曲线称为基本磁化曲线，如图 3-8 中实线所示。软磁性材料的磁滞回线狭窄，近似与基本磁化曲线相重合，实际工程中常用基本磁化曲线代替磁滞回线使用，而基本磁化曲线又和起始磁化曲线近似，故测取时用后者代替。

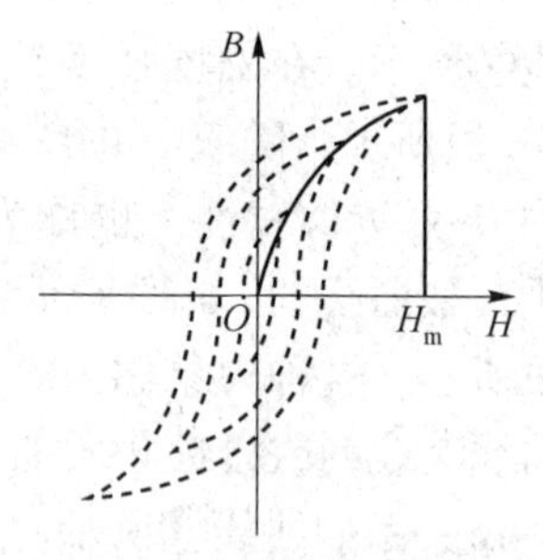

图 3-8　基本磁化曲线

三、磁路及其基本定律

磁路即磁通流经的闭合路径，磁路通常采用高导磁性的铁磁材料制成闭合或近似闭合（留有极小的空气间隙）的铁芯，使磁场集中分布于主要由铁芯构成的闭合路径内，如图 3-9 所示。

磁路定律

磁路中的磁通可以分为两部分，如图 3-9 所示。通过铁芯（包括气隙）而闭合的磁通占总磁通的绝大部分，称为主磁通，用 Φ 表示；穿出铁芯，经过磁路周围非铁磁性物质（包括空气）而闭合的磁通称为漏磁通，用 Φ_σ 表示，漏磁通仅占总磁通很小一部分。类似电路的 VCR、KCL、KVL 定律，磁路也有类似的定律。

（一）磁路欧姆定律

图 3-10 所示为一段均匀磁路，由磁导率为 μ 的铁磁性材料构成，其截面积为 A，长度为 l。当磁路中的磁通为 Φ 时，有

$$B=\frac{\Phi}{A} \qquad H=\frac{B}{\mu}$$

则该段磁路的磁位差为

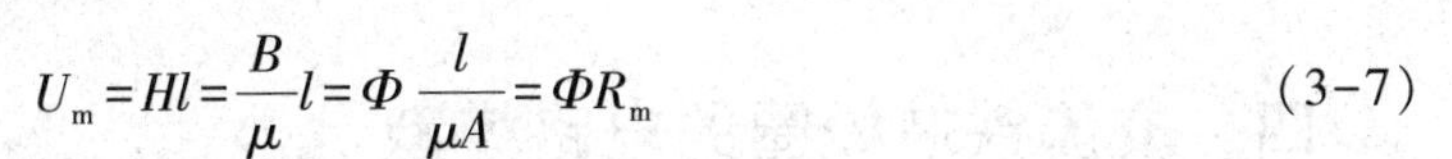

$$U_m=Hl=\frac{B}{\mu}l=\Phi\frac{l}{\mu A}=\Phi R_m \tag{3-7}$$

$$R_m=\frac{l}{\mu A} \tag{3-8}$$

其中，R_m 称为该段磁路的磁阻，磁阻的 SI 单位为H^{-1}。

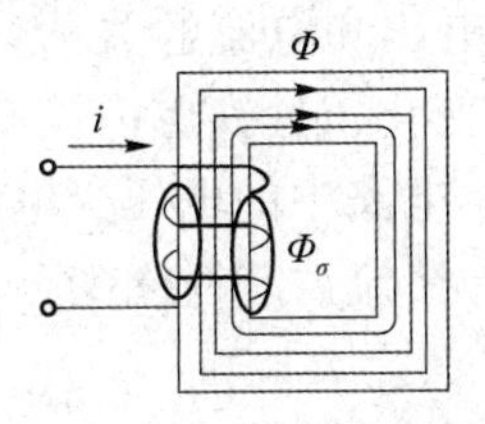

图 3-9　主磁通与漏磁通

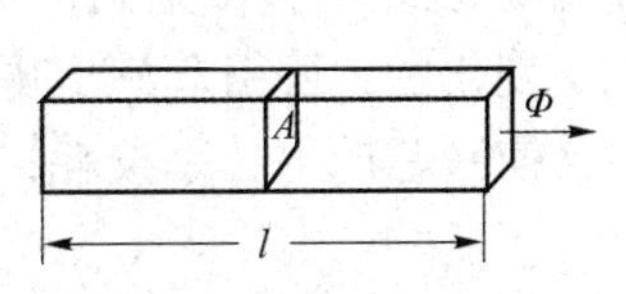

图 3-10　均匀磁路

（二）磁路基尔霍夫第一定律

在磁路分支点处作闭合面，则进入闭合面的磁通等于穿出闭合面的磁通，即穿过闭合面的磁通代数和等于零，故有

$$\sum \Phi = 0 \tag{3-9}$$

磁通流入分支节点时取正号，流出分支节点时取负号。由图 3-11，则有

$$\Phi_1+\Phi_2-\Phi_3=0$$

（三）磁路基尔霍夫第二定律

在磁路的任意闭合回路中，各段磁位差的代数和等于磁通势的代数和。应用式（3-9）时，要选一绕行方向，当磁通方向与绕向一致时，该段磁位差前取正号，反之取负号；励磁电流方向与绕行方向符合右手螺旋定则时，该磁通势前取正号，反之取负号。

对图 3-11 所示磁路中左边 l_1、l_2 段组成的回线（也称回路），首先按材料相同且截面积相等将磁路分为若干段均匀磁路（各段内磁通、磁感应强度、磁场强度均为常数），应用安培环路定律，选顺时针方向为回路环绕方向，可得

$$-H_1l_1+H_2l_2=-N_1I_1+N_2I_2 \tag{3-10}$$

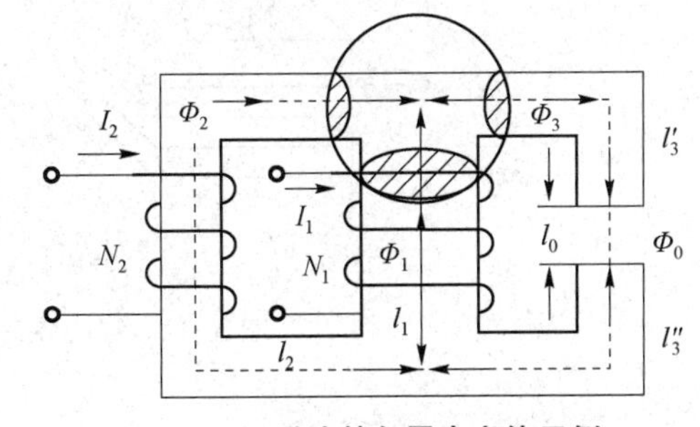

图 3-11　磁路基尔霍夫定律示例

由于铁芯中的磁通是由电流产生的，所以将线圈匝数与励磁电流的乘积定义为磁通势，用 F 表示，即

$$F=NI \tag{3-11}$$

磁位差和磁通势的 SI 单位均为安（A）。引入磁位差和磁通势后，磁路基尔霍夫第二定律可表达为

$$\sum U_m = \sum F \tag{3-12}$$

四、交流铁芯线圈的电路模型

（一）交流磁路的特点

在稳态直流量激励下的铁芯线圈电路中，线圈电压和电流的关系只与线圈电阻有关，而与磁路无关。磁路参数改变不会使励磁电流发生变化，且铁芯内没有功率损耗。然而，交流铁芯线圈的电流是变化的，要引起感应电动势，电路中的电压、电流关系与磁路情况有关。且交变的磁通会使铁芯产生功率损耗，所以，交流铁芯线圈的分析较直流铁芯线圈复杂。

铁芯线圈在交变电压或电流作用下会发热而产生的功率损耗，称为磁损耗（简称铁损），用P_{Fe}表示。磁损耗包括磁滞损耗和涡流损耗。

磁滞损耗是由于铁磁性物质的磁滞现象产生的。前已指出，磁滞损耗的大小正比于磁滞回线的面积。为减小磁滞损耗，常采用磁滞回线面积狭长的铁磁性物质，电工硅钢片、冷轧硅钢片或坡莫合金等都是理想的铁磁材料。同时在设计时还应适当降低 B 值，以防磁饱和过深，这也是降低磁滞损耗的有效方法。

涡流损耗是因铁芯线圈通以交流后，在铁芯中产生涡流而引起的损耗。铁芯中磁通变化时，除在线圈中产生感应电动势外，铁芯中也会产生感应电动势，该电动势使铁芯中产生漩涡状电流，称为涡流。涡流在铁芯中垂直于磁通的平面内流动，如图 3-12 所示。涡流会使铁芯发热，这种能量损耗称为涡流损耗。

为减小涡流损耗，常采用两种方法，一是增大铁芯材料的电阻率，在钢片中掺入硅可使其电阻率大大增加；二是用涂有绝缘漆的薄钢片叠装成铁芯状取代实心铁芯，以增大铁芯中涡流路径的电阻。

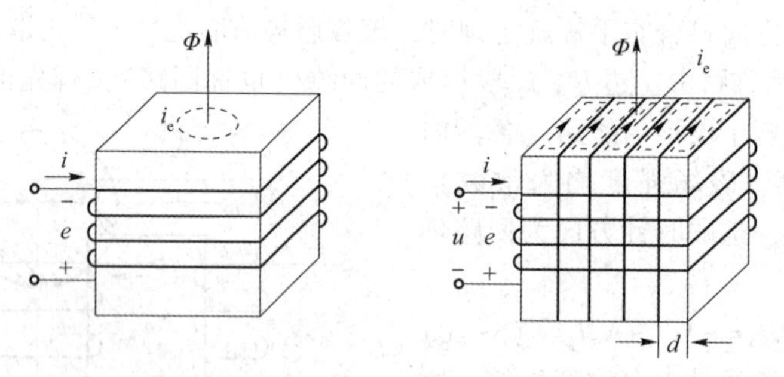

图 3-12　实心铁芯与叠片铁芯的涡流

（二）交流铁芯线圈的电路模型

交流铁芯线圈是非线性器件，它的线圈电阻和漏磁通引起的电压相对主磁通感应电动势而言是很小的，当忽略它们时，外加电压近似等于主磁通感应电动势。当电压为正弦波时，主磁通也为正弦波。由于磁饱和的影响，该电流（即磁化电流）为尖顶波而非正弦波。

工程上分析交流铁芯线圈时，常把非正弦磁化电流用等效正弦量代替，然后采用相量法分析，磁化电流为感性无功电流，对应的电路模型为电感。磁滞和涡流的影响使铁芯线圈产生损耗（铁损P_{Fe}），为有功功率，对应的电路模型为电阻。故电压、频率一定时，可将交流等效一个电阻与电感并联或串联的电路模型。忽略线圈电阻和漏抗的电路模型及相量图，如图 3-13 所示。

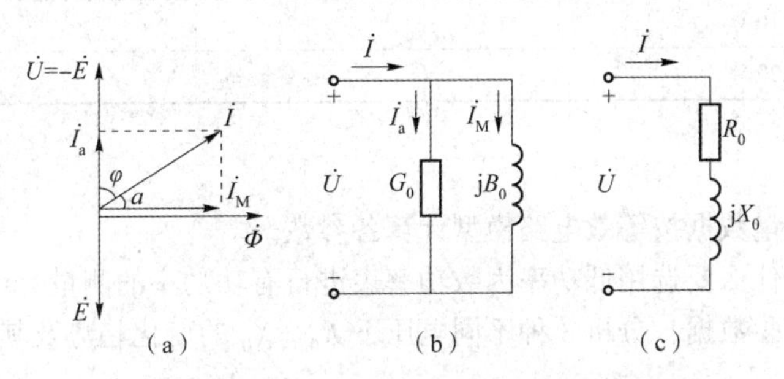

图 3-13　忽略线圈电阻和漏抗的电路模型及相量图

有功电流$\dot{I}_a$与磁化电流$\dot{I}_M$之和为励磁电流 $\dot{I}$ 。有功分量与（$-\dot{E}$）同相，其值决定于磁损耗；磁化电流（无功分量）与主磁通同相，其值决定于磁化曲线。主磁通滞后（$-\dot{E}$）90°。

并联模型的励磁导纳为

$$Y_0=\frac{\dot{I}}{\dot{U}}=G_0+jB_0 \tag{3-13}$$

式中：G_0与铁耗相对应，称为励磁电导；B_0与磁化电流对应，称为励磁电纳。

串联模型的励磁阻抗为

$$Z_0=R_0+jX_0 \tag{3-14}$$

式中：R_0为励磁电阻；X_0为励磁电抗。

图 3-13 中，α 为励磁电流超前于磁通的相位角，称为损耗角。

当考虑线圈电阻及漏磁通后，与外加电压$\dot{U}$相平衡的电压将包括线圈电阻电压、漏磁通感应电压、主磁通感应电压三部分，如图 3-14 所示。

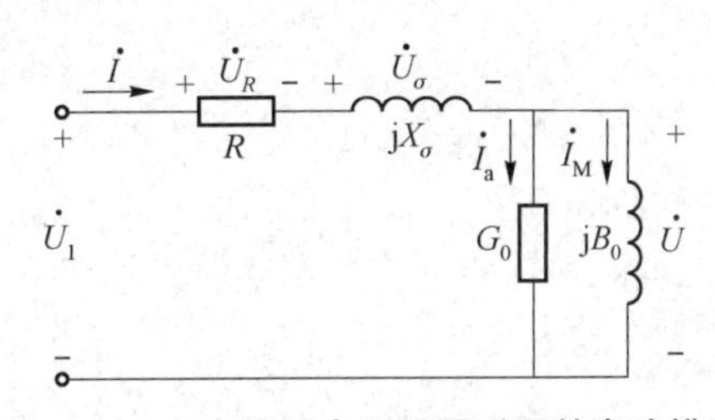

图 3-14　考虑线圈电阻及漏磁通的电路模型

任务实施

1. 实训目的

（1）测定交流铁芯线圈等效电路参数。

（2）加深对交流铁芯磁路及其参数的理解。

2. 实训内容

按图 3-15 所示接线，调节自耦变压器的输出电压分别为 80 V、110 V、220 V，测量其电流及有功功率，并记录于表 3-1 中。注意此处需选用低功率因数功率表进行测量。

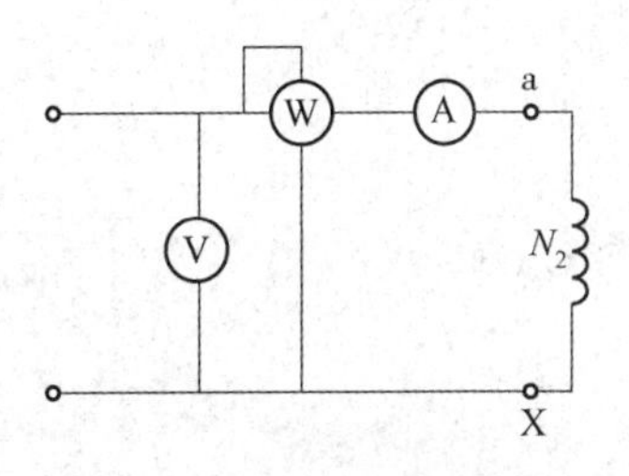

图 3-15　交流铁芯线圈参数测定接线

表 3-1 交流铁芯线圈参数测定数据采集表

序号	U	I_0	P_0	R_0	X_0
1	80 V				
2	110 V				
3	220 V				

3. 思考题

（1）根据所测量数据按等效电路模型计算各参数。

（2）此实验为什么要选用低功率因数功率表进行有功功率的测量？

（3）试根据实验数据，分析 3 种不同电压下 R_0、X_0 的变化趋势及其原因。

评价反馈

<table>
<tr><td colspan="8">自我评价（40%）</td></tr>
<tr><td colspan="2">项目名称</td><td colspan="2"></td><td colspan="2">任务名称</td><td colspan="2"></td></tr>
<tr><td colspan="2">班级</td><td colspan="2"></td><td colspan="2">日期</td><td colspan="2"></td></tr>
<tr><td>学号</td><td></td><td>姓名</td><td></td><td>组号</td><td></td><td>组长</td><td></td></tr>
<tr><td>序号</td><td colspan="5">评价项目</td><td>分值</td><td>得分</td></tr>
<tr><td>1</td><td colspan="5">参与资料查阅</td><td>10 分</td><td></td></tr>
<tr><td>2</td><td colspan="5">参与同组成员间的交流沟通</td><td>10 分</td><td></td></tr>
<tr><td>3</td><td colspan="5">线路连接正确</td><td>15 分</td><td></td></tr>
<tr><td>4</td><td colspan="5">测定交流铁芯线圈等效电路参数</td><td>15 分</td><td></td></tr>
<tr><td>5</td><td colspan="5">参与调试</td><td>15 分</td><td></td></tr>
<tr><td>6</td><td colspan="5">参与汇报</td><td>15 分</td><td></td></tr>
<tr><td>7</td><td colspan="5">7S 管理</td><td>10 分</td><td></td></tr>
<tr><td>8</td><td colspan="5">参与交流区讨论、答疑</td><td>10 分</td><td></td></tr>
<tr><td>总分</td><td colspan="7"></td></tr>
</table>

<table>
<tr><td colspan="8">小组互评（30%）</td></tr>
<tr><td colspan="2">项目名称</td><td colspan="2"></td><td colspan="2">任务名称</td><td colspan="2"></td></tr>
<tr><td colspan="2">班级</td><td colspan="2"></td><td colspan="2">日期</td><td colspan="2"></td></tr>
<tr><td>被评人姓名</td><td></td><td>被评人学号</td><td></td><td>被评人组别</td><td></td><td>评价人姓名</td><td></td></tr>
<tr><td>序号</td><td colspan="5">评价项目</td><td>分值</td><td>得分</td></tr>
<tr><td>1</td><td colspan="5">前期资料准备完备</td><td>10 分</td><td></td></tr>
<tr><td>2</td><td colspan="5">线路连接正确</td><td>20 分</td><td></td></tr>
<tr><td>3</td><td colspan="5">测定交流铁芯线圈等效电路参数</td><td>20 分</td><td></td></tr>
<tr><td>4</td><td colspan="5">心得体会汇总丰富、翔实</td><td>20 分</td><td></td></tr>
<tr><td>5</td><td colspan="5">积极参与讨论、答疑</td><td>20 分</td><td></td></tr>
<tr><td>6</td><td colspan="5">积极对遇到困难的组给予帮助与技术支持</td><td>10 分</td><td></td></tr>
<tr><td>总分</td><td colspan="7"></td></tr>
</table>

<table>
<tr><th colspan="6">教师评价（30%）</th></tr>
<tr><td>项目名称</td><td colspan="3"></td><td>任务名称</td><td></td></tr>
<tr><td>班级</td><td colspan="3"></td><td>日期</td><td></td></tr>
<tr><td>姓名</td><td></td><td>学号</td><td></td><td>组别</td><td></td></tr>
<tr><td colspan="6">教师总体评价意见：</td></tr>
<tr><td>总分</td><td colspan="5"></td></tr>
</table>

任务二　变压器及其参数测定

学习目标

知识目标	能力目标	职业素养目标
1. 掌握变压器的用途、基本结构、额定值的含义 2. 掌握变压器的工作原理和工作特性 3. 掌握变压器的等值电路及计算方法	1. 认识变压器的结构 2. 掌握变压器空载和短路实验的方法 3. 掌握不同性质的负载对变压器外特性的影响	1. 树立正确的价值观，自觉践行行业道德规范 2. 遵规守纪，团结协作，爱护设备，钻研技术

参考学时：6~8 学时。

任务引入

变压器的等值电路是分析变压器运行状态的有效工具。利用等值电路，能把对变压器内部复杂电磁过程的分析转化为单纯的电路分析。然而，要使用变压器的等值电路分析、计算变压器的运行状况，就必须要知道变压器的各阻抗参数，对已经制造出来的变压器，可以通过空载和短路实验测定其参数。

知识链接

一、变压器的用途与分类

变压器除了变换电压外，用途还有很多。例如，测量系统中使用的仪用互感器，可将高电压变换成低电压，或将大电流变换成小电流，以隔离高压便于测量。用于实验室的自耦调压器，则可任意调节输出电压的大小，以适应负载对电压的要求；在电子线路中，除了电源变压器外，变压器还用来耦合电路、传递信号、实现阻抗匹配等。

按照变压器的不同结构、性能以及使用条件，有不同的分类标准，通常按以下标准进行分类。

（1）按用途分类，变压器可以分为电力变压器和特种变压器两大类。电力变压器主要用于电力系统，又可分为升压变压器、降压变压器、配电变压器和厂用变压器等。特种变压器根据不同系统和部门的要求，提供各种特殊电源和用途，如电炉变压器、整流变压器、电焊变压器、仪用互感器、试验用高压变压器和调压变压器等。

（2）按绕组构成分类，变压器可分为双绕组、三绕组、多绕组变压器和自耦变压器。

（3）按铁芯结构分类，变压器可分为壳式变压器和芯式变压器。

（4）按相数分类，变压器可分为单相、三相和多相变压器。

（5）按冷却方式分类，变压器可分为干式变压器、油浸式变压器（油浸自冷式、油浸风冷式和强迫油循环式等）、充气式变压器。

二、变压器的结构

变压器

变压器的结构对提高产品效率、节约材料等有直接影响。变压器的种类不同，结构也有较大差别。变压器的主要结构是基本相同的，一般包括铁芯、绕组和附件。铁芯和绕组合称为器身，是变压器实现电能传递的主体。

（一）铁芯

变压器铁芯一般用高导磁性能、低磁滞损耗和涡流损耗的硅钢片叠成，变压器的铁芯采用的硅钢片通常厚 0.23 ~0.35 mm，且表面有氧化膜绝缘，以进一步降低交变磁场作用下产生的铁芯损耗。在工作频率高和要求损耗特别小的情况下，还有使用非晶合金、铁镍合金片作为铁芯的。铁芯既是变压器的主磁路，也是套装绕组的机械骨架，起支撑和固定绕组的作用。按照铁芯结构不同，可以将变压器分为壳式变压器和芯式变压器，如图 3-16 和图 3-17 所示。

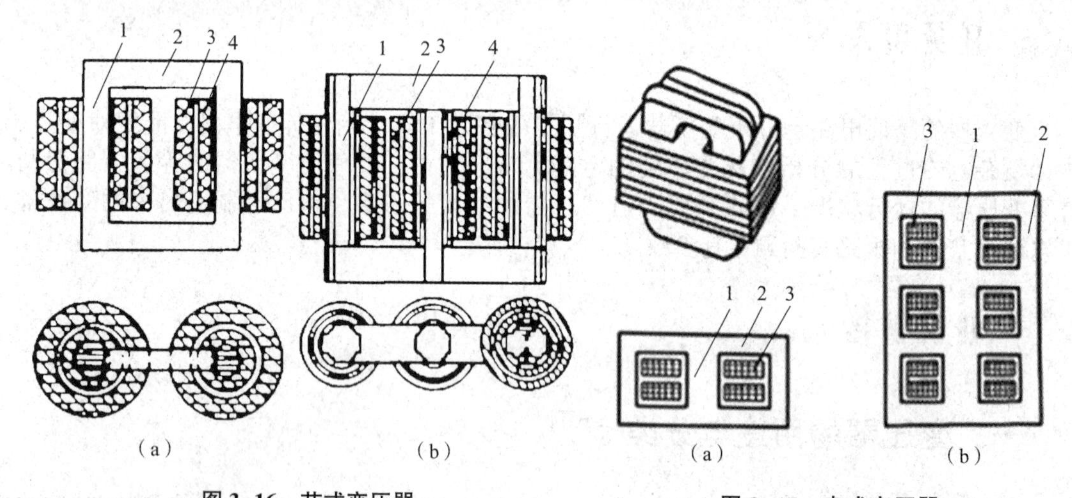

图 3-16　芯式变压器

（a）单相芯式铁芯；（b）三相芯式铁芯

1—铁芯柱；2—铁轭；3—高压绕组；4—低压绕组

图 3-17　壳式变压器

（a）单相芯式铁芯；（b）三相芯式铁芯

1—铁芯柱；2—铁轭；3—绕组

（二）绕组

绕组是变压器的电路部分，常用绝缘铜线或铝线绕制而成，变压器中工作电压高的绕组称为高压绕组，工作电压低的绕组称为低压绕组。同心式绕组是将高、低压绕组同心地套在铁芯柱上。为了便于绕组与铁芯之间的绝缘，通常将低压绕组装在里面，而把高压绕组装在外面，如图 3-18 所示。在高、低压绕组之间及绕组与铁芯之间都加有绝缘。同心式绕组具有结构简单、制造方便的特点，国产变压器多采用这种结构。

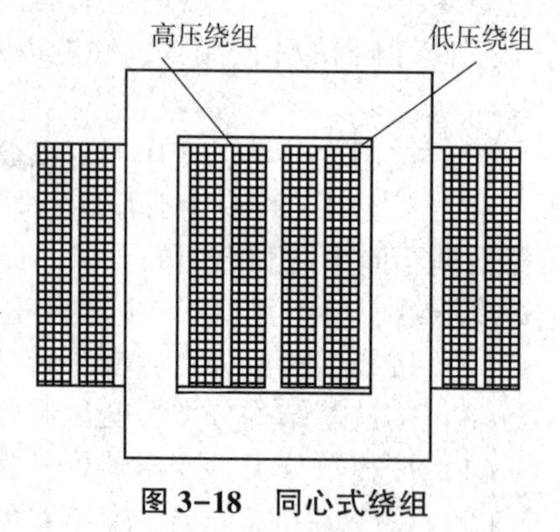

图 3-18　同心式绕组

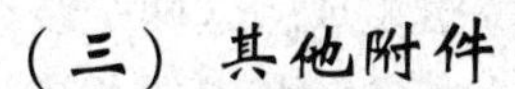

（三）其他附件

除了主体的器身外，变压器还有一些附件。以油浸式电力变压器为例，为了保证其安全、可靠地运行，还配置了油箱、分接开关、绝缘套管、冷却装置、安全保护装置、检测装置等附件。

三、变压器的额定值

额定值是指制造厂按照国家标准，对变压器正常使用时的有关参数所做的限额规定。在其定值下运行，可保证变压器在设计时限内可靠地工作，并具有优良性能。

（一）额定容量S_N

额定容量S_N是指变压器额定运行状态下输出的视在功率，单位为 kVA 或 MVA。对于单相双绕组变压器，一、二次绕组的额定容量相等，为变压器的额定容量；三相变压器的额定容量是指三相总视在功率。

（二）额定电压U_{1N}、U_{2N}

U_{1N}为一次侧额定电压。U_{2N}为二次侧额定电压，是指当一次侧接额定电压而二次侧空载（开路）时的电压，单位为 kV。三相变压器额定电压指线电压。

（三）额定电流I_{1N}、I_{2N}

I_{1N}和I_{2N}是分别根据额定容量、额定电压计算出来的一、二次侧电流，单位为 A。对于三相变压器，额定电流指线电流。一、二次侧额定电流可用下式计算。

对于单相变压器，有

$$I_{1N}=\frac{S_N}{U_{1N}},\ I_{2N}=\frac{S_N}{U_{2N}} \tag{3-15}$$

对于三相变压器，有

$$I_{1N}=\frac{S_N}{\sqrt{3}U_{1N}},\ I_{2N}=\frac{S_N}{\sqrt{3}U_{2N}} \tag{3-16}$$

（四）额定频率f_s

我国规定电力系统的额定频率为 50 Hz。除上述额定值外，铭牌上还标明了温升、连接组、阻抗电压等。

四、变压器的原理

变压器是利用电磁感应原理工作的，图 3-19 所示为单相双绕组变压器工作原理示意图，该变压器由一个闭合的铁芯和套在铁芯上的两个相互绝缘的绕组组成，这两个绕组一般有不同的匝数，两个绕组之间只有磁的耦合，而没有电的联系。其中，与电源相连、接收交流电能的AX绕组称为原绕组（也称一次绕组、初级绕组）；与负载相连、送出交流电能的ax绕组称为副绕组（也称二次绕组、次级绕组）。规定原、副绕组的各量分别附有下标“1”和“2”，如原绕组的匝数、电压、电动势、电流分别用N_1、u_1、e_1、i_1来表示，副绕组的匝数、电压、电动势、电流分别用N_2、u_2、e_2、i_2来表示。

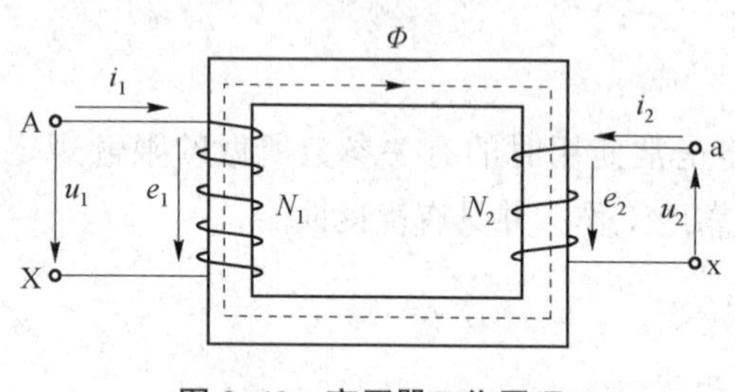

图 3-19　变压器工作原理

当原绕组N_1两端外加交变电压u_1后，绕组N_1中就会有交变电流流过，并在铁芯中产生与电源频率相同的交变磁通Φ。由于Φ同时交链原绕组N_1和副绕组N_2，根据电磁感应定律，将同时在原、副绕组中产生感应电动势e_1和e_2。如果N_1和N_2匝数不相等，产生的感应电动势e_1和e_2也不相等，则变压器两侧的电压u_1和u_2的大小就不相等，达到了变换电压的目的。由于磁通的交变频率是由u_1的频率决定的，而感应电动势e_1和e_2是由同一个交变磁通Φ感应出来的，因此e_2的频率与e_1的频率是相同的。e_2的频率与u_1的频率也是相同的，所以变压器能将一种交流电压的电能在频率不变的情况下变换成另一种交流电压的电能，能量的变换和传递以交变磁通Φ为媒介。这就是变压器的基本工作原理。

五、变压器空载运行

变压器的空载运行是指变压器一次绕组接在额定电压的交流电源上，而二次绕组开路、负载电流为零的运行状态。空载运行是变压器最简单的一种运行状态。图3-20所示为变压器空载运行的示意图。

当一次绕组加上交流电压u_1，其中就会流过电流i_0，称为空载电流，进而产生交变磁通，所以空载电流也称为励磁电流。由于铁芯的磁导率比空气的磁导率大得多，所以磁通绝大部分通过铁芯而闭合，同时交链一次绕组N_1和二次绕组N_2的这部分磁通称为主磁通，用Φ表示。主磁通在一、二次绕组中分别感应电动势e_1和e_2。另外很少一部分磁通仅与一次绕组交链，称为一次绕组的漏磁通，用$\Phi_{\sigma1}$表示。$\Phi_{\sigma1}$只在N_1中感应电动势$e_{\sigma1}$，不交链二次绕组，故不起能量传递作用。此外，空载电流i_0还在一次绕组的电阻r上产生一个很小的压降i_{0r}。由此看出，空载电流有两个作用：一是建立空载运行时的磁通；二是供给变压器空载运行时所必需的有功功率损耗。空载运行时的主磁通Φ仅由一次绕组的励磁电流产生。

按电路原理，带铁芯的线圈可以等效为一个电阻和一个电抗串联或并联的形式。这里选择串联，为了让模型更准确，将主磁场和漏磁场分开考虑，用r_1表示一次绕组的电阻，x_1对应一次侧的漏磁电抗，r_m对应铁芯损耗，x_m反映励磁电抗，我们可以建立空载运行变压器一次侧的等效电路如图3-21所示。接下来，就可以用电路原理的知识来分析一下空载运行时的一些特点，因为$x_m \gg r_m$，$x_1 \gg r_1$，这说明i_0近似为一个纯感性的电流，二次侧由于没有任何负载电流，故相当于一个空载的电压源，此处无法确定其内阻抗，放至负载运行时一起分析。

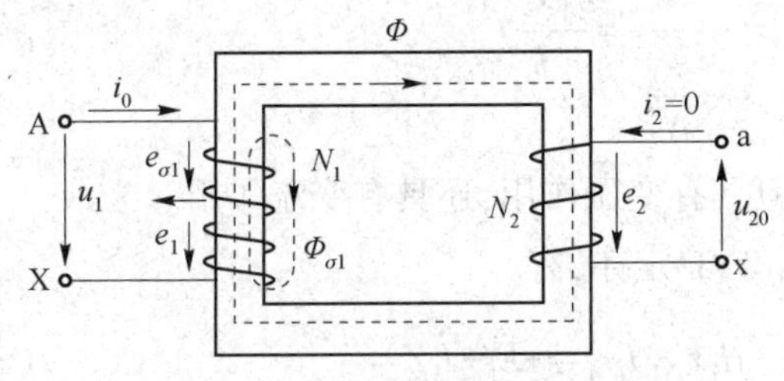

图 3-20　变压器空载运行的示意图

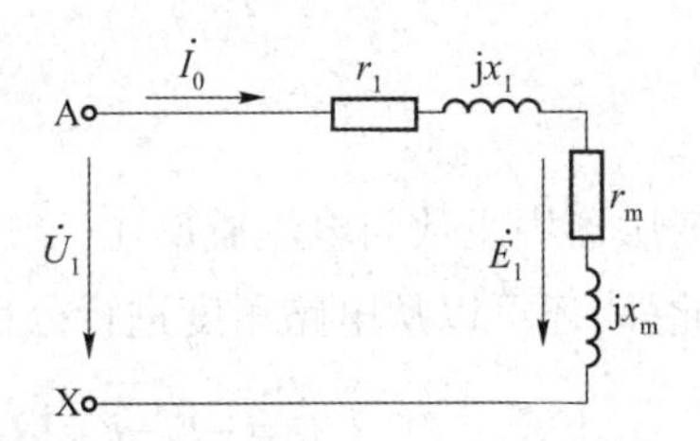

图 3-21　变压器一次侧等效电路

在后续的任务中，不但需要做定性分析，还要做定量的研究，就必须揭示各电磁量的数量关系。这里先使用一个结论$\dot{U} \approx -\dot{E}_1 = j4.44fN_1\dot{\Phi}_m$，$\dot{U}_{20} = \dot{E}_2 = -j4.44f N_2\dot{\Phi}_m$，即一、二次侧的感应电动势与主磁通有固定的比例关系，具体推导可以参考相关内容。据此可以得出变压器的变比 k，为一、二次侧的感应电动势或匝数之比，可用电压之比近似计算。$k = \frac{E_1}{E_2} = \frac{N_1}{N_2} \approx \frac{U_1}{U_{20}}$，$k>1$ 表示一次侧电压高于二次侧，称为降压变压器；反之，$k<1$ 即为升压变压器。

六、变压器负载运行

变压器的负载运行是指变压器一次绕组接在额定电压的交流电源上，而二次绕组接负载时的运行状态。负载阻抗 $Z_L = r_L + jx_L$，其中 r_L 是负载电阻，x_L 是负载电抗。图 3-22 所示为变压器负载运行的示意图。

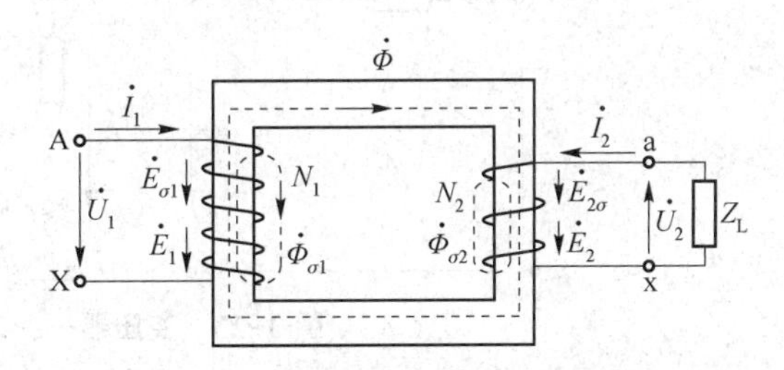

图 3-22　变压器负载运行的示意图

当变压器接负载时，二次绕组在$\dot{E}_2$作用下有$\dot{I}_2$流过，产生二次绕组磁通势$F_2 = \dot{I}_2 N_2$，与一次绕组磁通势共同作用在变压器的主磁路上。$\dot{I}_2$的出现使 Φ 趋于改变，随之$\dot{E}_1$、$\dot{E}_2$也将趋于改变，从而打破空载时的磁通势平衡关系。但是，由于电源电压 U 为常值，而 $U_1 \approx -E_1 = j4.44f_N\Phi_m$，相应地 Φ 也应维持不变。为维持 Φ 基本不变，负载运行时铁芯内主磁通 Φ 将由一次绕组磁通势 I_1N_1 和二次绕组磁通势 I_2N_2 共同作用产生，故磁通势平衡方程式为

$$\dot{I}_1N_1 + \dot{I}_2N_2 = \dot{I}_0N_1 \tag{3-17}$$

磁通势平衡方程式（3-17）两边同除以 N_1 得

$$\dot{I}_1 + \frac{\dot{I}_2}{k} = \dot{I}_0 \tag{3-18}$$

由于变压器的 $F_0=I_0N_1$ 很小，可忽略不计，因此式（3-17）可变化为$\dot{I}_1N_1\approx-\dot{I}_2N_2$。

$$\dot{I}_1=-\frac{\dot{I}_2N_2}{N_1}=-\frac{\dot{I}_2}{\frac{N_1}{N_2}}=-\frac{\dot{I}_2}{k}$$

变压器中匝数与电流成反比,变压器不但具有变压作用,还具有变流作用。

此外,还可以从电路角度进行分析,根据 KVL 定律,有

$$\dot{U}_1=-\dot{E}_1-\dot{E}_{\sigma1}+\dot{I}_1r_1=-\dot{E}_1+\mathrm{j}\dot{I}_1x_1+\dot{I}_1r_1=-\dot{E}_1+\dot{I}_1Z_1 \tag{3-19}$$

$$\dot{U}_2=\dot{E}_2+\dot{E}_{\sigma2}-\dot{I}_2r_2=\dot{E}_2-\mathrm{j}\dot{I}_2x_2-\dot{I}_2r_2=\dot{E}_1-\dot{I}_2Z_2 \tag{3-20}$$

$$\dot{I}_0=\frac{-\dot{E}_1}{Z_m} \tag{3-21}$$

$$\frac{\dot{E}_1}{\dot{E}_2}=k \tag{3-22}$$

$$\dot{U}_2=\dot{I}_2Z_L \tag{3-23}$$

式中：$Z_1=r_1+\mathrm{j}x_1$、$Z_2=r_2+\mathrm{j}x_2$、$Z_L=r_L+\mathrm{j}x_L$、$Z_m=r_m+\mathrm{j}x_m$ 依次为一次绕组漏阻抗、二次绕组漏阻抗、负载阻抗和励磁阻抗。

若据上述方程，将分别得到一、二次侧各部分的等效电路，如图 3-23 所示，为离散的三部分。对上述公式做线性变换，并考虑能量守恒，及各阻抗消耗的有功功率和无功功率在变换前、后保持不变，这样可以得到图 3-24 所示的等效电路。

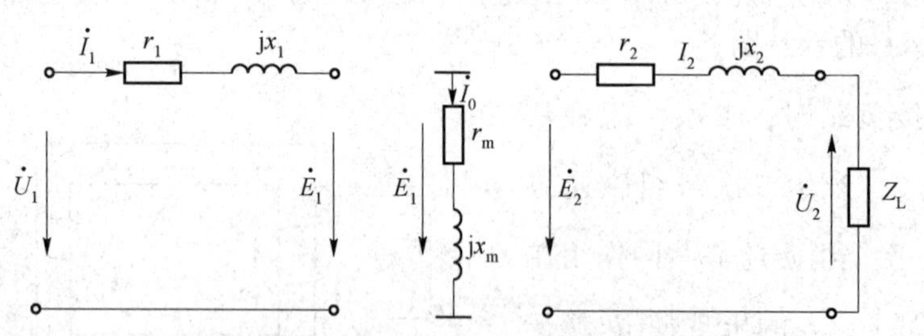

图 3-23　变压器一、二次侧等效电路

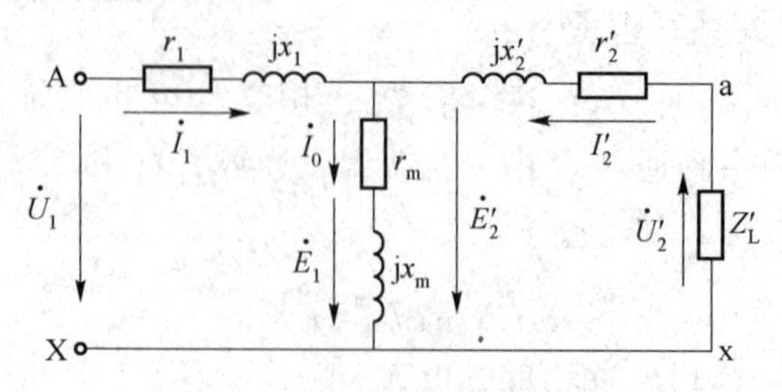

图 3-24　变压器 T 形等效电路

在实际的电力变压器中，由于 $I_0\ll I_1$，当忽略 I_0 时，励磁支路可忽略，从而得到一个

简化的电路，称为简化等效电路，如图 3-25 所示。工程中，常用此电路对变压器运行情况进行分析计算。

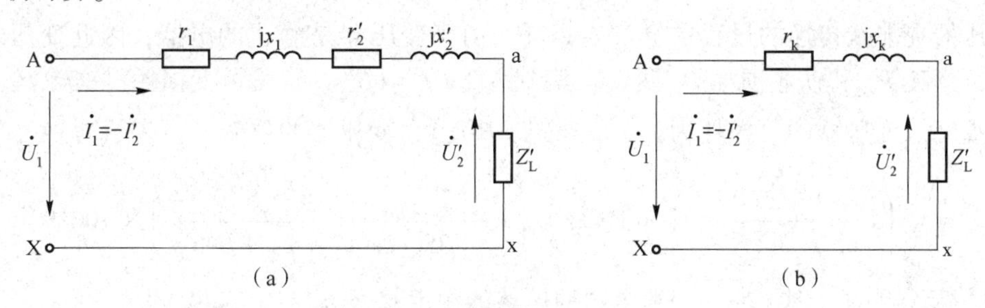

图 3-25　变压器简化等效电路

七、变压器运行特性

（一）电压变化率

当变压器一次绕组接于具有额定电压的电源 $U_1=U_{1N}$，二次绕组开路 $I_2=0$ 时，二次端电压为二次侧额定电压 $U_2=U_{20}=U_{2N}$。变压器带上负载以后，即使保持一次电压不变，由于变压器内阻抗的存在，负载电流 I_2 流过时，必然产生内阻抗压降，引起 U_2 变化，即二次输出电压随负载变化而变化，这种变化程度可用电压变化率来表示。电压变化率是指当一次绕组加额定电压、负载功率因数一定时，变压器空载与负载时的二次端电压的差值与二次额定电压的比值。

$$\Delta U\%=\frac{\Delta U}{U_{2N}}\times 100\%=\frac{U_{20}-U_2}{U_{2N}}\times 100\%=\frac{U_{2N}-U_2}{U_{2N}}\times 100\% \tag{3-24}$$

（二）外特性

实际中，U_{20} 与 U_2 相差很小，所以测量误差将影响 $\Delta U\%$ 的精确度，因此对于三相变压器可用下式进行计算，即

$$\Delta U\%=\beta\left(\frac{I_{1N\varphi}r_{k75^\circ C}\cos\varphi_2+I_{1N\varphi}x_k\sin\varphi_2}{U_{1N\varphi}}\right)100\% \tag{3-25}$$

式中：β 为负载系数，为实际电流与额定电流之比；下脚带有 φ 的电压、电流为相应的相电压、相电流。从式（3-25）中可以看出，电压变化率的大小与 3 个方面有关：

（1）$\Delta U\%$ 与变压器的内阻抗 r_k、x_k 的大小有关；

（2）$\Delta U\%$ 与负载电流 I_2 大小有关，即与 β 成正比；

（3）$\Delta U\%$ 与负载的性质有关，即与负载的功率因数有关。

当负载为电阻性或电感性时，电压变化率 $\Delta U\%>0$，且电阻性负载的电压变化率小于感性负载的电压变化率，当负载为容性时，若 $|r_k\cos\varphi_2|<|x_k\sin\varphi_2|$，使电压变化率 $\Delta U\%<0$，外特性上扬，如图 3-26 所示。

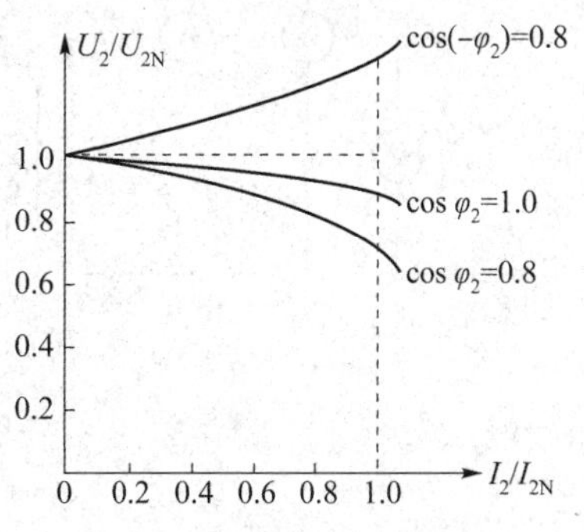

图 3-26　变压器外特性曲线

（三）效率特性

变压器在能量传递的过程中会产生损耗，由于变压器是静止的电器，因此变压器的损耗仅有铜损耗 P_{Cu} 和铁芯损耗 P_{Fe} 两类。其中铜耗 $P_{Cu}=(\beta^2 p_{kN})$ 是可变损耗；铁耗 $P_{Fe}(=p_0)$ 是不变损耗。变压器的总损耗为：$\sum p=p_0+\beta^2 p_{kN}$。变压器的效率 η 可表示为

$$\eta=\left(1-\frac{\sum p}{P_2+\sum p}\right)\times 100\%=\left(1-\frac{p_0+\beta^2 p_{kN}}{\beta S_N\cos\varphi_2+p_0+\beta^2 p_{kN}}\right)\times 100\% \quad (3\text{-}26)$$

电力变压器的效率很高，一般电力变压器的额定效率 $\eta_N=0.95\sim0.99$。

变压器在负载功率因数为常数的情况下，效率 η 和 β 之间的关系曲线称为变压器的效率特性。从效率特性曲线可以看出，变压器空载时，输出功率为零，效率也是零。负载比较小时，空载损耗 p_0 占输入功率的比例较大，η 较低。随着负载增加，P_{Cu} 增加，但此时 β 较小，P_{Cu} 较小，P_{Fe} 相对较大，因此，总损耗虽然随 β 增大而增加，但是没有 P 增加得快，所以，η 是随负载增大而增大的。当 P_{Cu} 增加到与 P_{Fe} 近似相等时，η 达到最大值，此时的负载系数称为 β_m。当 $\beta>\beta_m$ 后，P_{Cu} 成为总损耗中的主要部分，且与电流的平方成正比，快速增加。因此，随 β 的增大反而减小，如图 3-27 所示。

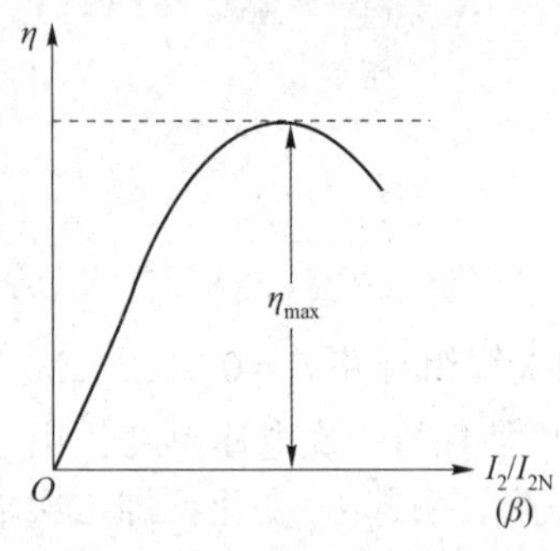

图 3-27　变压器效率特性

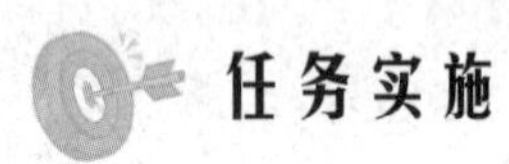

任务实施

变压器参数测定

1. 实训目的

（1）测定变压器等效电路参数。

（2）加深对等效电路及其参数的理解。

2. 实训内容

1）空载实验

空载实验可在高、低压任何一边加压进行，但为了便于测量和安全起见，常在低压边加压，高压边开路。实验接线如图 3-28 所示。数据记录于表 3-2 中。

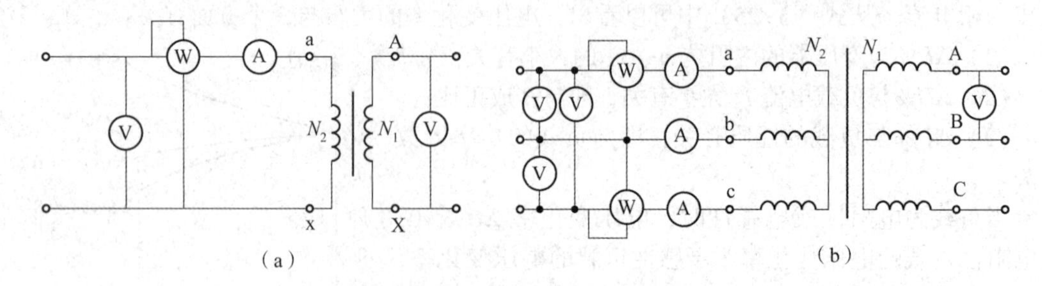

图 3-28　变压器空载实验接线

（a）单相变压器；（b）三相变压器

表 3-2　空载实验数据采集表

序号	U_0	U_N	I_0	p_0	k	R_m	X_m
1							
2							

空载实验无论在哪侧（高压侧或低压侧）做，计算的结果都是一样的。但要注意一点，在低压侧加电压做空载实验时，求得的励磁参数为低压侧的数值，如果需要高压侧的参数，应进行折算，即各计算值应乘以 k^2。对于三相变压器，由于励磁参数是指每一相的，故在计算时应根据变压器绕组接法，将线电压、线电流和三相功率换算成相电压、相电流和单相功率，再进行计算。

2）短路实验

短路实验可在任意一侧加压进行，但因短路电流较大，所以加压很低，因此一般在高压侧加压，低压侧用导线短接。实验接线如图 3-29 所示。数据记录于表 3-3 中。

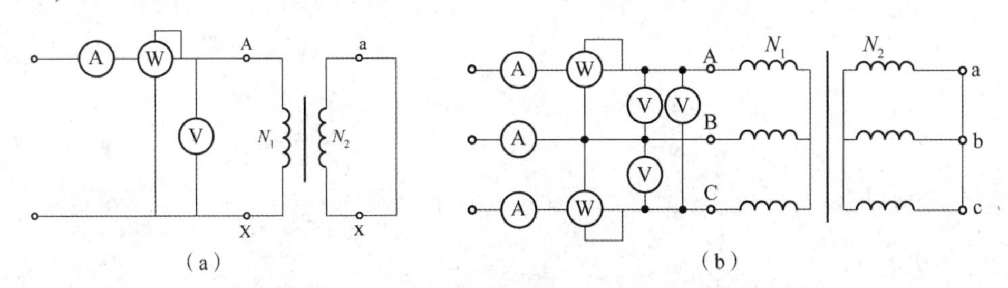

图 3-29　变压器短路实验接线

（a）单相变压器；（b）三相变压器

表 3-3　短路实验数据采集表

序号	U_{kN}	I_{kN}	P_{kN}	R_k	X_k	R_k（75 ℃）
1						
2						

3. 思考题

（1）根据所测量数据按等效电路模型计算各参数。

（2）为什么要将短路电阻折算到 75 ℃时的值？

知识与技能拓展

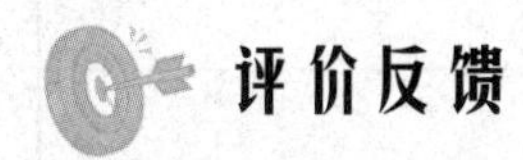

评价反馈

<table>
<tr><th colspan="8">自我评价（40%）</th></tr>
<tr><td colspan="2">项目名称</td><td colspan="2"></td><td colspan="2">任务名称</td><td colspan="2"></td></tr>
<tr><td colspan="2">班级</td><td colspan="2"></td><td colspan="2">日期</td><td colspan="2"></td></tr>
<tr><td>学号</td><td></td><td>姓名</td><td></td><td>组号</td><td></td><td>组长</td><td></td></tr>
<tr><th>序号</th><th colspan="5">评价项目</th><th>分值</th><th>得分</th></tr>
<tr><td>1</td><td colspan="5">参与资料查阅</td><td>10 分</td><td></td></tr>
<tr><td>2</td><td colspan="5">参与同组成员间的交流沟通</td><td>10 分</td><td></td></tr>
<tr><td>3</td><td colspan="5">线路连接正确</td><td>15 分</td><td></td></tr>
<tr><td>4</td><td colspan="5">测定交流铁芯线圈等效电路参数</td><td>15 分</td><td></td></tr>
<tr><td>5</td><td colspan="5">参与调试</td><td>15 分</td><td></td></tr>
<tr><td>6</td><td colspan="5">参与汇报</td><td>15 分</td><td></td></tr>
<tr><td>7</td><td colspan="5">7S 管理</td><td>10 分</td><td></td></tr>
<tr><td>8</td><td colspan="5">参与交流区讨论、答疑</td><td>10 分</td><td></td></tr>
<tr><td>总分</td><td colspan="7"></td></tr>
</table>

<table>
<tr><th colspan="8">小组互评（30%）</th></tr>
<tr><td colspan="2">项目名称</td><td colspan="2"></td><td colspan="2">任务名称</td><td colspan="2"></td></tr>
<tr><td colspan="2">班级</td><td colspan="2"></td><td colspan="2">日期</td><td colspan="2"></td></tr>
<tr><td>被评人姓名</td><td></td><td>被评人学号</td><td></td><td>被评人组别</td><td></td><td>评价人姓名</td><td></td></tr>
<tr><th>序号</th><th colspan="5">评价项目</th><th>分值</th><th>得分</th></tr>
<tr><td>1</td><td colspan="5">前期资料准备完备</td><td>10 分</td><td></td></tr>
<tr><td>2</td><td colspan="5">线路连接正确</td><td>20 分</td><td></td></tr>
<tr><td>3</td><td colspan="5">测定变压器等效电路参数</td><td>20 分</td><td></td></tr>
<tr><td>4</td><td colspan="5">心得体会汇总丰富、翔实</td><td>20 分</td><td></td></tr>
<tr><td>5</td><td colspan="5">积极参与讨论、答疑</td><td>20 分</td><td></td></tr>
<tr><td>6</td><td colspan="5">积极对遇到困难的组给予帮助与技术支持</td><td>10 分</td><td></td></tr>
<tr><td>总分</td><td colspan="7"></td></tr>
</table>

<table>
<tr><th colspan="6">教师评价（30%）</th></tr>
<tr><td>项目名称</td><td colspan="3"></td><td>任务名称</td><td></td></tr>
<tr><td>班级</td><td colspan="3"></td><td>日期</td><td></td></tr>
<tr><td>姓名</td><td></td><td>学号</td><td></td><td>组别</td><td></td></tr>
<tr><td colspan="6">教师总体评价意见：</td></tr>
<tr><td>总分</td><td colspan="5"></td></tr>
</table>

项目小结

（1）磁感应强度 B[T] 是磁场的基本物理量，磁通 Φ［Wb］是磁感应强度通量。在均匀磁场中，与磁场方向垂直的平面 A 的磁通量为 $\Phi=BA$，故磁感应强度也称为磁通密度。

（2）磁场强度 H[A/m] 是辅助物理量，只与产生磁场的电流有关，与介质无关。它与磁感应强度的关系为 $B=\mu H$。

（3）磁导率 μ[H/m] 是衡量物质导磁性能的物理量。真空磁导率为 $\mu_0=4\pi\times10^{7}$ H/m。

（4）磁通连续性原理：磁场中任一闭合面的总磁通恒等于零，即穿入某一闭合面的磁通恒等于穿出此面的磁通。

（5）安培环路定律：磁场强度矢量沿任一闭合路径的线积分等于穿过此路径的电流的代数和。

（6）铁磁性物质的磁性特点。

①磁导率比非铁磁性物质大得多。

②存在磁饱和现象，B-H 曲线非线性，磁导率不是常数。

③存在磁滞现象，磁化后脱离外磁场时会有剩磁。

④磁化状态与磁化过程有关，交变磁化时的 B-H 曲线为磁滞回线。连接不同幅值的各条磁滞回线顶点所得曲线称为基本磁化曲线。

（7）磁路定律。

①磁路欧姆定律：磁压降等于磁阻与磁通的乘积，$U_m=R_m\Phi$。其中 R_m 为磁阻。

②磁路的基尔霍夫第一定律：磁路的分支点所连各支路磁通的代数和为零。

③磁路的基尔霍夫第二定律：磁路的任意闭合回路中，各段磁位差的代数和等于各磁通势的代数和。

（8）交流铁芯线圈。

①交流铁芯线圈是非线性器件，它的线圈电阻和漏磁通引起的电压相对主磁通感应电动势而言是很小的，当忽略它们时，外加电压近似等于主磁通感应电动势。当电压为正弦波时，主磁通也为正弦波，由于磁饱和的影响，电流为尖顶的非正弦波。此电流仅用来产生磁通，称为磁化电流。

②磁滞和涡流的影响使铁芯线圈产生损耗（铁损），使电流增加了一个有功分量。有功分量与磁化电流之和为励磁电流。

（9）变压器是静止的交流电气设备，根据电磁感应原理，利用不同的变压比，可以实现变压、变流和阻抗变换的功能。

（10）变压器的主要结构是铁芯和绕组，分别对应变压器的磁路和电路。

（11）变压器的额定值是指制造厂按照国家标准，为保障变压器在其设计时限内可靠并性能优良地工作，而对相关参数所做的限额规定。

（12）铁芯既是变压器的主磁路，也是套装绕组的机械骨架，起支撑和固定绕组的作用。

（13）空载电流 i_0 近似为一个纯感性的电流，它有两个作用：一是建立空载运行时的磁通，二是供给变压器空载运行时所必需的有功功率损耗。

（14）空载运行时的主磁通 Φ 仅由一次绕组的励磁电流产生。当负载为电阻性或电感性时，电压变化率 $\Delta U\%>0$，且电阻性负载的电压变化率小于感性负载的电压变化率，当负载为容性时，若 $|r_k \cos\varphi_2|<|x_k \sin\varphi_2|$；使电压变化率 $\Delta U\%<0$。

（15）当 P_{Cu} 增加到与 P_{Fe} 近似相等时，η 达到最大值，此时的负载系数称为 β_m。

（16）电力变压器通过空载实验和短路实验来计算其励磁参数和短路参数。

（17）空载损耗近似为铁耗，短路损耗近似为铜耗。

（18）空载参数计算应取空载电压为额定电压时对应的空载电流和空载损耗；短路参数计算应取短路电流为额定电流时对应的短路电压和短路损耗。若是三相变压器，则需换算为单相值。

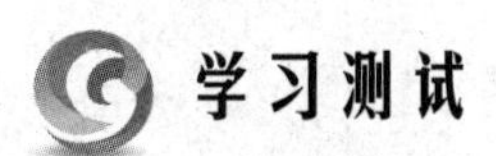

学习测试

一、填空题

(1) 变压器空载运行时，空载电流就是____________。

(2) 变压器主磁通起____________作用，漏磁通起____________作用。

(3) 在磁路中与电路中的电势源作用相同的物理量是____________。

(4) 电机和变压器常用的铁芯材料为____________。

(5) 将一台原设计频率为 50 Hz 的变压器接到 60 Hz 的电网上运行，额定电压不变。励磁电流将____________，铁耗将____________。

二、选择题

(1) 在单相变压器中，高压绕组的匝电动势（　　）。

A. 大于低压绕组的匝电动势

B. 等于低压绕组的匝电动势

C. 小于低压绕组的匝电动势

(2) 变压器负载运行时，效率随着负载系数变化，获得最大效率时有（　　）。

A. 铁耗比铜耗大得多

B. 铁耗比铜耗小得多

C. 铁耗等于铜耗

三、判断题

(1) 变压器能直接改变直流电的电压等级来传送直流电能。（　　）

(2) 当负载为容性时，电压变化率 $\Delta U\%<0$。（　　）

(3) 空载损耗近似为铁耗，短路损耗近似为铜耗。（　　）

四、简答题

(1) 磁滞回线是由于什么原因而形成的？剩磁和矫顽力位于磁滞回线上的什么位置？它们的大小说明了什么？

(2) 为什么空心线圈的电感是常数，而铁芯线圈的电感不是常数？铁芯线圈的铁芯在达到磁饱和以及未达到磁饱和时，哪个电感大？

项目四

卷帘门控系统中正/反转运动电路的设计

项目引入

卷帘门在生产企业或者车间几乎都是标配。卷帘门有很好的防火防盗功能，安全性能高，而且很多食品和医药行业仓库也都是使用卷帘门来隔离的，可见卷帘门在安全方面确实很到位。卷帘门适用于商业门面、车库、商场、医院、厂矿企业等公共场所或住宅。图4-1所示为卷帘门实物图。

卷帘门是如何实现开关门的呢？

图4-1　卷帘门

项目分析

项目四知识图谱如图 4-2 所示。

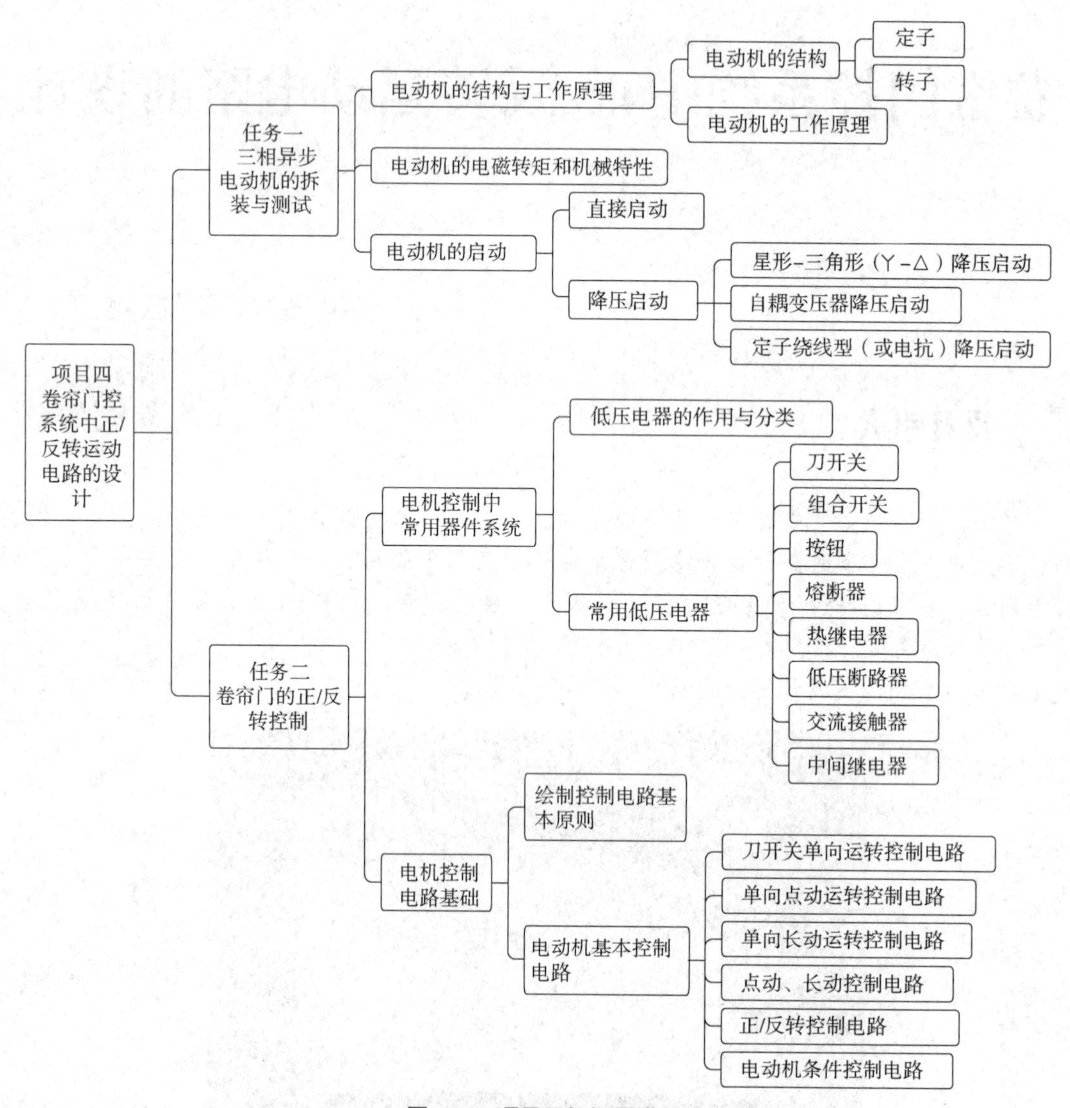

图 4-2　项目四知识图谱

卷帘门的基本工作原理：当门扇要完成一次开门与关门，其工作流程为感应探测器探测到有人进入时，将脉冲信号传给主控器，主控器判断后通知电动机运行，同时监控电动机转数，以便通知电动机在某一时间加力和进入慢行运行。电动机得到一定运行电流后做正向运行，将动力传给同步带，再由同步带将动力传给吊具系统使门扇开启；门扇开启后由主控器做出判断，如需关门，通知电动机做反向运动，关闭门扇。

本项目首先通过电动机相关知识的学习，完成电动机拆装及测试，了解电动机工作原

理，再完成卷帘门控系统中正/反转电路的设计与线路的连接并进行验证。实施过程中，合理选择相应的硬件，注意在实施前进行电路仿真以及软件操作的使用方法。

一、项目要求

（1）掌握电工基本常识与操作，并能够熟练使用万用表、兆欧表。

（2）熟练使用数控机床电路仿真软件对电路进行设计仿真的调试。

（3）通过对三相异步电动机点动、连续、正/反转控制电路的安装接线，掌握由电气原理图接成实际操作电路的方法。

二、电路原理图

卷帘门控系统对门的开启与关闭控制现象可用电动机的正/反转电路的工作原理来完成。其中电动机正/反转电路由主电路和控制回路组成。为防止主电路短路，控制电路必须采用联锁控制。其工作过程为：合上低压断路器，按开门启动按钮 SB2，正转控制回路接通。接触器 KM1 的绕组通电，主触头闭合，主电路接通，电动机正转，实现开门控制。按关门启动按钮 SB3，反转控制回路接通。接触器 KM2 的绕组通电，主触头闭合，主电路接通，电动机反转，实现关门控制。按下停止按钮 SB1，电动机停止转动，暂停工作。卷帘门控系统正/反转电路原理图如图 4-3 所示。

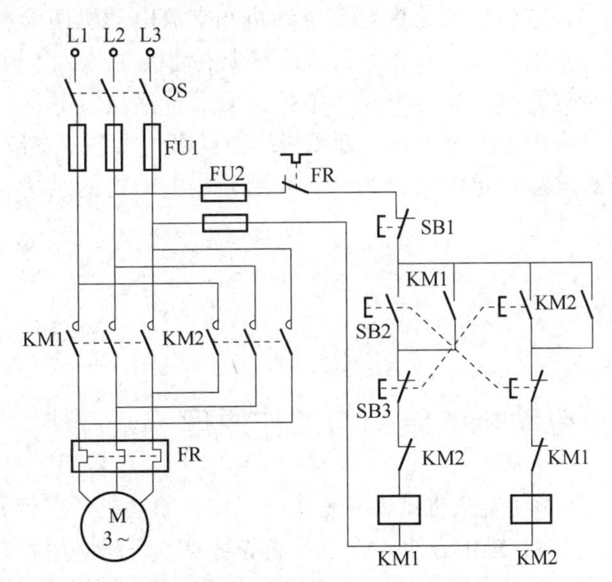

图 4-3 卷帘门控系统正/反转电路原理图

任务一　三相异步电动机的拆装与测试

学习目标

知识目标	能力目标	职业素养目标
1. 了解三相异步电动机的基本结构和工作原理 2. 理解三相异步电动机的转矩特性、机械特性和铭牌数据的意义 3. 掌握三相异步电动机启动和反转的方法，了解调速和制动的方法	1. 能够了解电动机的基本结构和工作原理 2. 会在电路的设计中选择合理的电动机 3. 会分析电动机的启动电路	1. 强调规范意识，培养精益求精的工匠精神 2. 通过规范行为养成习惯，锻炼表达能力、培养逻辑分析能力

参考学时：6~8 学时。

任务引入

电动机可以将电能转换为机械能，是工农业生产中应用最广泛的动力机械。按电动机所耗用电能种类的不同，电动机可分为直流电动机和交流电动机两大类，而交流电动机又可分为同步电动机和异步电动机。本任务只讨论异步电动机。

异步电动机具有结构简单、运行可靠、维护方便及价格便宜等优点。在电力拖动系统中，异步电动机被广泛应用于各种机床、起重机、鼓风机、水泵、皮带运输机等设备中。

本任务主要以三相笼型异步电动机为例，介绍异步电动机的结构、工作原理、特性及使用方法。

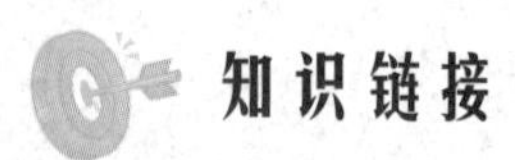

知识链接

一、三相异步电动机的结构与工作原理

三相异步电动机用来拖动生产机械，它是生产机械的原动机。三相异步电动机具有结构简单、价格低廉、运行可靠、维护方便、效率较高等特点，广泛应用在各种工业生产、农业机械化、交通运输、国防工业等领域的电力拖动装置中。但三相异步电动机也有不足之处，最主要的是不能经济地实现范围较广地平滑调速，必须从电网吸取滞后的无功励磁电流，使电网的功率因数降低。但一般的生产机械并不要求大范围地平滑调速，而电网的功率因数又可采取其他办法补偿。现在广泛采用的变频电源装置，使三相异步电动机的应用更加广泛。

此处先叙述三相异步电动机的基本结构、转动原理、旋转磁场和机械特性，再分析三相异步电动机针对不同场合的铭牌选择以及启动、反转、调速和制动的原理和方法。

（一）三相异步电动机的结构

电动机的基本结构

三相异步电动机的种类很多，按电动机转子绕组的结构形式不同，可分为笼型（即鼠笼型）和绕线型两类，而笼型转子又可分为单笼型（即普通的笼型）、双笼型和深槽型等；按电动机外壳的防护形式不同，可分为开启式、防护式、封闭式和全封闭式等，如图 4-4 所示；按电动机的冷却方式不同，可分为自冷式、自扇冷式、他扇冷式和管道通风式等。

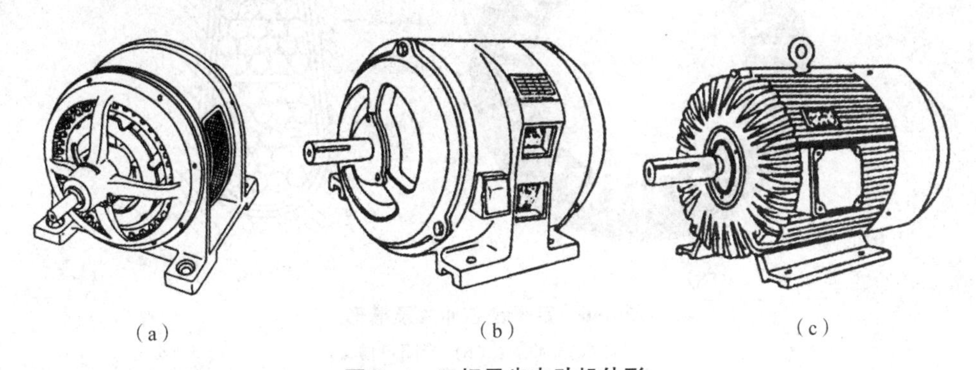

图 4-4　三相异步电动机外形

（a）开启式（IP11）；（b）防护式（IP22）；（c）封闭式（IP44）

三相异步电动机由两个基本部分组成，即定子和转子，其结构如图 4-5 所示。定子、转子之间为气隙。三相异步电动机的气隙比其他类型的电动机小很多，一般为 0.25～2.0 mm。气隙的大小对异步电动机的性能影响很大。

电动机

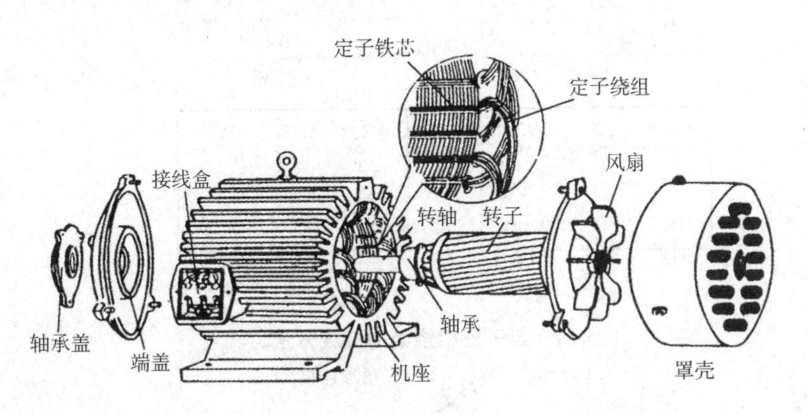

图 4-5　封闭式三相笼型异步电动机的组成

1. 定子

定子是指电动机中静止不动的部分，由机座、定子铁芯和定子绕组三部分组成。

定子铁芯一般由厚 0.5 mm 的硅钢片冲片叠压而成，它是电动机磁路的一部分，其上嵌有定子绕组。冲片表面涂有绝缘漆或具有氧化膜的绝缘层，作为冲片间绝缘，以减小涡流损耗。定子铁芯的内圆冲有均匀分布的槽，用以嵌放定子绕组，如图 4-6 所示。目前我国生产的 100 kW 以下的 Y 系列小型异步电动机均采用半闭口槽。

三相异步电动机的定子绕组是三相对称绕组，由 3 个完全相同的绕组组成。小型三相异步电动机的定子绕组通常用高强度的漆包线绕制成各种线圈，然后再嵌放在定子铁芯槽内，它可以是单层的，也可以是双层的，如图 4-7（b）所示。定子三相绕组的 6 个出线端 U1、U2、V1、V2、W1、W2 引到电动机机座的接线盒内，可根据需要将三相绕组接成星形或三角形接法。图 4-7 所示为三相绕组接法及三相异步电动机接线盒内绕组连接示意图。

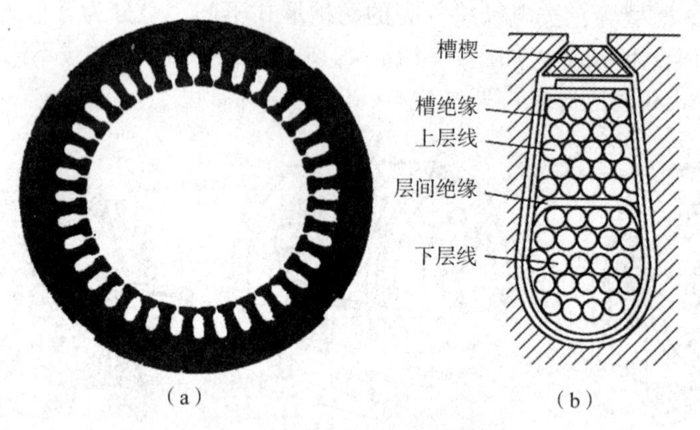

图 4-6　定子铁芯冲片及槽形

（a）定子冲片；（b）半闭口槽

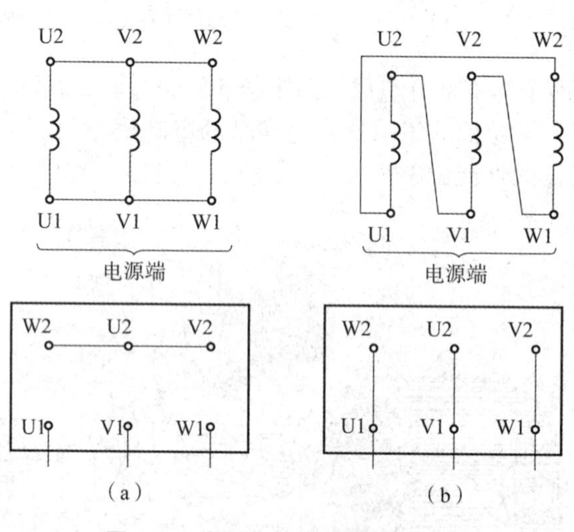

图 4-7　定子三相绕组的接线方法

（a）星形连接；（b）三角形连接

三相异步电动机的机座通常用铸铁铸造而成，主要用来固定定子铁芯和定子绕组，同时通过两个端盖支承转子，起保护整台电动机电磁部分的作用。封闭式电动机的机座外面有散热筋，以增加散热面积；防护式和开启式电动机的机座开有通风孔，使电动机内外的空气可直接对流，以利于散热。

2. 转子

转子是电动机的旋转部分，由转子铁芯、转子绕组和转轴等部件组成。

转子铁芯的作用和定子铁芯相同，既作为电动机磁路的一部分，又用来安放转子绕组。转子铁芯也是用 0.5 mm 厚的硅钢片冲片叠压而成，固定在转轴上，转轴可机械负载，外圆表面冲有转子槽孔，用来嵌放转子绕组，如图 4-8 所示。

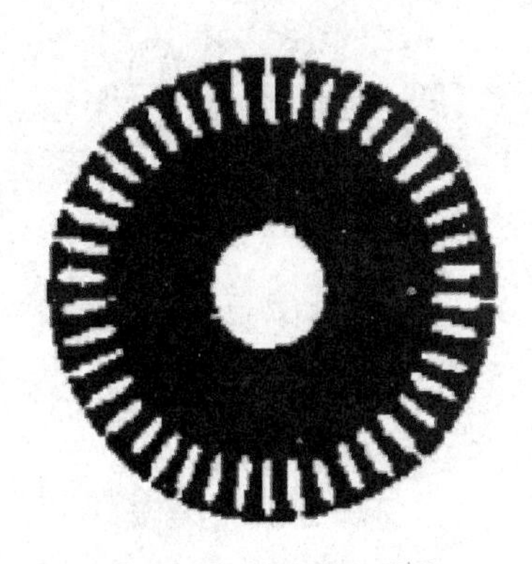

图 4-8　转子铁芯冲片

三相异步电动机的转子绕组分为笼型和绕线型两种。笼型转子绕组有的在转子铁芯的每个槽中插入一根铜条（称为导条），铜条两端各用一个铜环（称为端环或短路环）焊接，此称为铜条转子。绕组的形状像个笼子，故称为笼型转子，如图 4-9（a）和图 4-9（b）所示。为了简化制造工艺，也常用铸铝方法把转子导条和端环、风扇叶片用铝液一次浇铸而成，称为铸铝转子，如图 4-9（c）和图 4-9（d）所示。

绕线转子如图 4-10 所示。绕线转子绕组与定子绕组一样，也是三相对称绕组，它的极对数与定子绕组的相同。绕线转子绕组一般都接成星形，3 根引出线分别接到转轴上 3 个彼此绝缘的铜质滑环（集电环）上，通过电刷装置与外电路相连，以便在转子电路中串接变阻器，如图 4-11 所示，以改善电动机的启动和运行性能。

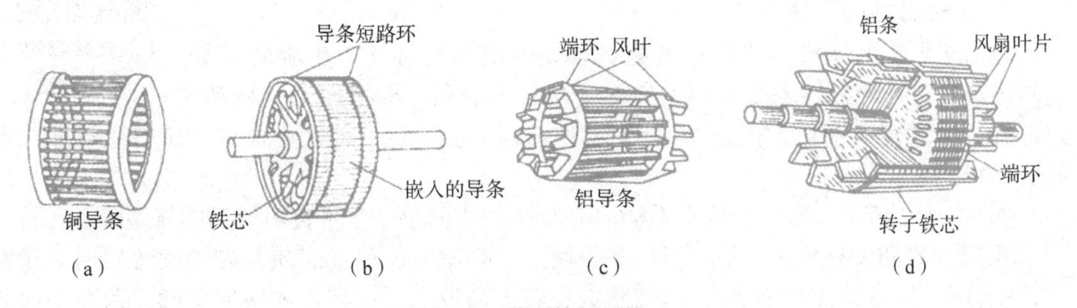

图 4-9　笼型转子结构

（a）铜条转子绕组；（b）铜条转子；（c）铸铝转子绕组；（d）铸铝转子

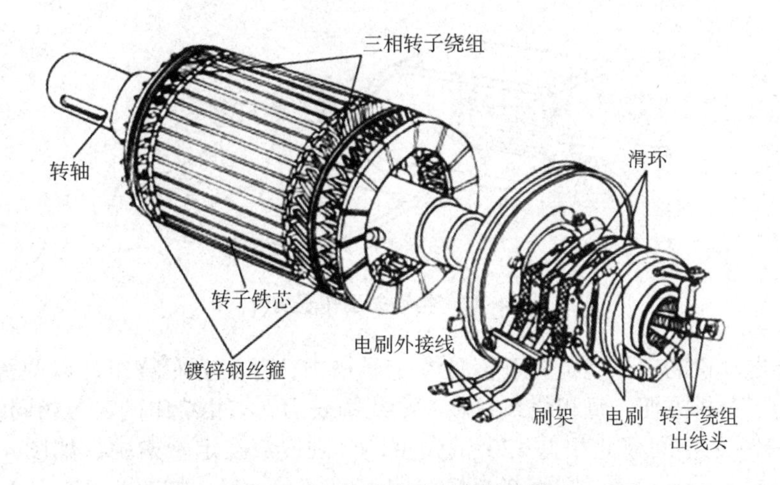

图 4-10　绕线转子和电刷装置

笼型转子因结构简单、制造方便、运行可靠，所以得到广泛应用。而铸铝转子应用更广，100 kW 以下的三相异步电动机一般采用铸铝转子。绕线转子结构较笼型转子复杂，应

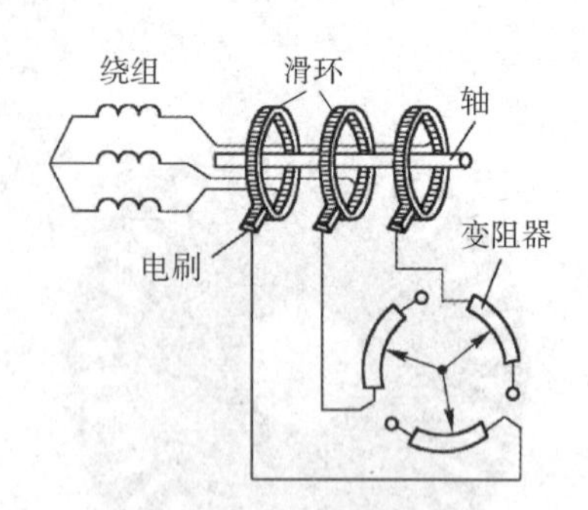

图 4-11　绕线转子与外部变阻器的连接

用不如笼型异步电动机那样广泛。但其启动及调速性能较好，故在要求一定范围内能进行平滑调速的设备如吊车、电梯、空气压缩机等上被采用。转轴用来传递转矩和支承转子重量，一般由中碳钢或合金钢制成。

其他附件包括端盖、风扇等。端盖装在机座的两侧，起防护和支承转子的作用，一般采用铸铁件。在端盖上还装有轴承，通过轴承支承转轴，减小摩擦。另外，还装有轴承端盖，以保护轴承，使轴承内的润滑脂不致溢出。风扇则用来通风冷却。

（二）三相异步电动机的工作原理

定子绕组接入三相交流电源后，定子绕组内形成三相对称电流，在电动机内产生旋转磁场，定子绕组与旋转磁场产生相对运动而切割磁力线，在转子绕组中产生感应电流，两者相互作用产生电磁转矩，使转子旋转。

旋转磁场的产生方法

1. 旋转磁场的产生

在三相异步电动机中实现机电能量转换的前提是必须产生旋转磁场。旋转磁场就是一种极性不变且以一定转速旋转的磁场。根据理论分析和实践证明，在多相对称绕组中流过多相对称电流时，会产生一种大小恒定的旋转磁场即圆形旋转磁场。

如图 4-12 所示，在一个装有手柄的 U 形磁铁中间放一个可自由转动的笼型转子，转子与 U 形磁铁之间没有机械联系。当摇动手柄使 U 形磁铁旋转（实质是磁场旋转）时，笼型转子就会跟着一起旋转。如果 U 形磁铁的旋转方向改变了，转子的转向也随之改变。由此可见，异步电动机的转子要想转动，电动机内部就要有一个旋转磁场，那么异步电动机内部的旋转磁场是如何产生的呢?

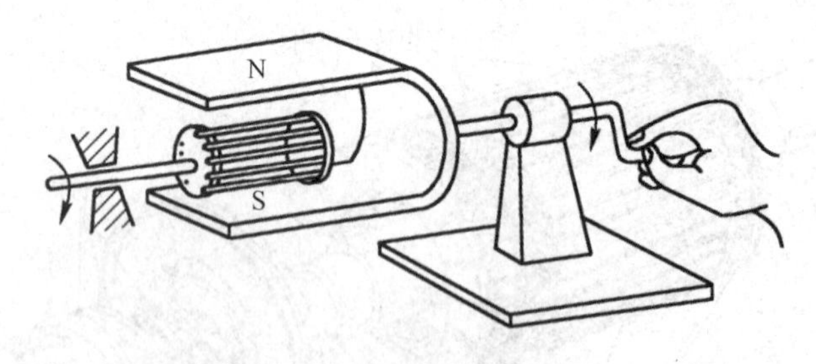

图 4-12　拖动笼型转子旋转

三相异步电动机的定子绕组分开嵌放在定子槽中，称为分布绕组。以两极三相异步电动机为例，为了分析方便，每相绕组只画一个线圈表示，三相绕组的 3 个相同线圈 U1-U2、V1-V2、W1-W2 在空间彼此相差 120°的角度，分别嵌放在定子槽中，如图 4-13（a）所示。如将绕组接成星形连接，则将 3 个绕组的末端接在一起，如图 4-13（b）所示。当三相对称绕组中接入三相对称电源时，定子绕组中便有三相对称电流流过

$$I_U = I_m \sin \omega t \tag{4-1}$$

$$I_V = I_m \sin(\omega t - 120°) \tag{4-2}$$

$$I_W = I_m \sin(\omega t + 120°) \tag{4-3}$$

其波形如图 4-13（c）所示。电流通过绕组时，在绕组周围就会产生磁场，由每相绕组在同一时刻各自产生的磁场叠加可得到三相绕组的合成磁场。

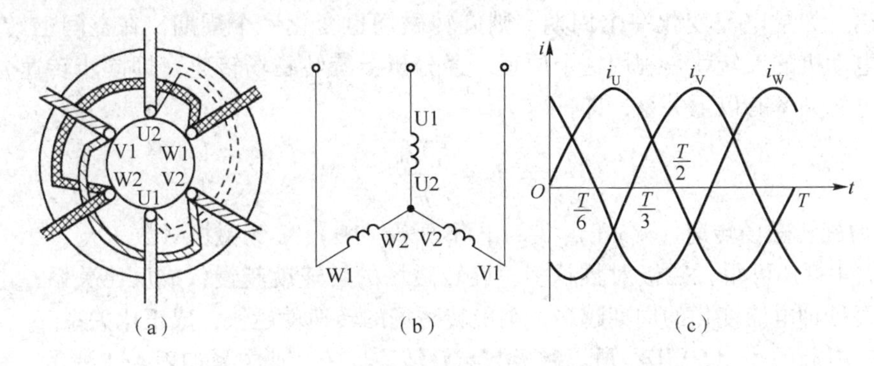

图 4-13　定子三相绕组及三相对称电流

（a）绕组连接示意；（b）绕组星形连接；（c）三相对称电流波形

由图 4-13 可以看出，如果将电流 i_U 通入 U 相绕组、i_V 通入 V 相绕组、i_W 通入 W 相绕组，不同时刻产生的合成磁场的轴线在空间转动，即在电动机的气隙中产生了旋转磁场。绕组按 U1—W2—V1—U2—Wl—V2 排列形成一个循环，则产生一对磁极。如果要增加磁极数，只要在圆周上增加绕组排列循环即可。

如果将接到电动机接线端子的三相电源线的任意两根线对调，如将电流 i_U 通入 U 相绕组，而 i_V 通入 W 相绕组、i_W 通入 V 相绕组，则旋转磁场的转向改变，读者可自行分析。

由于电流随时间而变化，所以电流流过线圈产生的磁场分布情况也随时间而变化。从图 4-14 所示的三相两极旋转磁场可以看出以下几点。

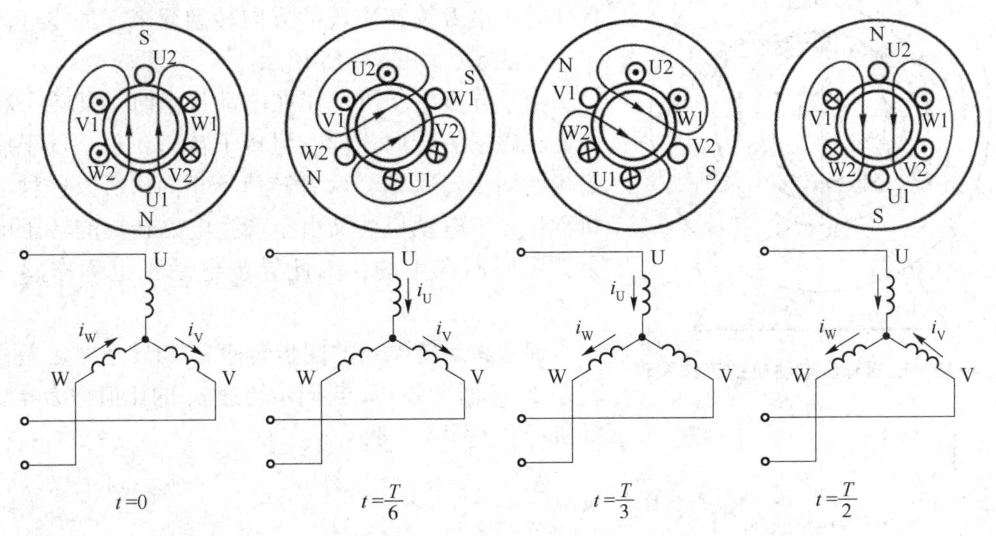

图 4-14　三相两极旋转磁场

（1）当 $t=0$ 时，$i_U=0$，U 相没有电流流过，i_V 为负，表示电流由末端流向首端（即 V2 端为⊗，V1 端为⊙）；i_W 为正，表示电流由首端流入（即 W1 端为⊗，W2 端为⊙）。这时三相电流所产生的合成磁场方向由“右手螺旋定则”判断为竖直向上。

（2）当 $t=1/6T$ 时，i_U 为正，$i_W=0$，i_V 为负，用同样的方式可判得三相合成磁场顺相序方向旋转了 30°。

（3）当 $t=1/3T$ 时，i_U 为正，$i_V=0$，i_W 为负，三相合成磁场顺相序方向又旋转了 30°。由此可推出，如果电流变化一个周期，则旋转磁场也变化一个周期，在空间上转过一周，三相异步电动机的反转就是利用这个原理。经分析，旋转磁场转速（即同步转速）与磁场极对数及电源频率有以下关系，即

$$n_1=\frac{60f_1}{p} \tag{4-4}$$

式中：n_1 为旋转磁场转速（r/min）；f_1 为电源频率（Hz）；p 为磁极对数。

由式（4-4）可得，磁极对数越多，旋转磁场的转速就越慢，成反比关系；电源频率越高，即每秒钟电流变化的周期越多，则旋转磁场的转速就越快，成正比关系。

我国的电源频率为 50 Hz，所以磁极数与旋转磁场的转速关系如表 4-1 所示。

表 4-1　磁极数与同步转速的关系（$f_1=50$ Hz）

磁极数（$2p$）	2	4	6	8	10	12
$n_1/(\mathrm{r}\cdot\mathrm{min}^{-1})$	3 000	1 500	1 000	750	600	500

2. 三相异步电动机的工作原理

当定子三相对称绕组通入三相交流电流时，电动机内部产生一个以同步转速 n_1 旋转的旋转磁场。转子导体与旋转磁场之间产生相对运动，在转子导体中产生感应电动势、感应电流（转子绕组闭合），而有感应电流的转子导体在旋转磁场中将产生电磁力、电磁转矩，克服阻力矩后，促使转子沿着旋转磁场的方向转动起来，最终进入稳定运行状态，如图 4-15 所示。

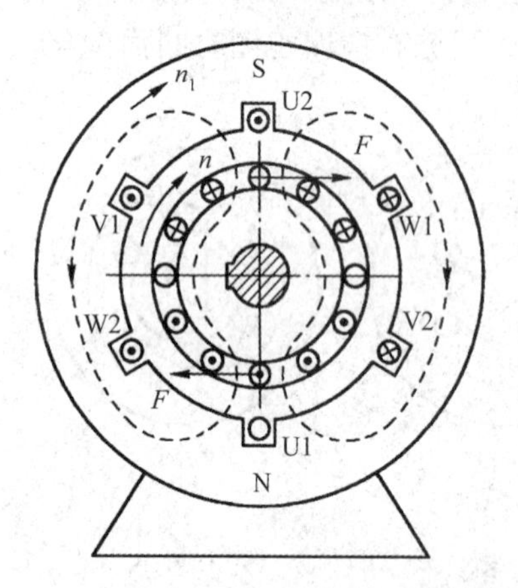

图 4-15　三相异步电动机的工作原理

由于异步电动机工作在电动状态时，其转子转向与旋转磁场的转向相同，但转子转速 n 总是低于旋转磁场的同步转速 n_1，两者转速不相同，所以这种电动机称作异步电动机。又由于产生电磁转矩的转子电流是靠感应而产生的，因此异步电动机也称作感应电动机。

通常将旋转磁场的同步转速 n_1 与转速 n 之差称为转差 Δn，而转差 Δn 与同步转速 n_1 的比值称为异步电动机的转差率 s，即

$$s=\frac{\Delta n}{n_1}=\frac{n_1-n}{n_1} \tag{4-5}$$

转子转速为

$$n=n_1(1-s) \tag{4-6}$$

异步电动机运行时，$0\leqslant n<n_1$，故有 $0<s\leqslant 1$。由于转速 n 随着负载的变化而变化，所以转差率 s 也随着负载的变化而变化。异步电动机带额定负载运行时，一般 n 略低于 n_1，其

额定转差率 $s_N=0.02\sim0.06$，这时 $n=(0.94\sim0.98)n_1$。

例 4-1　一台额定转速为 1 450 r/min 的三相异步电动机，求额定转差率。

解：因为 $s_N=0.01\sim0.06$，所以该电动机为 4 极电机，旋转磁场转速为 1 500 r/min。

$$s_N=(n_1-n_N)/n_1=(1\,500-1\,450)/1\,500=0.033$$

二、三相异步电动机的电磁转矩和机械特性

（一）三相异步电动机的电磁转矩

三相异步电动机在运行时，有感应电流的转子导体在旋转磁场中产生电磁力、电磁转矩，克服阻力矩后，促使转子沿着旋转磁场的方向转动起来。通过分析可得电磁转矩 T 的物理表达式为

$$T=C_T\Phi_m I_2\cos\varphi_2 \tag{4-7}$$

式中：C_T为与电动机结构有关的常数；$\cos\varphi_2$为转子回路的功率因数。

式（4-7）表明，三相异步电动机的电磁转矩 T 与主磁通 Φ_m 成正比，与转子电流 I_2 的有功分量 $I_2\cos\varphi_2$成正比。进一步分析，可得电磁转矩 T 的参数表达式为

$$T=K_T\frac{sR_2U_1^2}{R_2^2(sX_{20})^2} \tag{4-8}$$

式中：K_T为常数；R_2为电动机转子绕组的每相电阻；X_{20}为电动机转子静止时的等效电抗；U_1为电动机定子绕组的相电压。

式（4-8）表明，当三相异步电动机的参数一定时，$T\propto U_1$，所以电源电压的波动对电动机的影响很大。另外，电磁转矩还受转子电阻 R_2的影响。

（二）三相异步电动机的固有机械特性

三相异步电动机的固有机械特性是指电动机在额定电压和额定频率下，按规定的接线方式接线，定子和转子电路不外接电阻或电抗时的机械特性。当电机处于电动机运行状态时，其固有机械特性如图 4-16 所示。

为了描述机械特性的特点，下面对固有机械特性上的几个特殊点进行说明。

1）启动点 A

电动机接通电源开始启动瞬间，其工作点位于 A 点，此时 $n=0$，$s=1$，$T_{em}=T_{st}$，定子电流 $I_1=I_{st}=(4\sim7)I_N$（I_N为额定电流）。

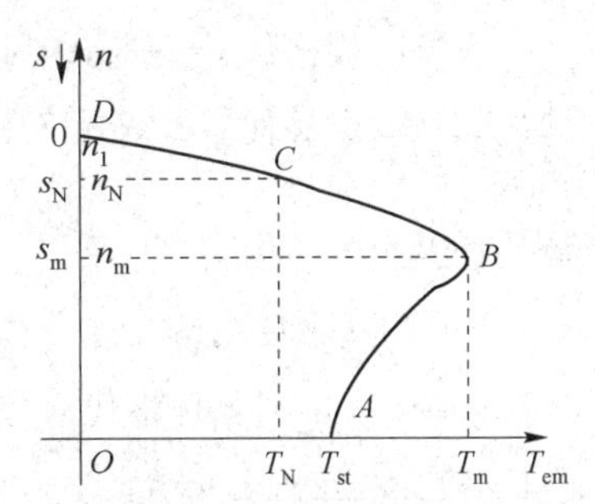

图 4-16　三相异步电动机的固有机械特性

2）最大转矩点 B

B 点是机械特性曲线中线性段（D—B）与非线性段（B—A）的分界点，此时：$s=s_m$，$T_{em}=T_m$。通常情况下，电动机在线性段上工作时是稳定的，而在非线性段上工作时是不稳定的，所以 B 点也是电动机稳定运行的临界点，临界转差率 s_m 也由

此而得名。

3）额定运行点 C

电动机额定运行时，工作点位于 C 点，此时 $n=n_N$，$s=s_N$，$T_{em}=T_N$，$I_1=I_N$。额定运行时转差率很小，一般 $s_N=0.01\sim0.06$，所以电动机的额定转速 n_N 略小于同步转速 n_1，这也说明了固有特性的线性段为硬特性。

4）同步转速点 D

D 点是电动机的理想空载点，即转子转速达到了同步转速，此时 $n=n_1$，$s=0$，$T_{em}=0$，转子电流 $I_2=0$，显然，如果没有外界转矩的作用，异步电动机本身不可能达到同步转速点。

三、三相异步电动机的铭牌与选择

1. 三相异步电动机的铭牌

每一台三相异步电动机，在其机座上都有一块铭牌，铭牌上标注有型号、额定值等，如表 4-2 所示。

表 4-2　三相异步电动机的铭牌

<table>
<tr><td colspan="4">三相异步电动机</td></tr>
<tr><td colspan="2">型号　Y112M-2</td><td colspan="2">编号××××</td></tr>
<tr><td colspan="2">4 kW</td><td colspan="2">8.2 A</td></tr>
<tr><td>380 V</td><td>2 890 r/min</td><td colspan="2">LW　79 dB（A）</td></tr>
<tr><td>接法△</td><td>防护等级 IP44</td><td>50 Hz</td><td>××kg</td></tr>
<tr><td>ZBK 2007-88</td><td>工作制 S1</td><td>B 级绝缘</td><td>××年××月</td></tr>
<tr><td colspan="4">××电机厂</td></tr>
</table>

1）型号

三相异步电动机的型号一般由汉语拼音的大写字母和阿拉伯数字组成，表示电动机的种类、规格和用途等，下面举例说明。

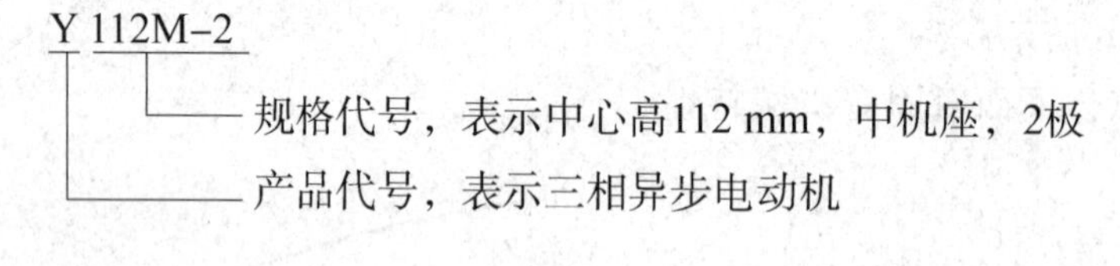

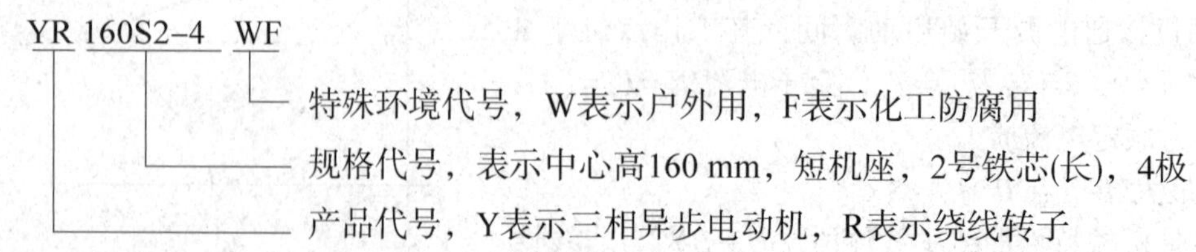

三相异步电动机的中心高越大，电动机容量越大。中心高范围为 80~315 mm 的为小型电动机，315~630 mm 的为中型电动机，630 mm 以上的为大型电动机。在同样的中心高下，机座长，则容量大，机座长度用 S、M、L 分别表示短、中、长机座。铁芯长度按由短至长顺序用数字 1、2、3、…表示。

2）额定值

额定值规定了电动机的正常运行状态和条件，它是选用、安装和维修电动机时的依据。三相异步电动机铭牌上标注的主要额定值有以下几个。

（1）额定功率 P_N：指电动机在额定运行时，轴上输出的机械功率（单位为 kW）。

（2）额定电压 U_N：指电动机在额定运行时，加在定子绕组出线端的线电压（单位为 V）。

（3）额定电流 I_N：指电动机在额定运行时，定子绕组中的线电流（单位为 A），也就是电动机长期运行时所允许的定子的线电流。

三相异步电动机的额定功率与其他额定数据之间有以下关系，即

$$P_N = \sqrt{3} U_N I_N \cos \varphi_N \eta_N \tag{4-9}$$

式中：$\cos \varphi_N$ 为额定功率因数；η_N 为额定效率。

（4）额定频率 f_N：指电动机在额定运行时所接的交流电源频率。我国电力网的频率（即工频）规定为 50 Hz。

（5）额定转速 n_N：指电动机在额定运行时的转子转速（单位为 r/min）。

通过铭牌数据，可以求得额定转矩为

$$P_N = 9\ 550 \frac{U_N}{n_N} \tag{4-10}$$

此外，铭牌上还标明了绕组接法、绝缘等级及工作制等。对于三相绕线转子异步电动机，还标明转子绕组的额定电压（指定子加额定频率的额定电压，转子绕组开路时集电环间的电压）和转子的额定电流，以作为配用启动变阻器等的依据。

2. 三相异步电动机的选择

（1）功率（即容量）的选择：电动机功率的选择，由生产机械所需的功率决定。功率选得过大，会造成“大马拉小车”，虽能正常运行，但不经济；功率选得过小，不能保证电动机和生产机械正常工作，长期过载运行，将使电动机烧坏而造成严重事故。

从发热角度将电动机分为连续工作、短时工作和断续工作 3 种方式。制造厂家按此 3 种不同的发热情况规定出电动机的额定功率和额定电流。同时还要考虑生产机械的机械负载情况，从过载能力及启动性能等要求来选择电动机的功率。

（2）结构形式的选择：为防止电动机被周围介质所损坏，或因其本身的故障引起灾害，必须根据具体的环境选择适当的防护形式。电动机常见防护形式有开启式（适用于干燥清洁环境）、防护式（适用于较干燥、灰尘少、无腐蚀、无爆炸性气体场合）、封闭式（适用于多尘、水土飞溅场合）和防爆式（适用于易燃易爆的危险场合）4 种。有的还需考虑是否适应于特殊环境（如高原、户外、湿热等）。

（3）类型的选择：选择电动机的类型可根据电源类型、机械特性、调速与启动特性、维护及价格等方面来考虑。

（4）电压的选择：电压的选择要根据电动机类型、功率及使用地点的电源电压来决定。大容量的电动机（大于 100 kW）在允许条件下一般选用 3 000 V 或 6 000 V 高压电动机，小容量的 Y 系列笼型电动机电压只有 380 V 一个电压等级。

（5）转速的选择：电动机的额定转速取决于生产机械的要求和传动机构的变速比。额定功率一定时，转速越高，则体积越小，价格越低，但需要变速比大的传动减速机构就越

复杂。因此，必须综合考虑电动机和机械传动等方面的因素。

例 4-2　一台 Y160M2-2 三相异步电动机的额定数据为：$P_N=15$ kW，$U_N=380$ V，$n_N=2\,930$ r/min，$\cos\varphi_N=0.88$，$\eta_N=88.2\%$，定子绕组为△接法。试求该电动机的额定电流、额定相电流和额定转矩。

解：该电动机的额定电流为

$$I_N=\frac{P_N}{\sqrt{3}U_N\eta_N\cos\varphi_N}=\frac{15\,000}{\sqrt{3}\times380\times0.88\times0.882}=29.4\ (\text{A})$$

额定相电流为

$$I_{N\varphi}=\frac{I_N}{\sqrt{3}}=\frac{29.4}{\sqrt{3}}\approx17\ (\text{A})$$

额定转矩为

$$T_N=9\,550\frac{P_N}{n_N}=9\,550\times\frac{15}{2\,930}=48.89\ (\text{N}\cdot\text{m})$$

从例 4-2 可以看出，$I_N\approx2P_N$，这也是额定电压为 380 V 的三相异步电动机的一般规律。今后在实际中，可以对三相异步电动机的额定电流进行粗略估算，即每 kW 按 2 A 电流估算。

四、三相异步电动机的启动

三相异步电动机的启动

电动机接通电源后开始转动，转速从 $n=0$ 不断升高直至达到稳定转速的过程称为启动过程。电动机在刚接通电源的瞬间，转子处于静止状态，而旋转磁场立即以同步转速旋转，它们之间的相对转速相差很大，此时在转子绕组中产生很大的感应电流，定子绕组中电流也将相应增大，我们将启动时定子的电流称为启动电流 I_{st}，一般中小型三相异步电动机的启动电流为额定电流的 5~7 倍，随着转速的上升，启动电流会迅速减小。电动机启动时间较短，尽管启动电流很大，也不会出现电动机本身过热的现象，因此，对容量不大且不频繁启动的电动机影响不大，如果连续频繁启动，由于热量的积累，可能会使电动机过热，甚至烧坏电动机，启动时过大的启动电流在短时间内会在线路上造成较大的电压降，则负载端的电压降低较大，使接在同一线路上的其他负载不能正常工作，因此必须采取必要措施限制启动电流。

通常采用的启动方法有以下几种。

1. 直接启动（全压启动）

直接启动就是利用开关或接触器将电动机的定子绕组直接接到具有额定电压的电网上，也称为全压启动。这种启动方法的优点是操作简便，启动设备简单，但也存在一些问题，直接启动的异步电动机要受到供电变压电器的限制，当电动机由单独的变压器供电时，电动机的容量不超过变压器容量的 20%，对于不经常启动的电动机可以放宽到 30%，以电动机启动时电源压降能不超过额定电压的 5%为原则。

2. 降压启动

电动机启动时，降低加在电动机定子绕组上的电压，从而减小启动电流，待启动结束时传差率再恢复到额定电压运行。降压启动可使启动转矩明显减小，所以降压启动一般用于三相笼型异步电动机在轻载或空载下启动，以及对启动转矩要求不高的生产机械负载笼

型异步电动机。常用的降压启动方法有星形-三角形降压启动、自耦变压器降压启动及定子绕线型（或电抗）降压启动。

1）星形-三角形（Y-△）降压启动

这种启动方法只适用于定子绕组在正常工作时为三角形（△）接法的三相笼型异步电动机。电动机定子绕组的6个端头都引出来接到转换开关QS2上，如图4-17所示。启动时，将定子绕组接成星形（Y）接法，使相电压降为额定电压的$1/\sqrt{3}$，待转速上升到额定转速的75%~85%时，再将定子绕组换接成三角形（△）接法，使电动机在额定电压下正常运行。

由于电动机在Y接法启动时绕组相电压降为△接法启动时绕组相电压的$1/\sqrt{3}$，因此绕组相电流也降为$1/\sqrt{3}$，则有

$$I_{stY}=I_{stY\varphi}=\frac{I_{stY\varphi}}{\sqrt{3}}=\frac{1}{\sqrt{3}}\times\frac{I_{st\triangle}}{\sqrt{3}}=\frac{I_{st\triangle}}{3} \tag{4-11}$$

即Y接法降压启动时的启动电流I_{stY}，只有△接法全压启动时启动电流$I_{st\triangle}$的1/3。

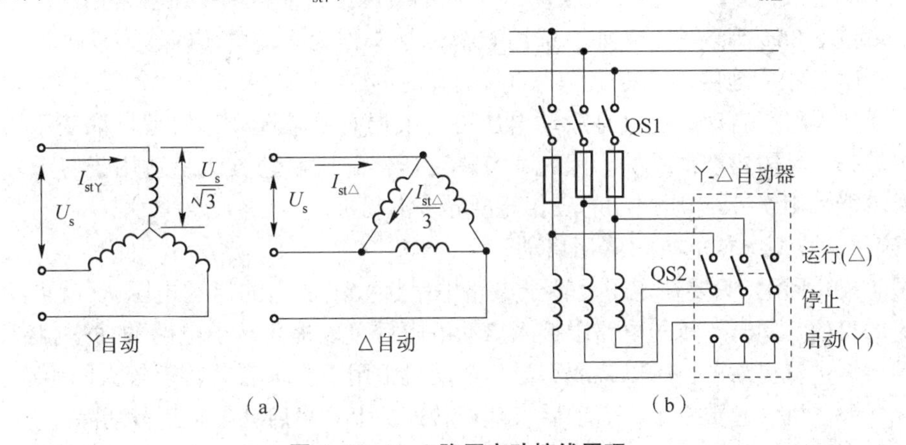

图4-17　Y-△降压启动接线原理

（a）原理图；（b）接线图

由于启动转矩与定子绕组的相电压平方成正比，而Y接法启动时绕组相电压降为△接法启动时绕组相电压的$1/\sqrt{3}$，故Y接法时的启动转矩降为

$$T_{stY}=\frac{T_{st\triangle}}{3}=\frac{T_{st}}{3} \tag{4-12}$$

即这种启动方法的启动转矩也只有全压启动时启动转矩的1/3。

可见，星形-三角形（Y-△）降压启动的启动电流和启动转矩都只有全压启动时的1/3，这种启动方法的优点是启动设备比较简单、成本低、运行比较可靠，缺点是只适用于空载或轻载启动。Y系列容量等级在4 kW及以上的小型三相笼型异步电动机，正常运行时都是△接法，以便可以采用Y-△启动。

2）自耦变压器降压启动

自耦变压器降压启动就是利用三相自耦变压器降低加在电动机定子绕组上的电压，以减小启动电流的启动方法。采用自耦变压器降压启动时，自耦变压器的一次侧（高压边）接电网，二次侧（低压边）接到电动机的定子绕组上。启动完毕，去除自耦变压器，再把

电动机直接接到额定电压的电网上正常运行，接线如图 4-18 所示。

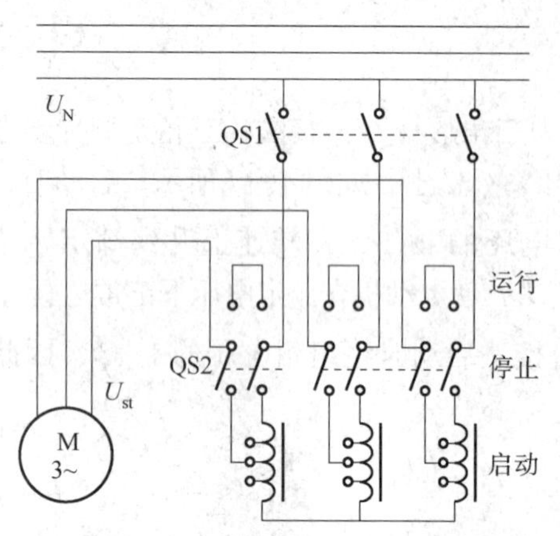

图 4-18　自耦变压器降压启动接线

自耦变压器降压启动时先将转换开关 QS2 合到“启动”位置，再接上电源，待启动后，再将 QS2 合到“运行”位置。这样，启动电压小于额定电压，启动完成后转换为全压，电动机正常运行。

自耦变压器降压启动时，定子绕组所加电压下降为额定电压的 $1/K$（K 为自耦变压器的变比），不难证明，此时启动电流将下降为直接启动时的 $1/K^2$，启动转矩也下降为直接启动时的 $1/K^2$。

自耦变压器备有不同的抽头，以便得到不同的电压。目前自耦变压器常用的固定抽头有 K=40%、60%、80%等多种。例如，选用 60%的抽头作为启动电压时，启动电流只为直接启动时的 36%，相应地启动转矩也降为直接启动时的 36%。

自耦变压器降压启动的优点是启动电压可以根据需要来选择，但是自耦变压器的体积大、成本高，而且需要经常维护。因此，自耦变压器降压启动方法只适用于容量较大或正常运行时不能采用 Y-△降压启动的三相笼型异步电动机。

3）定子绕线型（或电抗）降压启动

如图 4-19 所示，只要在定子、转子电路中串接大小适当的启动电阻 R_{st} 就可达到减小启动电流的目的。同时，转子电路中接入启动电阻后可以提高转子电路的功率因数 $\cos\varphi_2$，这样启动转矩也就提高了，所以绕线型异步电动机常用于要求启动转矩较大的生产机械上，如卷扬机、锻压机、起重机等。启动后，随着转速的上升将启动电阻逐段切除。

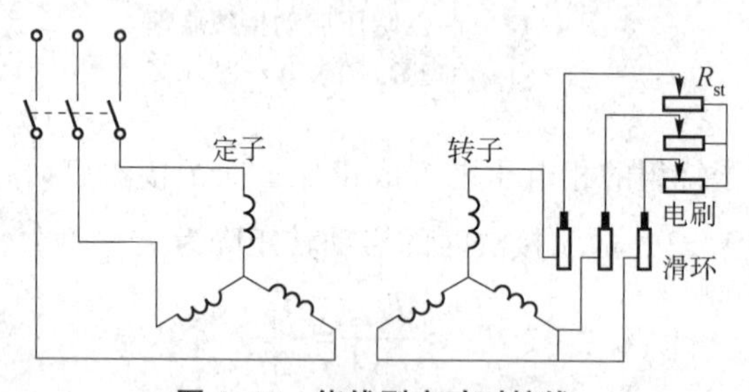

图 4-19　绕线型启动时接线

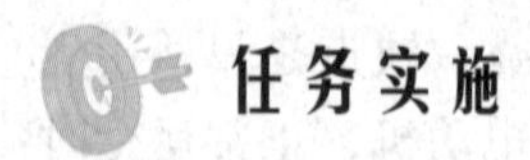

任务实施

一、任务实训目的

为了更好地认识三相异步电动机，掌握三相异步电动机的结构以及接线方式与通电步骤，通过对三相异步电动机的拆卸与装配技术，从而保证电动机控制电路正常运行和检修质量。

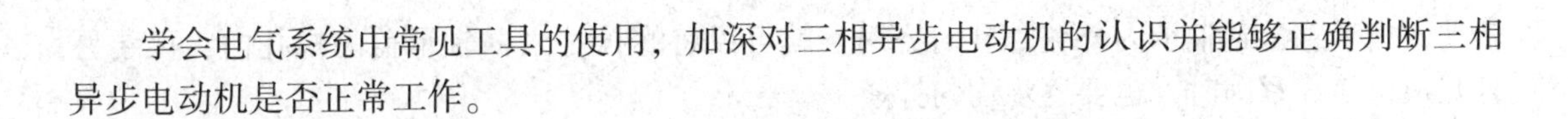

学会电气系统中常见工具的使用，加深对三相异步电动机的认识并能够正确判断三相异步电动机是否正常工作。

二、任务实施内容

1. 三相异步电动机的拆装

1）拆卸

（1）切断电源。拆开电动机与电源的连线，并对电源线线头做好绝缘处理。

（2）脱开皮带轮或联轴器，松掉地脚螺钉和接地螺栓。

（3）拆卸带轮或联轴器。先在带轮或联轴器轴伸端或联轴器端做好尺寸标记，再将带轮或联轴器上的定位螺钉或销子松脱取下，装上拉具，拉具的丝杆端要对准电动机轴的中心，转动丝杠，把带轮或联轴器慢慢拉出。拆卸过程中不要用手锤直接敲击带轮，防止皮带界线中联轴器碎裂、轴变形和端盖受损等。

（4）拆卸风扇罩、风扇。封闭式电动机在拆卸带轮或联轴器后，把外风扇罩的螺栓松脱，取下风扇罩，然后松脱或取下转子轴尾端风扇上的定位螺钉或销子，用手锤在风扇四周均匀轻敲，风扇就可以取下。

（5）拆卸轴承盖和端盖。先把轴承外盖的螺栓松下，拆下轴承外盖。用手锤均匀敲打端盖四周（敲打时要垫一木块），把端盖取下。

（6）拆卸轴承。采用拉具拆卸；可根据轴承的大小选择适用拉具，拉具的脚爪应紧扣在轴承的内圈上，其丝杠顶点要对准转子轴的中心，慢慢扳转丝杠，均匀用力，即可拉出轴承。

（7）抽出或吊出转子。小型电动机的转子可以连同后端盖一起取出，抽出转子时应小心缓慢，不能歪斜，防止碰伤定子绕组。

2）安装

电动机的装配顺序按拆卸时的逆顺序进行。装配前，各配合处要先清理除锈，装配时应按各部件拆卸时所做标记复位。

（1）滚珠轴承的安装。利用冷套法，把轴承套到轴上，对准轴颈，用一段内径略大于轴径而外径略小于轴承内圈的铁管，将其一端顶在轴承的内圈上，用手锤敲打铁管的另一端，将轴承推进去。

（2）注润滑脂。已装的轴承要加注润滑脂于其内外套之间。塞装要均匀洁净，不要塞装过满。轴承内外盖中也要注润滑脂，一般使其占盖内容积的1/3~1/2。

（3）后端盖的安装。将轴伸端朝下垂直放置，在其端面上垫上木板，将后端盖套在后轴承上，用木槌敲打，把后端盖敲进去后，装轴承外盖，紧固内外轴承盖的螺栓时要逐步拧紧，不能先紧一个，再紧另一个。

（4）转子的安装。把转子对准定子孔中心，小心地往里送放，后端盖要对准机座的标记，旋上后端盖螺栓，暂不要拧紧。

（5）前端盖的安装。将前端盖对准与机座的标记，用木槌均匀敲击端盖四周，不可单边着力，并拧上端盖的紧固螺栓。拧紧前后端盖的螺栓时，要按对角线上下左右逐步拧紧，使四周均匀受力；否则易造成耳攀断裂或转子的同心度不良等。然后再装前轴承外端盖，先在外轴承盖孔内插入一根螺栓，一手顶住螺栓，另一手缓慢转动转轴，轴承内盖也随之转动，当手感觉到轴承内外盖螺孔对齐时，就可以将螺栓拧入内轴承盖的螺孔内，再装另外几根螺栓。紧固时，也要逐步均匀拧紧。

（6）风扇和风扇罩的安装。先安装风扇叶，对准键槽或止紧螺钉孔，一般可以推入或轻轻敲入，然后按机体标记，推入风扇罩，转动机轴，风扇罩和风扇叶无摩擦，拧紧固螺钉。

（7）带轮的安装。安装时要对准键槽或止紧螺钉孔。中小型电动机可在带轮的端面上垫上木块或铜板，用手锤打入。若打入困难，可将轴的另一端也垫上木块或铜板顶在坚固的止挡物上，打入带轮。安装大型电动机的带轮（或联轴器），可用千斤顶将带轮顶入，但要用坚固的止挡物顶住机轴另一端和千斤顶底座。

2. 三相异步电动机的测试

1）一般检查

检查电动机的转子转动是否轻便灵活，如转子转动比较沉重，可用纯铜棒轻敲端盖，同时调整端盖紧固螺栓的松紧程度，使之转动灵活。检查绕线转子电动机的刷握位置是否正确，电刷与集电环接触是否良好，电刷在刷握内是否卡死，弹簧压力是否均匀等。

2）绝缘电阻检查

检查电动机的绝缘电阻，用兆欧表摇测电动机定子绕组中相与相之间、各相对机壳之间的绝缘电阻，对于绕线转子异步电动机，还应检查各相转子绕组间及对地间的绝缘电阻。额定电压为380 V的电动机用500 V的兆欧表测量，用500 V兆欧表测电动机定子绕组的相与相、相与机壳的绝缘电阻，其值不得小于0.5 MΩ。

3）通电检查

根据电动机的铭牌与电源电压正确接线，并在电动机外壳上安装好接地线，启动电动机。

（1）用钳形电流表分别检测三相电流是否平衡。

（2）用转速表测量电动机的转速。

（3）让电动机空转运行后，检测机壳和轴承处的温度，观察振动和噪声。对于绕线型电动机，在空载时，还应检查电刷有无火花及过热现象。

学生根据项目内容，分组讨论，查阅资料，给出总体拆卸、安装、检测方案，到实验实训室进行相关测量实验，在以上过程中，教师要起主导作用，实时指导，并控制任务实施节奏，保证在规定课时内完成该任务。

评价反馈

<table>
<tr><th colspan="8">自我评价（40%）</th></tr>
<tr><td colspan="2">项目名称</td><td colspan="2"></td><td colspan="2">任务名称</td><td colspan="2"></td></tr>
<tr><td colspan="2">班级</td><td colspan="2"></td><td colspan="2">日期</td><td colspan="2"></td></tr>
<tr><td>学号</td><td></td><td>姓名</td><td></td><td>组号</td><td></td><td>组长</td><td></td></tr>
<tr><td>序号</td><td colspan="5">评价项目</td><td>分值</td><td>得分</td></tr>
<tr><td>1</td><td colspan="5">参与资料查阅</td><td>10 分</td><td></td></tr>
<tr><td>2</td><td colspan="5">参与同组成员间的交流沟通</td><td>10 分</td><td></td></tr>
<tr><td>3</td><td colspan="5">正确拆卸电动机</td><td>15 分</td><td></td></tr>
<tr><td>4</td><td colspan="5">正确组装电动机</td><td>15 分</td><td></td></tr>
<tr><td>5</td><td colspan="5">安全用电</td><td>15 分</td><td></td></tr>
<tr><td>6</td><td colspan="5">参与汇报</td><td>15 分</td><td></td></tr>
<tr><td>7</td><td colspan="5">7S 管理</td><td>10 分</td><td></td></tr>
<tr><td>8</td><td colspan="5">参与交流区讨论、答疑</td><td>10 分</td><td></td></tr>
<tr><td>总分</td><td colspan="7"></td></tr>
</table>

<table>
<tr><th colspan="8">小组互评（30%）</th></tr>
<tr><td colspan="2">项目名称</td><td colspan="2"></td><td colspan="2">任务名称</td><td colspan="2"></td></tr>
<tr><td colspan="2">班级</td><td colspan="2"></td><td colspan="2">日期</td><td colspan="2"></td></tr>
<tr><td>被评人姓名</td><td></td><td>被评人学号</td><td></td><td>被评人组别</td><td></td><td>评价人姓名</td><td></td></tr>
<tr><td>序号</td><td colspan="5">评价项目</td><td>分值</td><td>得分</td></tr>
<tr><td>1</td><td colspan="5">前期资料准备完备</td><td>10 分</td><td></td></tr>
<tr><td>2</td><td colspan="5">方案可执行度</td><td>10 分</td><td></td></tr>
<tr><td>3</td><td colspan="5">正确使用工具</td><td>10 分</td><td></td></tr>
<tr><td>4</td><td colspan="5">正确拆卸电动机</td><td>10 分</td><td></td></tr>
<tr><td>5</td><td colspan="5">正确组装电动机</td><td>10 分</td><td></td></tr>
<tr><td>6</td><td colspan="5">安全用电</td><td>10 分</td><td></td></tr>
<tr><td>7</td><td colspan="5">故障的排除</td><td>10 分</td><td></td></tr>
<tr><td>8</td><td colspan="5">心得体会汇总丰富、翔实</td><td>10 分</td><td></td></tr>
<tr><td>9</td><td colspan="5">积极参与讨论、答疑</td><td>10 分</td><td></td></tr>
<tr><td>10</td><td colspan="5">积极对遇到困难的组给予帮助与技术支持</td><td>10 分</td><td></td></tr>
<tr><td>总分</td><td colspan="7"></td></tr>
</table>

<table>
<tr><th colspan="5">教师评价（30%）</th></tr>
<tr><td>项目名称</td><td colspan="2"></td><td>任务名称</td><td></td></tr>
<tr><td>班级</td><td colspan="2"></td><td>日期</td><td></td></tr>
<tr><td>姓名</td><td></td><td>学号</td><td></td><td>组别</td><td></td></tr>
<tr><td colspan="6">教师总体评价意见：</td></tr>
<tr><td>总分</td><td colspan="5"></td></tr>
</table>

任务二　卷帘门的正/反转控制

学习目标

知识目标	能力目标	职业素养目标
1. 掌握常用低压控制电器的结构、功能和用途 2. 掌握自锁、联锁的作用和方法 3. 掌握过载、短路和失压保护的作用和方法	1. 能够认识常用低压控制电器的基本外形与符号 2. 能够分析自锁、联锁电路的基本结构及基本运算控制方式 3. 能根据原理图接线相关应用电路 4. 能够正确选择和使用低压控制电器	1. 强调规范意识，培养精益求精的工匠精神 2. 通过规范行为养成习惯，锻炼表达能力、培养逻辑分析能力

参考学时：8~10 学时。

任务引入

卷帘门是以多关节活动的门片串联在一起，在固定的滑道内，以门上方卷轴为中心转动上下的门。卷帘门同墙一样，起到水平分隔作用，它由帘板、座板、导轨、支座、卷轴、箱体、控制箱、卷门机、限位器、门楣、手动速放开关装置、按钮开关和保险装置等 13 个部分组成，本任务通过学习由各种有触点的控制电器（如继电器、接触器、按钮等）组成的控制系统，该系统称为继电接触器控制系统。

通过对电动机的自动控制（如启动、停止、正/反转、调速和制动等），实现对卷帘门的自动控制。

知识链接

一、电机控制中常用器件系统

（一）低压电器的作用与分类

电器就是广义的电气设备。它可以很大、很复杂，如一套自动化装置；它也可以很小、很简单，如一个开关。在工业应用中，电器是一种能够根据外界信号的要求，自动或手动地接通或断开电路，断续或连续地改变电路参数，实现电路或非电对象的切换、控制、保护、检测、变换和调节作用的电气设备。简而言之，电器就是一种能控制电的工具。

电器按其工作电压的等级，可分为高压电器和低压电器。低压电器通常是指工作在交流额定电压 1 200 V 以下、直流额定电压 1 500 V 及以下的电路中起通断、保护、控制或调节作用的电器产品。常用的低压电器主要有刀开关、接触器、继电器、控制按钮、行程开关、断路器等。

低压电器的种类繁多，构造各异，通常有以下几种分类。

1. 按动作方式分类

（1）手动电器。由人工直接操作才能完成任务的电器称为手动电器，如刀开关、按钮和转换开关等。

（2）自动电器。不需要人工直接操作，按照电的或非电的信号自动完成接通、分断电路任务的电器称为自动电器，如低压断路器、接触器和继电器等。

2. 按用途或控制对象分类

（1）低压配电电器。低压配电电器主要用于低压配电系统，要求系统发生故障时准确动作、可靠工作，在规定条件下具有相应的动稳定性与热稳定性，使电器不会被损坏，如刀开关、低压断路器、转换开关和熔断器等。

（2）低压控制电器。低压控制电器主要用于电力拖动控制系统，要求寿命长、体积小、质量轻、动作迅速且准确、性能可靠，如接触器、继电器、启动器、主令控制器和万能转换开关等。

3. 按工作原理分类

（1）电磁式电器。根据电磁感应原理来工作的电器，如交直流接触器、各种电磁式继电器和电磁铁等。

（2）非电量控制电器。依靠外力或其他非电的信号（如速度、压力、温度等）的变化而动作的电器，如刀开关、行程开关、按钮、速度继电器、压力继电器和温度继电器等。

4. 按执行功能分类

（1）有触点电器。有可分离的动触点、静触点，并利用触点的接通和分断来切换电路，如接触器、刀开关、按钮等。

（2）无触点电器。没有可分离的触点，主要利用电子元件的开关效应，即导通和截止来实现电路的通、断控制，如接近开关、电子式时间继电器等。

（二）电磁式低压电器的基础知识

电磁式电器在电气控制线路中的使用量较大，其类型也很多，但各类电磁式电器在工作原理和结构上基本相同。从结构上看，电器一般都由两个基本组成部分构成，即感测部分和执行部分。感测部分接收外界输入的信号，并通过转换、放大、判断，做出有规律的反应；而执行部分则根据指令信号，输出相应的指令，执行电路的通、断控制，实现控制目的。对于电磁式电器，感测部分由电磁机构构成，而执行部分则由触点系统构成。

1. 电磁机构的结构及工作原理

电磁机构是电磁式电器的重要组成部分之一，其作用是将电磁能转换成机械能，带动触点闭合或断开，实现对电路的接通与分断控制。

电磁机构由吸引线圈、铁芯（静铁芯）、衔铁（动铁芯）、铁轭和空气隙等部分组成。其中吸引线圈、铁芯是静止不动的，只有衔铁是可动的。其作用原理是：当线圈中有电流通过时，产生电磁吸力，电磁吸力克服弹簧的反作用力，使衔铁与铁芯闭合，衔铁带动连接机构运动，从而带动相应的触点动作，完成对接通与分断电路的控制。常用电磁机构的结构如图 4-20 所示。

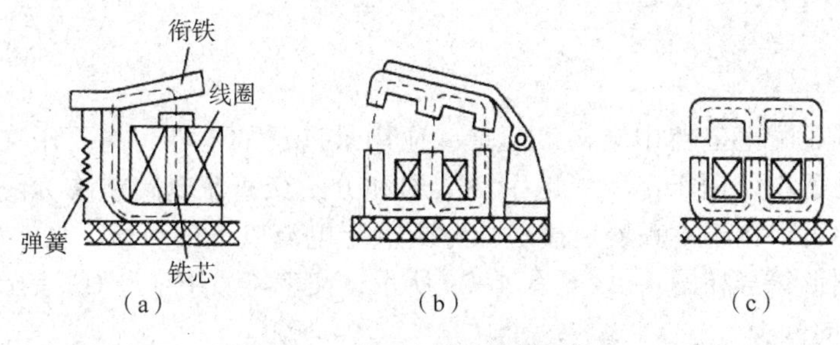

图 4-20　常用电磁机构的结构

(a) 衔铁绕棱角转动拍合式；(b) 衔铁绕轴转动拍合式；(c) 衔铁直线运动式

2. 触点系统

触点系统是电器的执行机构，电器通过触点的动作来分、合被控制的电路。因此，触点系统的好坏直接影响整个电器的工作性能。影响触点工作情况的主要因素是触点的接触电阻，因为接触电阻大，易使触点发热导致温度升高，从而使触点易产生熔焊现象，这样既影响工作的可靠性又降低了触点的使用寿命。触点的接触电阻不仅与触点的接触形式有关，而且还与接触压力、触点材料及触点表面状况有关。

触点的接触形式有点接触、线接触和面接触 3 种，如图 4-21 所示。

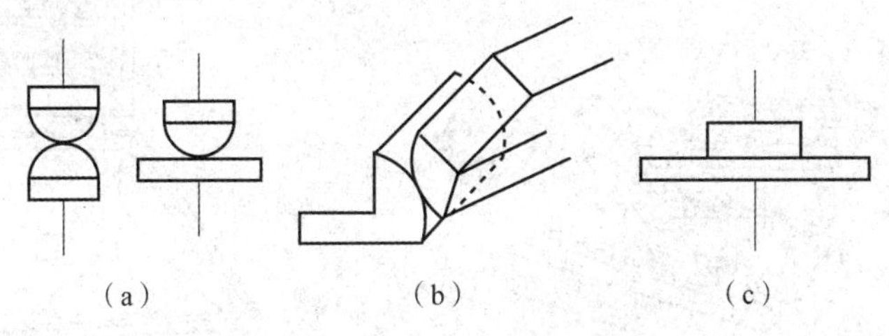

图 4-21　触点的 3 种接触形式

(a) 点接触；(b) 线接触；(c) 面接触

图 4-21 (a) 所示为点接触，由两个半球或一个半球与一个平面形触点构成。由于接触区域是一个点或面积很小的面，允许通过的电流很小，所以它常用于电流较小的电器中，如继电器的触点和接触器的辅助触点。图 4-21 (b) 所示为线接触，由两个圆柱面形触点构成，又称为指形触点。它的接触区域是一条直线或一条窄面，允许通过的电流较大，常用于中等容量接触器的主触点。由于这种接触形式在电路的通断过程中是滑动接触的，如图 4-22 所示，接通时，接触点由 $A\to B\to C$ 变化；断开时，接触点则由 $C\to B\to A$ 变化，这样就可以自动清除触点表面的氧化膜，从而更好地保证触点的良好接触。如图 4-21 (c) 所示为面接触，由两个平面形触点构成。由于接触区域有一定的面积，因此可以通过很大的电流，常用于大容量接触器的主触点。

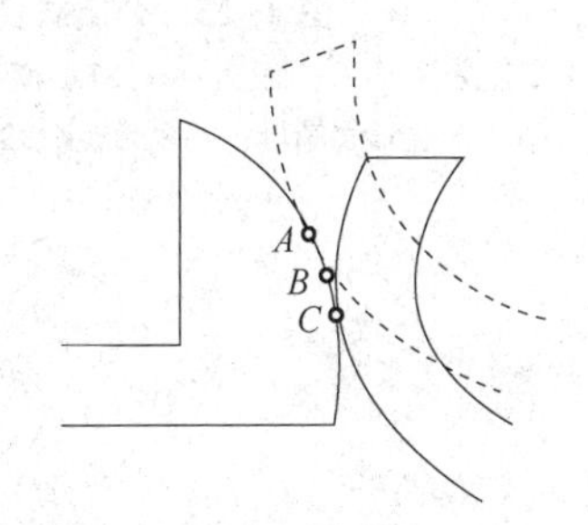

图 4-22　指形触点的接触过程

（三）常用低压电器

开关类控制电器（刀开关、组合开关）

1. 刀开关

刀开关是低压配电电器中结构最简单、应用最广泛的电器，主要用在低压成套配电装置中，用于不频繁地手动接通和分断交直流电路或作为隔离开关使用，也可以用于不频繁地接通与分断额定电流以下的负载，如小型电动机等，其结构、外形和图形符号如图 4-23 至图 4-25 所示，文字符号用字母 QS 表示。

1）刀开关的分类

刀开关按极数分可分为单极、双极和三极；按操作方式分可分为直接手柄操作式、杠杆操作机构式和电动可分操作机构式；按刀开关转换方向分可分为单投和双投；按灭弧结构分可分为带灭弧罩的和不带灭弧罩的。

刀开关由手柄、触刀、静插座和底板组成。为了使用方便和减小体积，往往在刀开关上安装熔丝或熔断器，组成兼有通断电路和保护作用的开关电器，如开启式负荷开关、封闭式负荷开关、熔断器式刀开关等。

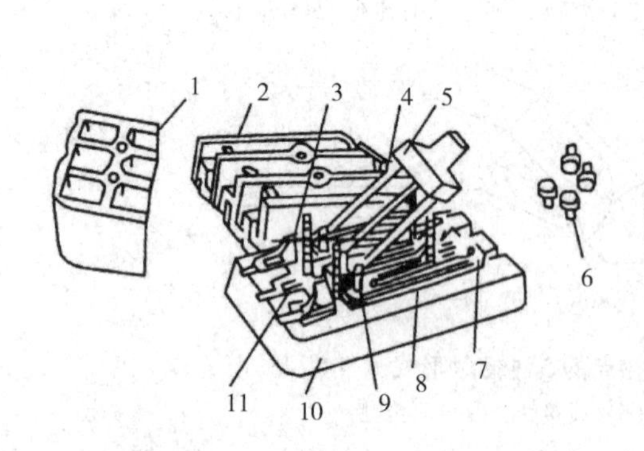

图 4-23　开启式负荷开关

1—上胶盖；2—下胶盖；3—静插座；4—触刀；5—瓷手柄；6—胶盖紧固螺母；7—出线座；8—熔丝；9—触刀座；10—瓷底板；11—进线座

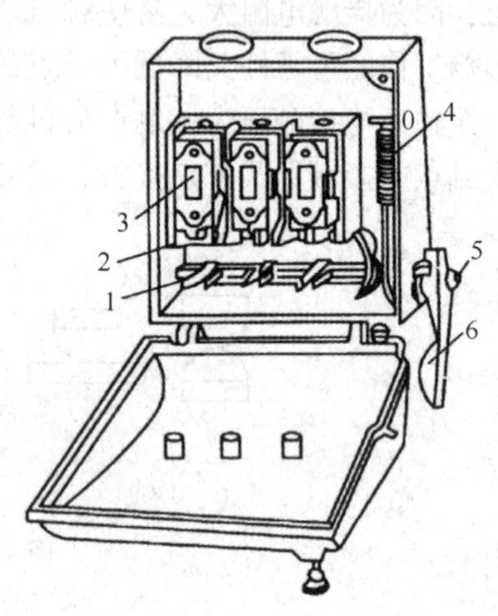

图 4-24　封闭式负荷开关

1—触刀；2—夹座；3—熔断器；4—速断弹簧；5—转轴；6—手柄

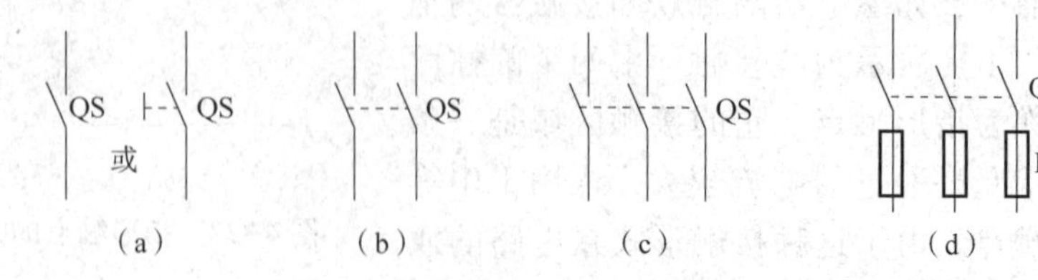

图 4-25　刀开关的电气符号

（a）单极；（b）双极；（c）三极；（d）三极刀熔开关

2）刀开关选用原则

（1）根据使用场合选择刀开关的类型、极数及操作方式。

(2) 刀开关的额定电压应不小于线路电压。

(3) 刀开关的额定电流应稍大于或等于电路的工作电流。对于电动机负载，开启式刀开关的额定电流可按电动机额定电流的3倍选取；封闭式刀开关的额定电流可按电动机额定电流的1.5倍选取。

2. 组合开关

组合开关又称为转换开关，是一种多触点、多位置式且可控制多个回路的电器。组合开关也是一种刀开关，它的刀片（动触片）是转动的，比刀开关轻巧而且组合性强，能组合成各种不同的线路。组合开关一般用于电气设备中非频繁地通断电路、换接电源和负载、测量三相电压以及控制小容量感应电动机。

组合开关由动触点（动触片）、静触点（静触片）、转轴、手柄、定位机构及外壳等部分组成。其动触点、静触点分别叠装于数层绝缘垫板之间，组合开关的结构示意图、电气符号如图4-26所示，文字符号用字母QS表示。当转动手柄时，每层的动触点随方形转轴一起转动，从而实现对电路的接通、断开控制。

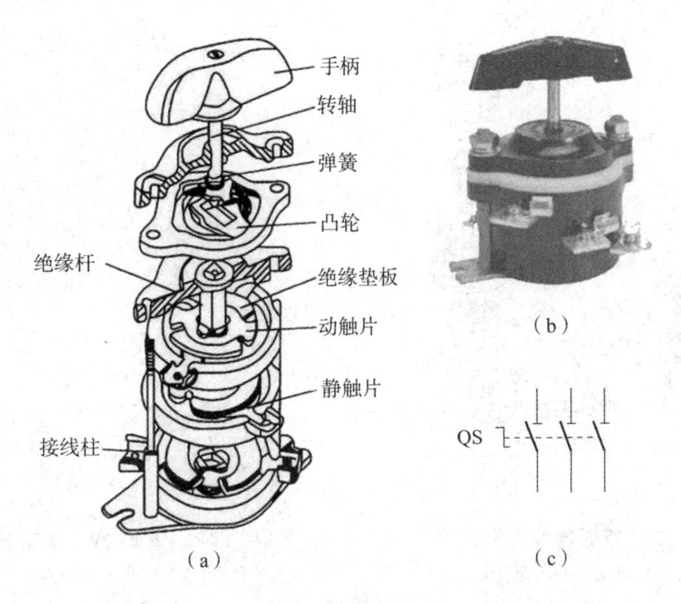

图4-26　组合开关

(a) 结构；(b) 处形；(c) 电气符号

3. 按钮

按钮是一种人工控制的主令电器，主要用来发布操作命令、接通或断开控制电路、控制机械与电气设备的运行。按钮的外形和结构如图4-27所示，形状通常是圆形或方形，它由按键、动作触头、复位弹簧、按钮盒等组成。

4. 熔断器

常用的熔断器有插入式熔断器、螺旋式熔断器、管式熔断器和有填料式熔断器等。熔断器主要由熔体、外壳和支座等组成，如图4-28（a）和图4-28（b）所示为螺旋式熔断器的外形与结构，图4-29所示为熔断器的电气符号。

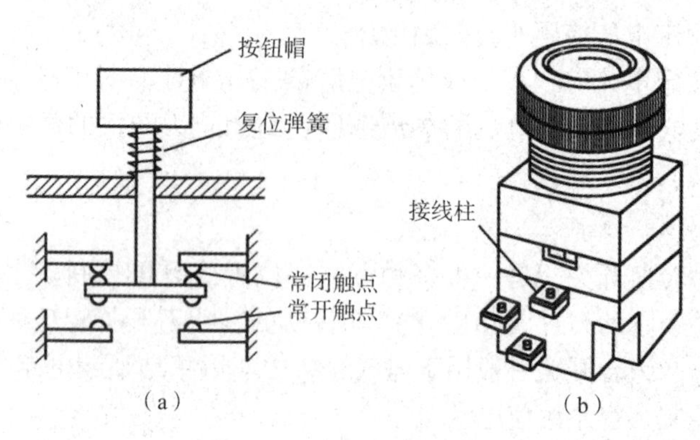

图 4-27　按钮结构及外形

（a）结构图；（b）外形图

在使用熔断器时，应按要求使用相配合的熔体，不允许随意加大熔体或用其他导体代替熔体。

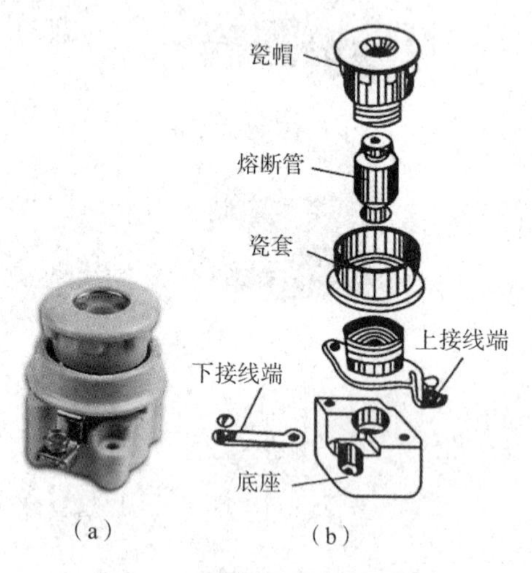

图 4-28　熔断器外形及结构

（a）外形；（b）结构

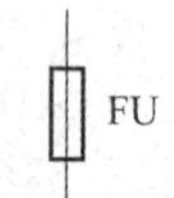

图 4-29　熔断器的电气符号

5. 热继电器

热继电器

热继电器是电流通过发热元件加热使双金属片弯曲，推动执行机构动作的电器。它由热元件、主双金属片、触头系统、动作机构、复位按钮和整定电流装置、温度补偿元件等组成。由于结构不同，热继电器采用的热元件有用 2 个的或 3 个的，图 4-30 所示为采用两个热元件的热继电器。

在使用热继电器时，将发热元件接入电机主电路，若长时间过载，双金属片被加热，使其弯曲，通过动作机构促使动断触点断开，达到过载保护的目的。因此，热继电器主要用来保护电动机或其他负载免于过载以及作为三相电动机的断相保护。

热继电器动作后，双金属片经过一段时间冷却，按下复位按钮即可将触点复位。

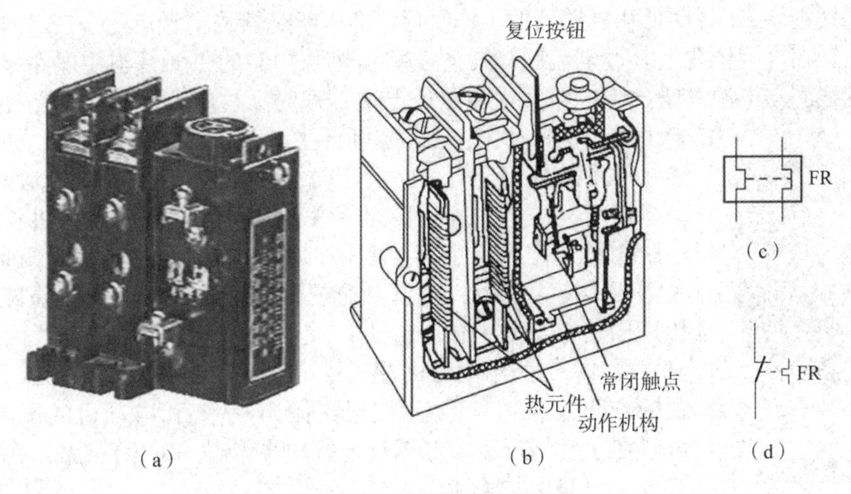

图 4-30　按钮结构及外形

(a) 外形；(b) 结构；(c) 2 个热元件的符号；(d) 动断触点符号

6. 低压断路器

低压断路器又称为自动空气开关，可用来接通和分断负载电路，也可用来控制不频繁启动的电动机。它相当于闸刀开关、熔断器、热继电器和欠电压继电器的组合，是一种既具有手动开关作用又能自动进行欠压、失压、过载和短路保护的电器，所以目前被广泛应用。

低压断路器一般由操作机构、触点、保护装置（各种脱扣器）、灭弧系统、外壳等组成，图 4-31 所示为低压断路器的结构原理示意图与低压断路器的电气符号。

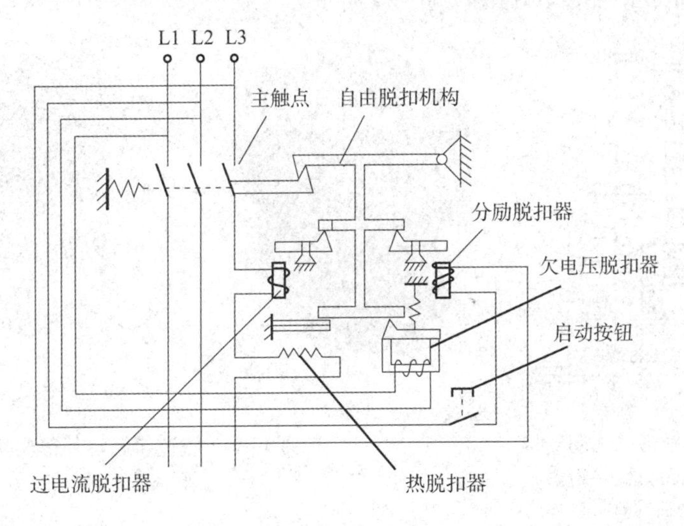

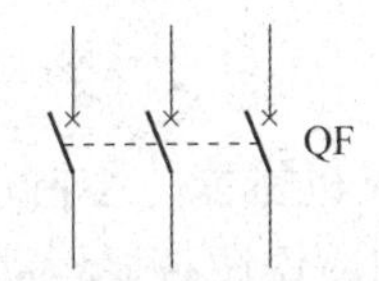

图 4-31　低压断路器结构示意图和电气符号

下面通过图 4-31 说明低压断路器的工作原理。低压断路器的主触点闭合后，自由脱扣机构将主触点锁在合闸位置上。过电流脱扣器的线圈和热脱扣器的热元件与主电路串联，欠电压脱扣器的线圈与电源并联。当电路发生短路或严重过载时，过电流脱扣器的衔铁吸合，使自由脱扣机构动作，主触点断开主电路。当电路过载时，热脱扣器的热元件发热使双金属片向上弯曲，推动自由脱扣机构动作。当电路欠电压时，欠电压脱扣器的衔铁释放，也使自由脱扣机构动作。分励脱扣器则作为远距离控制用，在正常工作时，其线圈是断电的，在需要距离控制时，按下启动按钮，使线圈通电，衔铁带动自由脱扣机构动作，使主触点断开。

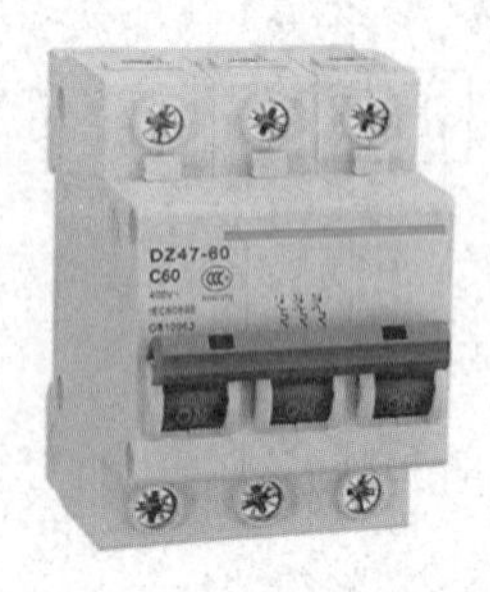

图 4-32　塑壳式低压断路器外形

图 4-32 所示为三极塑壳式小型低压断路器的外形，另有单极、二极和四极等，广泛应用于照明配电系统和电动机的配电系统中。可以在正常情况下不频繁地通断电器装置和照明线路，在线路中起过载、短路保护作用。

7. 交流接触器

交流接触器

交流接触器是用于远距离频繁地接通或断开交直流主电路及大容量控制电路的一种自动切换电器。在大多数情况下，其控制对象是电动机，也可用于其他电力负载，如电热器、电焊机、电炉变压器等。接触器具有控制容量大、操作频率高、寿命长、能远距离控制等优点，同时还具有低压释放保护功能，所以在电气控制系统中应用十分广泛。

1）交流接触器的结构

交流接触器主要由电磁机构、触点系统、灭弧装置和其他部件等组成。交流接触器的内部结构示意图与外形如图 4-33 和图 4-34 所示。

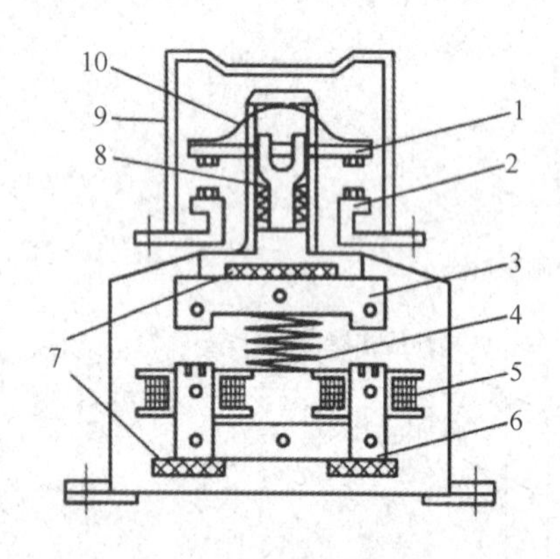

图 4-33　交流接触器的内部结构

1—动触点；2—静触点；3—衔铁；4—缓冲弹簧；5—电磁线圈；6—铁芯；7—垫毡；8—触点弹簧；9—灭弧罩；10—触点压力簧片

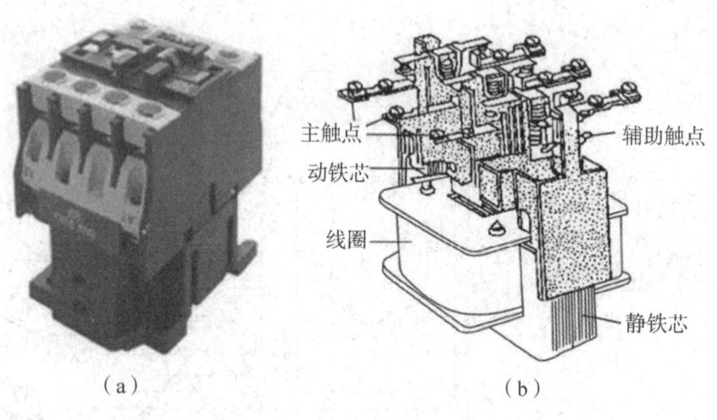

图 4-34　交流接触器外形结构

（a）外形；（b）结构

（1）电磁机构的作用是将电磁能转换成机械能，控制触点的闭合或断开。交流接触器一般采用衔铁绕轴转动的拍合式电磁机构和衔铁做直线运动的电磁机构。

（2）触点系统是接触器的执行元件，用来接通和断开电路。交流接触器的触点按照功能不同，有主触点和辅助触点之分，主触点的接触面积较大，允许通过的电流较大，用于

通断主电路；辅助触点接触面积较小，允许通过的电流较小，用于通断控制回路。主触点容量大，有3对或4对动合（常开）触点；辅助触点容量小，通常有两对动合（常开）、动断（常闭）触点，且分布在主触点两侧。触点按照动作可分为动合触点和动断触点两种。动合触点是当交流接触器吸引线圈加上额定电压时，使接触器的触点由原来断开状态变为闭合状态的触点，即“一动即合”。线圈断电时，该触点在复位弹簧的作用下恢复为断开状态。而动断触点为吸引线圈通电后，该触点由原来闭合状态变为断开状态，即“一动即断”。线圈断电时，该触点又回到闭合状态。

（3）灭弧装置，容量在10 A以上的接触器都有灭弧装置，对于小容量的接触器，常采用双断点桥式触点以利于灭弧，其上有陶土灭弧罩。对于大容量的交流接触器常采用栅片灭弧。

（4）其他部件，交流接触器的其他部件有底座、反力弹簧、缓冲弹簧、触点压力弹簧、传动机构和接线柱等。反力弹簧的作用是当吸引线圈断电时，迅速使主触点和动合辅助触点断开；缓冲弹簧的作用是缓冲衔铁在吸合时对静铁芯和外壳的冲击力；触点压力弹簧的作用是增加动、静触点之间的压力，增大接触面积以降低接触电阻，避免触点由于接触不良而产生过热灼伤，并有减振作用。

2）交流接触器的工作原理及电气符号

交流接触器的工作原理与电气符号如图4-35所示。当交流接触器电磁系统中的线圈6、7间通入交流电流以后，铁芯8被磁化，产生大于反力弹簧10弹力的电磁力，将衔铁9吸合。一方面，带动了动合主触点1、2、3的闭合，接通主电路；另一方面，动断辅助触点（在4和5处）首先断开，接着动合辅助触点（也在4和5处）闭合。当线圈断电或外加电压太低时，在反力弹簧10的作用下衔铁释放，动合主触点断开，切断主电路；动合辅助触点先断开，动断辅助触点后恢复闭合。在图4-35中，11~24为各触点的接线柱。

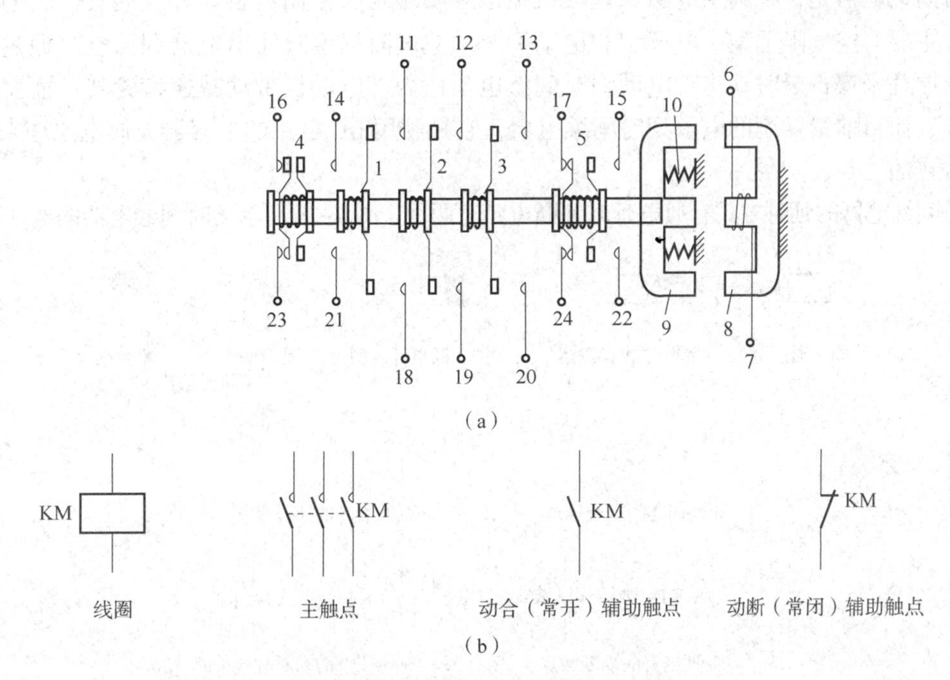

图4-35　交流接触器外形结构

（a）交流接触器工作原理图；（b）交流接触器外形结构

8. 中间继电器

中间继电器的结构和原理与小型交流接触器基本相同，但触点没有主、辅之分，每对触点允许通过的电流大小相同，其额定电流一般为 5 A。图 4-36 所示为中间继电器的外形及结构，图 4-37 所示为中间继电器的电气符号。

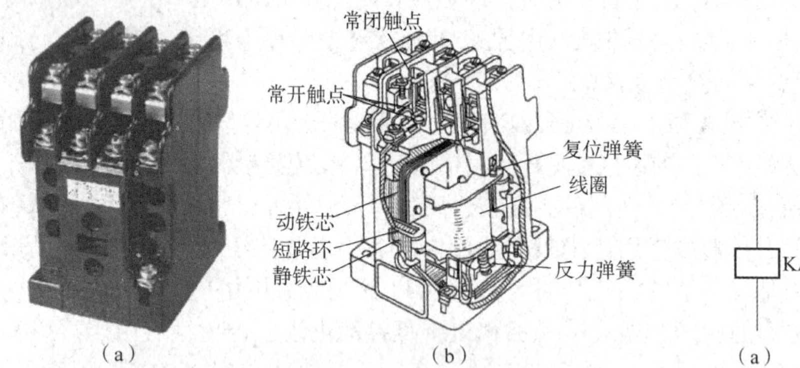

图 4-36　中间继电器外形及结构

(a) 外形；(b) 结构

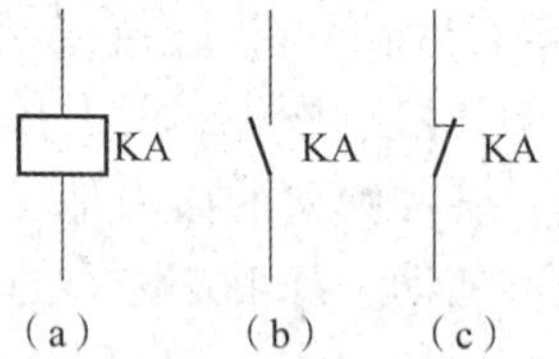

图 4-37　中间继电器图形、电气符号

(a) 电磁线圈；(b) 动合触点；(c) 动断触点

中间继电器的触点数目多，通常用于传递信号和同时控制多个电路，也可直接用它来控制小容量电动机或其他电气执行元件。

9. 时间继电器

时间继电器是一种利用电磁原理或机械原理实现延时控制的自动开关装置。它的种类很多，主要有空气阻尼型、电子型和电动型等。空气阻尼型时间继电器利用空气通过小孔节流的原理来获得延时动作；电动型时间继电器由内部电动机带动减速齿轮转动而获得延时动作；而目前最常用的电子型时间继电器，它是利用 RC 电路的电容器充放电原理来实现延时动作的。

时间继电器的延时方式有通电延时和断电延时两种，图 4-38 所示为时间继电器的电气符号。

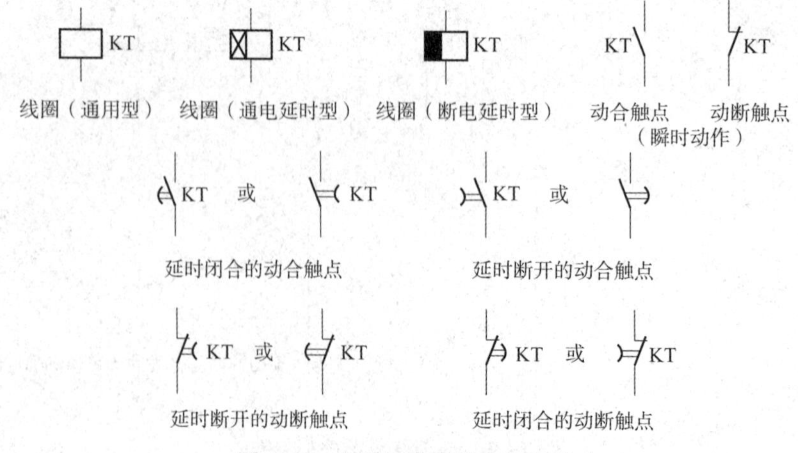

图 4-38　时间继电器的电气符号

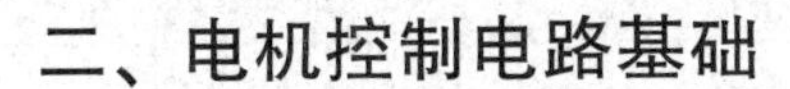

二、电机控制电路基础

（一）绘制控制电路基本原则

任何复杂的控制电路都是由一些基本的控制电路组成的，基本的控制电路包括直接启停控制、点动控制、异地控制、正/反转控制、联锁控制等。掌握一些基本控制单元电路，是阅读和设计较复杂控制电路的基础。

绘制控制电路原理图的原则如下。

1. 主电路和控制电路要分开画

主电路是电源与负载相连的电路，通过较大的负载电流，一般画在原理图的左边。由按钮、接触器线圈、时间继电器线圈等组成的电路称为控制电路，其电流较小，一般画在原理图的右边。主电路和控制电路可以使用不同的电压。

2. 所有电器均用统一标准的图形和文字符号表示

所有电器元件的图形、文字符号必须采用国家统一标准。同一电器上的各组成部分可能分别画在主电路和控制电路里，但要使用相同的文字符号。表 4-3 所示为常用电动机、电器的图形符号和文字符号。

表 4-3 常用电动机、电器的图形符号和文字符号

<table>
<tr><th>名称</th><th>图形符号</th><th>文字符号</th><th colspan="3">名称</th><th>图形符号</th><th>文字符号</th></tr>
<tr><td rowspan="2">三相笼型异步电动机</td><td rowspan="2">M
3～</td><td rowspan="2">D</td><td rowspan="2">按钮触点</td><td colspan="2">常开</td><td></td><td rowspan="2">SB</td></tr>
<tr><td colspan="2">常闭</td><td></td></tr>
<tr><td>三相绕线型异步电动机</td><td>M
3～</td><td>D</td><td colspan="3">接触器吸引线圈
继电器吸引线圈</td><td></td><td>KM
KA（U，I）</td></tr>
<tr><td rowspan="3">直流电动机</td><td rowspan="3">M</td><td rowspan="3">ZD</td><td rowspan="3">接触器触点</td><td colspan="2">主触点</td><td></td><td rowspan="3">KM</td></tr>
<tr><td rowspan="2">辅助触点</td><td>常开</td><td></td></tr>
<tr><td>常闭</td><td></td></tr>
</table>

续表

名称	图形符号	文字符号	名称		图形符号	文字符号
单相变压器	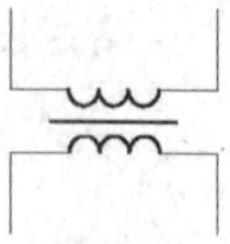	T	时间继电器	常开延时闭合		KT
				常闭延时断开		
三极开关	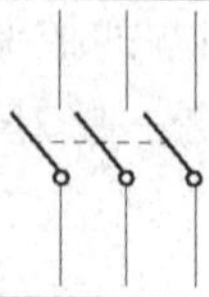	QS		常开延时断开		
				常闭延时闭合		
熔断器		FU	行程开关触点	常开		SQ
				常闭		
信号灯		HL	热继电器	常闭触点	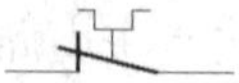	FR
				热元件		

3. 电器上的所有触点均按常态画

电器上的所有触点均按没有通电和没有发生机械动作时的状态（即常态）来画。

4. 画控制电路图的顺序

控制电路的电器一般按动作顺序自上而下排列成多个横行（也称为梯级），电源线画在两侧。各种电器的线圈不能串联连接。

（二）三相异步电动机基本控制电路

1. 刀开关单向运转控制电路

一般工厂使用的三相电风扇及砂轮机等小容量、启动不频繁的设备，常用图 4-39 所示的控制电路。图中的电源开关 QS 可采用胶盖瓷底闸刀开关、转换开关或空气开关，FU 为熔断器，起短路保护作用。

合上或断开 QS，就能控制电动机运转或停止，从而带动负载工作。当电路发生短路故障或长时间严重过载时，熔断器 FU 的熔体熔断，切断电源，以保证安全。熔断器熔体的额定电流一般取电动机额定电流的 1.5~2.5 倍。此电路也可用于单相电动机的控制，此时可用单相闸刀开关，也可用三相闸刀开关（其中一路不用）。

2. 接触器控制的单向点动运转控制电路

由图 4-40 可知，点动控制电路是由低压开关 QS、熔断器 FU1、启动按钮 SB6、接触器 KM 及电动机 M 组成。其中以低压开关 QS 作电源隔离开关，熔断器 FU1 作短路保护，按钮 SB6 控制接触器 KM 的线圈通电、断电，接触器 KM 的主触点控制电动机 M 的启动与停止。

在点动控制电路中，要使电动机转动，就必须用手按住按钮不放，这不适宜电动机长时间连续运行的控制。要使电动机长时间运行，必须具有接触器自锁的控制电路。

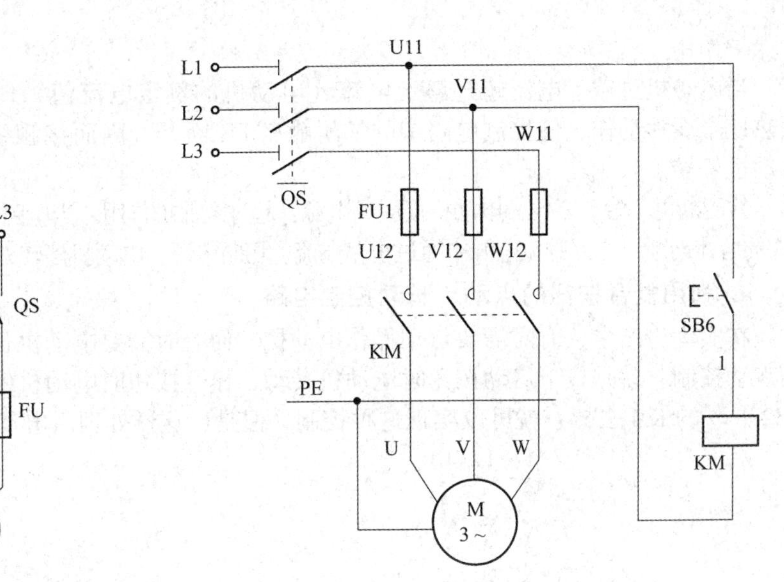

图 4-39　刀开关单向运动控制电路

图 4-40　单向点动运转控制电路

3. 具有过载保护的单向长动运转控制电路

该控制电路如图 4-41 所示，图中 FU1、FU2 为熔断器，FR 为热继电器，其热元件串联在主电路中。启动电动机时，合上电源开关 QS，松开 SB2，由于 KM 辅助动合触点闭合自锁，KM 线圈仍得电，电动机继续运转。

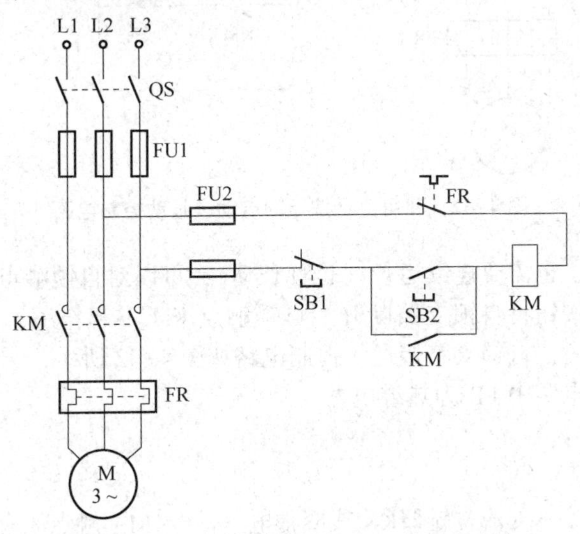

图 4-41　具有过载保护的单向运转控制电路

启动：按启动按钮SB2 → 交流接触器KM线圈得电 → KM主触点闭合 → 电动机运转；→ KM辅助动合触点闭合 → 自锁

停止时，按停止按钮 SB1，KM 线圈失电，触点复位，电动机停转。

这种依靠接触器自身的辅助动合触点使其线圈保持得电的现象称为自锁，起自锁作用的辅助动合触点称为自锁触点。具有自锁的单向运转控制电路还具有欠压与失压（或零压）

的保护作用。

当电动机过载、电流超过整定电流（电动机的额定电流值）时，主电路中的元件 FR 发热使金属片动作，使控制电路中的常闭触点 FR 断开，因而接触线圈断电，主触点断开，电动机停转。

线圈断电、触点复位，电动机便脱离电源，起过载保护作用。当电路发生短路故障时，熔断器 FU 的熔体熔断，可以避免电源中通过短路电流，切断电源，电动机停转，起短路保护作用。

4. 利用复合按钮的点动、长动控制电路

在实际生产中，有时需要点动操作电动机，而有时需要电动机长时间运行（长动）。所谓点动控制，就是按下启动按钮时电动机转动，松开按钮时电动机停转。若将图 4-42 中与 SB2 并联的 KM 去掉，就可以实现这种控制。但是，这样处理后电动机就只能点动。

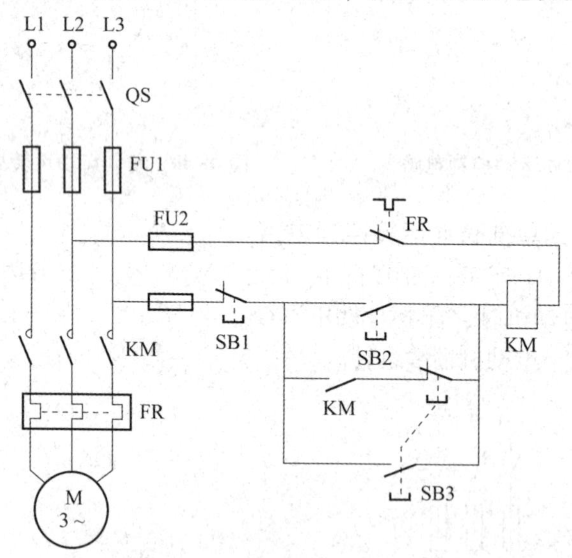

图 4-42　利用复合按钮的点动、长动控制电路

如果既需要点动，也需要连续运行（也称长动），可以对自锁触点进行控制。当需要点动时，通过按下点动按钮将自锁支路断开，自锁触点 KM 不起作用，只能对电动机进行点动控制；当需要长动时，自锁支路接通。控制电路如图 4-42 所示，它是利用复合按钮的点动、长动控制电路，电路中 FR 为热继电器。

合上电源开关 QS：

（1）长动控制：

按下长动按钮SB2→交流接触器KM线圈得电→KM主触点闭合→电动机运转

　　　　　　　　　　　　　　　　　　　　→KM辅助动合触点闭合→自锁

（2）停机：

按下停止按钮 SB1，控制电路断电，接触器释放，触点复位，电动机停转。

（3）点动控制：

按下点动按钮SB3→SB3动断触点分断→断开自锁回路

　　　　　　　　→SB3动合触点闭合→KM线圈得电→KM主触点闭合→电动机运转

松开点动按钮 SB3，KM 线圈失电，KM 主触点复位，电动机停转。

应用该线路时，点动控制的 SB3 复合按钮松开的速度不应太快，应使其触点复位时间大于点动按钮的恢复时间；否则会造成点动控制失效。

5. 电动机正/反转控制电路

在生产实际中往往要求运动部件可以向正/反两个方向运动。例如，机床工作台的前进与后退、主轴的正转与反转、起重机的提升与下降等。

欲使三相异步电动机反转，可将电动机接入电源的任意两根连线对调一下即可。图 4-43 所示就是实现这种控制的电路。在图 4-43 中，当正转接触器 KM1 通电，反转接触器 KM2 不通电时，电动机正转；当反转接触器 KM2 通电，正转接触器 KM1 不通电时，由于调换了两根电源线，所以电动机反转。

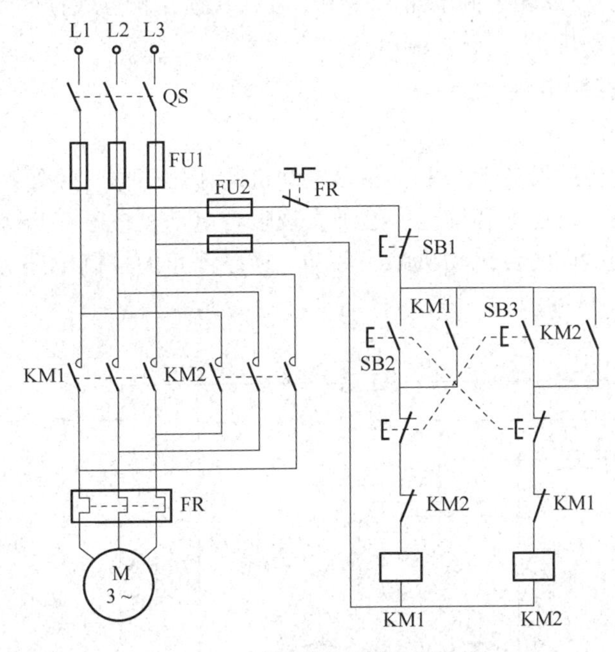

图 4-43　电动机正/反转控制电路

从图 4-43 可见，如果两个接触器同时工作时，通过它们的主触点会造成电源短路。所以，对正/反转控制电路最根本的要求是：必须保证两个接触器不能同时工作，这种控制称为互锁或联锁。

图 4-43 所示为按钮、接触器双重联锁的正/反转控制电路，可以避免上述问题的存在。

合上电源开关 QS：

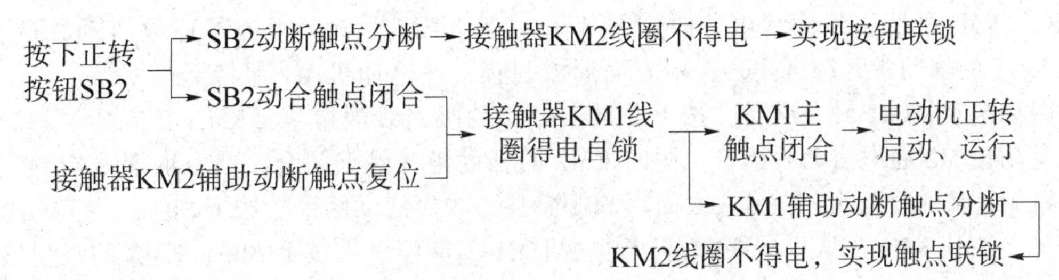

需要直接反转运行时：

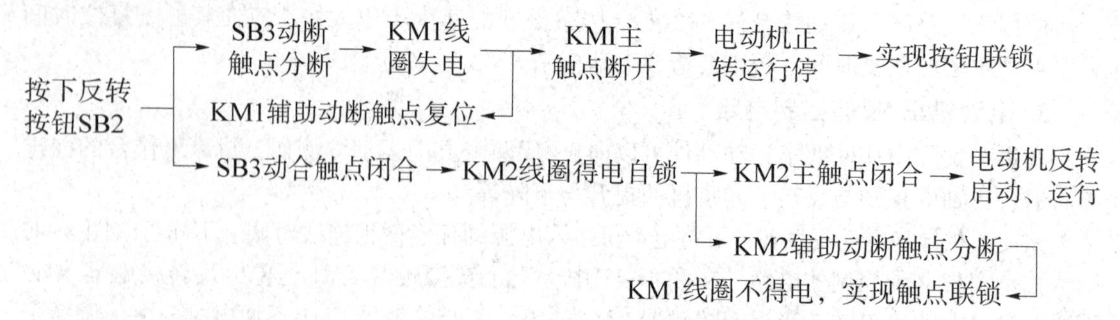

停机时，按下停止按钮 SB1，控制线路断电，接触器释放，电动机停转。

这种双重联锁的正/反转控制电路，集中了按钮联锁、触点联锁的优点，安全可靠，操作方便，是常用的电动机正/反转控制电路。

6. 电动机条件控制电路

1）顺序控制电路

有多台电动机的生产设备上，由于各台电动机的作用不同，需要按一定顺序启动或停止，才能实现设备的运行要求和安全。这种实现多台电动机按顺序启动或停止的控制方式称为电动机联锁控制。以两台电动机顺序启动、逆序停止的控制电路为例，分析其工作原理，该控制电路如图 4-44 所示。

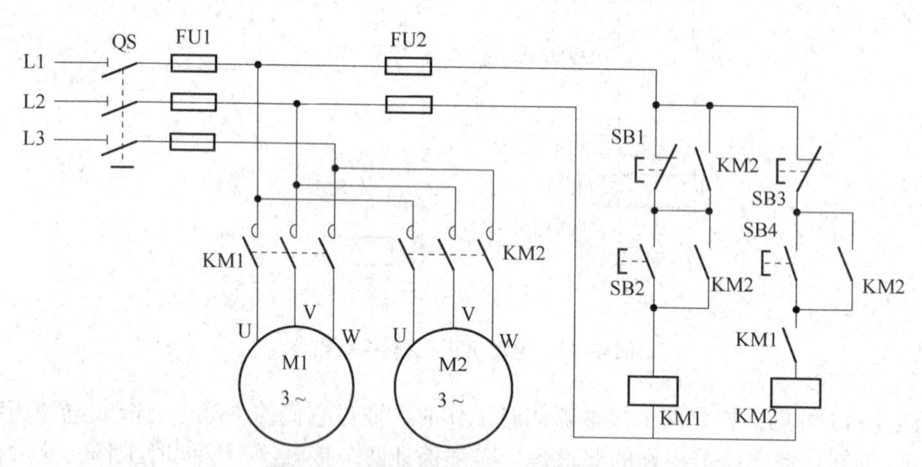

图 4-44 顺序控制-顺启逆停控制电路

工作原理：合上 QS，按下 SB4，由于 KM1 的吸引线圈没有得电，KM1 的辅助常开触点是断开状态，KM2 的吸引线圈无法得电，从而不能实现先启动电动机 M2 的功能；按下 SB2，KM1 的吸引线圈得电，KM1 的常开主触点闭合，电动机 M1 通电启动并运行；同时 KM1 的辅助常开触点闭合，一方面形成自锁，使电动机 M1 保持运行状态，另一方面为启动电动机 M2 做好准备；按下 SB4，KM2 的吸引线圈得电，KM2 的常开主触点闭合，电动机 M2 通电启动并运行；同时 KM2 的辅助常开触点闭合，一方面形成自锁，使电动机 M2 保持运行状态，另一方面将 SB1 锁住，顺序启动结束。按下 SB1，由于 SB1 被锁住，无法让 KM1 的吸引线圈断电，电动机 M1 不能停止；按下 SB3，KM2 的吸引线圈

断电，KM2 的常开主触点复位，电动机 M2 停止，并且 KM2 的辅助常开触点复位，为停止电动机 M1 做好准备；按下 SB1，KM1 的吸引线圈断电，KM1 的常开主触点复位，电动机 M1 停止，实现了逆序停止。

2）多地控制电路

在大型生产设备上，为了操作方便，需要在多个地点对电动机进行控制，这种控制方法就是多地控制。两地控制原理与多地控制原理相同，本教材以两地控制为例介绍其工作原理。两地控制电路如图 4-45 所示。

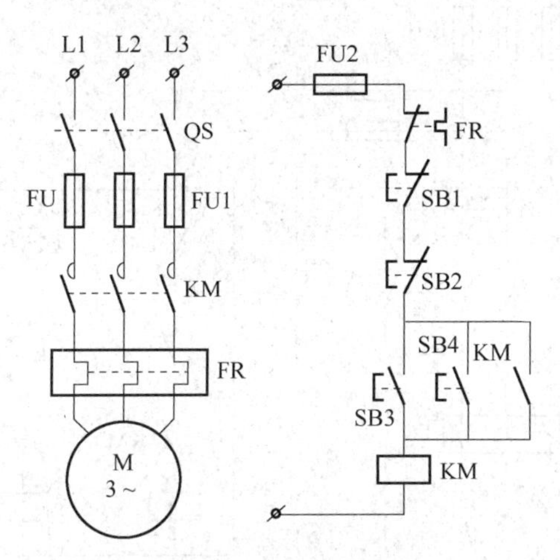

图 4-45　两地控制电路

工作原理：SB1、SB2 分别为 A、B 两地的停止按钮，SB3、SB4 分别为 A、B 两地的启动按钮。合上 QS，按下 SB3 或 SB4，KM 的吸引线圈得电，KM 的常开主触点闭合，电动机通电全压启动并运行，同时 KM 的辅助常开触点闭合，形成自锁，保证运行状态的延续；按下 SB1 或 SB2，KM 的吸引线圈断电，KM 的常开主触点复位，电动机断电停止。

任务实施

1. 任务实训目的

通过对三相异步电动机点动、连续、正/反转控制电路的安装接线，掌握由电气原理图接成实际操作电路的方法。

加深对电气控制系统各种保护、自锁等环节的理解。

学会分析、排除继电-接触控制电路故障的一般方法。

认识各电器的结构、图形符号、接线方法，并用万用表欧姆挡检查各电器线圈、触点是否完好。

2. 任务实施内容

1）电路安装接线

正/反转控制电路的接线较为复杂，特别是当按钮使用较多时。在电路中，两处主触点的接线必须保证相序相反；联锁触点必须保证常闭互串；按钮的接线必须正确、可靠、合理。

按照实验器件清单选择热继电器 FR1、熔断器 FU1 和 FU2、低压开关 QS、接触器 KM1 和 KM2 以及按钮 SB1、SB2、SB3 等器件；电动机 M 放在桌面上。

接线电路如图 4-46 所示，接线时应注意不要接错或漏接。在通电试车前，应仔细检查各接线端连接是否正确、可靠。

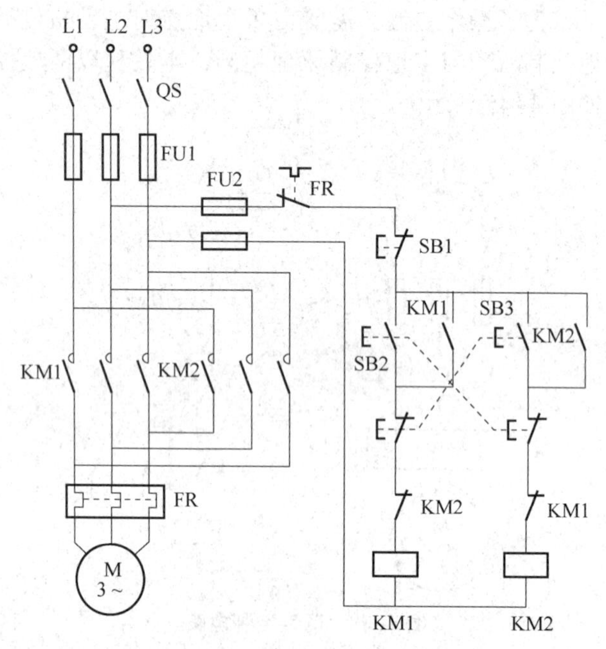

图 4-46　三相异步电动机正/反转接线

2）检查与调试

仔细检查，确认接线正确后，可接通交流电源，合上开关 QS，按下 SB2，电动机应正转。按下 SB3，电动机实现反转，如要电动机停止转动，按 SB1，使电动机停转。若不能正常工作，则应分析并排除故障，使电路能正常工作。

3. 任务实施过程

1）学生分组

学生进行分组，通常 3~5 人一组，选出小组负责人，下达任务。

学生根据任务内容，分组讨论，查阅资料，给出总体设计方案，到实验实训室进行相关测量实验，在以上过程中，教师要起主导作用，实时指导，并控制任务实施节奏，保证在规定课时内完成该任务。

2）学生展示

学生可以以电子版 PPT、图片或成品的形式对本组的任务实施方案进行阐述，对项目实施成果进行展示。

3）任务评价

任务评价以自评和互评的形式展开，填写任务自评、互评表，教师整体对该任务进行总结，对好的进行表扬，对差的指出不足。

评价反馈

<table>
<tr><th colspan="6">自我评价（40%）</th></tr>
<tr><td colspan="2">项目名称</td><td colspan="2"></td><td colspan="2">任务名称</td><td></td></tr>
<tr><td colspan="2">班级</td><td colspan="2"></td><td colspan="2">日期</td><td></td></tr>
<tr><td>学号</td><td></td><td>姓名</td><td></td><td>组号</td><td></td><td>组长</td><td></td></tr>
<tr><td>序号</td><td colspan="5">评价项目</td><td>分值</td><td>得分</td></tr>
<tr><td>1</td><td colspan="5">参与资料查阅</td><td>10 分</td><td></td></tr>
<tr><td>2</td><td colspan="5">参与同组成员间的交流沟通</td><td>10 分</td><td></td></tr>
<tr><td>3</td><td colspan="5">布线</td><td>15 分</td><td></td></tr>
<tr><td>4</td><td colspan="5">整个电路接线</td><td>15 分</td><td></td></tr>
<tr><td>5</td><td colspan="5">安全用电</td><td>15 分</td><td></td></tr>
<tr><td>6</td><td colspan="5">参与汇报</td><td>15 分</td><td></td></tr>
<tr><td>7</td><td colspan="5">7S 管理</td><td>10 分</td><td></td></tr>
<tr><td>8</td><td colspan="5">参与交流区讨论、答疑</td><td>10 分</td><td></td></tr>
<tr><td>总分</td><td colspan="7"></td></tr>
</table>

<table>
<tr><th colspan="8">小组互评（30%）</th></tr>
<tr><td colspan="2">项目名称</td><td colspan="2"></td><td colspan="2">任务名称</td><td colspan="2"></td></tr>
<tr><td colspan="2">班级</td><td colspan="2"></td><td colspan="2">日期</td><td colspan="2"></td></tr>
<tr><td>被评人姓名</td><td></td><td>被评人学号</td><td></td><td>被评人组别</td><td></td><td>评价人姓名</td><td></td></tr>
<tr><td>序号</td><td colspan="5">评价项目</td><td>分值</td><td>得分</td></tr>
<tr><td>1</td><td colspan="5">前期资料准备完备</td><td>10 分</td><td></td></tr>
<tr><td>2</td><td colspan="5">方案可执行度</td><td>10 分</td><td></td></tr>
<tr><td>3</td><td colspan="5">正确使用工具</td><td>10 分</td><td></td></tr>
<tr><td>4</td><td colspan="5">布线</td><td>10 分</td><td></td></tr>
<tr><td>5</td><td colspan="5">整个电路接线</td><td>10 分</td><td></td></tr>
<tr><td>6</td><td colspan="5">安全用电</td><td>10 分</td><td></td></tr>
<tr><td>7</td><td colspan="5">故障的排除</td><td>10 分</td><td></td></tr>
<tr><td>8</td><td colspan="5">心得体会汇总丰富、翔实</td><td>10 分</td><td></td></tr>
<tr><td>9</td><td colspan="5">积极参与讨论、答疑</td><td>10 分</td><td></td></tr>
<tr><td>10</td><td colspan="5">积极对遇到困难的组给予帮助与技术支持</td><td>10 分</td><td></td></tr>
<tr><td>总分</td><td colspan="7"></td></tr>
</table>

<table>
<tr><th colspan="6">教师评价（30%）</th></tr>
<tr><td>项目名称</td><td colspan="3"></td><td>任务名称</td><td></td></tr>
<tr><td>班级</td><td colspan="3"></td><td>日期</td><td></td></tr>
<tr><td>姓名</td><td></td><td>学号</td><td></td><td>组别</td><td></td></tr>
<tr><td colspan="6">教师总体评价意见：</td></tr>
<tr><td>总分</td><td colspan="5"></td></tr>
</table>

项目小结

1. 三相异步电动的拆装

三相异步电动机的结构、工作原理、转矩与机械特性、启动、调速和制动的方法；单相异步电动机的结构、原理；电动机的应用场合。

电动机是一个能量转换装置，电动机的作用是将电能转换为机械能。各种生产机械常用电动机来驱动。

电动机驱动生产机械的优点：简化生产机械的结构；提高生产率和产品质量；能实现自动控制和远距离操纵；减轻繁重的体力劳动。根据不同生产机械的要求，正确选择电动机的功率、种类、形式，以及它的保护电器和控制电器是极为重要的。

2. 常用低压控制电器

常用低压控制电器有开关、空气断路器、熔断器、按钮、交流接触器、中间继电器、热继电器、时间继电器等。

闸刀开关、组合开关和自动空气断路器通常用于电源的接通和断开。这些低压电器通常用作隔离开关。应用时注意额定电流的选择。

按钮、交流接触器、中间继电器可以对电动机实现启停、点动、正/反转、顺序联锁、异地等控制。

熔断器、热继电器、自动空气断路器可以实现对电路的各种保护功能：熔断器可以实现短路保护，热继电器可以实现过载保护，自动空气断路器可以实现短路和过载保护，交流接触器可以实现失压（欠压）保护。

学习测试

（1）有一四极三相异步电动机，额定转速 $n_N=1\ 440$ r/min，转子每相电阻 $R_2=0.02\ \Omega$，感抗 $X_{20}=0.08\ \Omega$，转子电动势 $E_{20}=20$ V，电源频率 $f_1=50$ Hz。试求该电动机启动时及在额定转速运行时的转子电流 I_2。

（2）三相异步电动机在正常运行时，如转子被突然卡住而不能转动，有何危险，为什么？

（3）设计一个控制电动机运转的电路，要求能在两个地点控制电动机的启动和停止。

（4）在电动机主电路中既然装有熔断器，为什么还要装热继电器？它们各起什么作用？

（5）图 4-47 所示电路是能在两处控制一台电动机启、停、点动的控制电路。要求：

①说明在各处启、停、点动电动机的操作方法；

②该控制电路有无零压保护？

③该图做怎样的修改，可以在三处控制一台电动机？

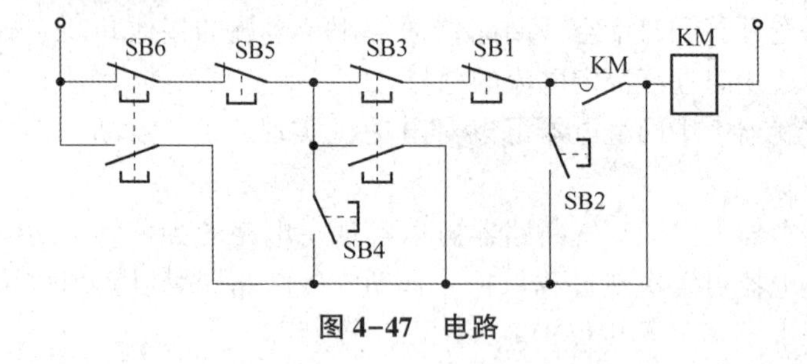

图 4-47　电路

项目五

简易助听器电路的设计

项目引入

随着我们逐步步入工作生活，我们的父辈祖辈们进入老年阶段，身体状况也每况愈下，他们逐渐喜欢扯着嗓子大声说话，嫌弃我们说话声音太小。同学们，你们有没有为此烦恼过？有没有想过为什么会出现这样的情况呢？

其实很可能是随着身体年龄的增大，他们的听力出现障碍了。听力障碍不仅仅会出现在老年人群中，新生儿听力筛查中也发现有一些儿童听力障碍者。由于环境污染的加剧(如噪声污染、空气污染、饮水污染、食品安全等问题)、不健康的生活和饮食习惯（如抽烟、酗酒、熬夜、过度饮食等）以及糖尿病、高血压、心脏病人的增多和耳机的使用（年轻人对音乐的追求，耳机长时间地高分贝使用)，造成声损伤的增加。那么如何帮助这些听力障碍者拥有正常听力呢？通过本项目的学习，希望同学们都能拥有这种能力，用自己的专业技能把对亲人、朋友、社会人士的关心付诸行动。

助听器可提高听力弱者的听觉。助听器实际上是一部超小型扩音器，如图 5-1 所示，它包括送话器（话筒)、放大器和受话器（耳机）三部分。声音由话筒变换为微弱的电信号，经放大器放大后输送到耳机，变换成较强的声音传入耳内。本项目通过助听器的制作，认识三极管和典型放大器的构成及应用。

图 5-1 助听器实物

项目分析

项目五知识图谱如图 5-2 所示。

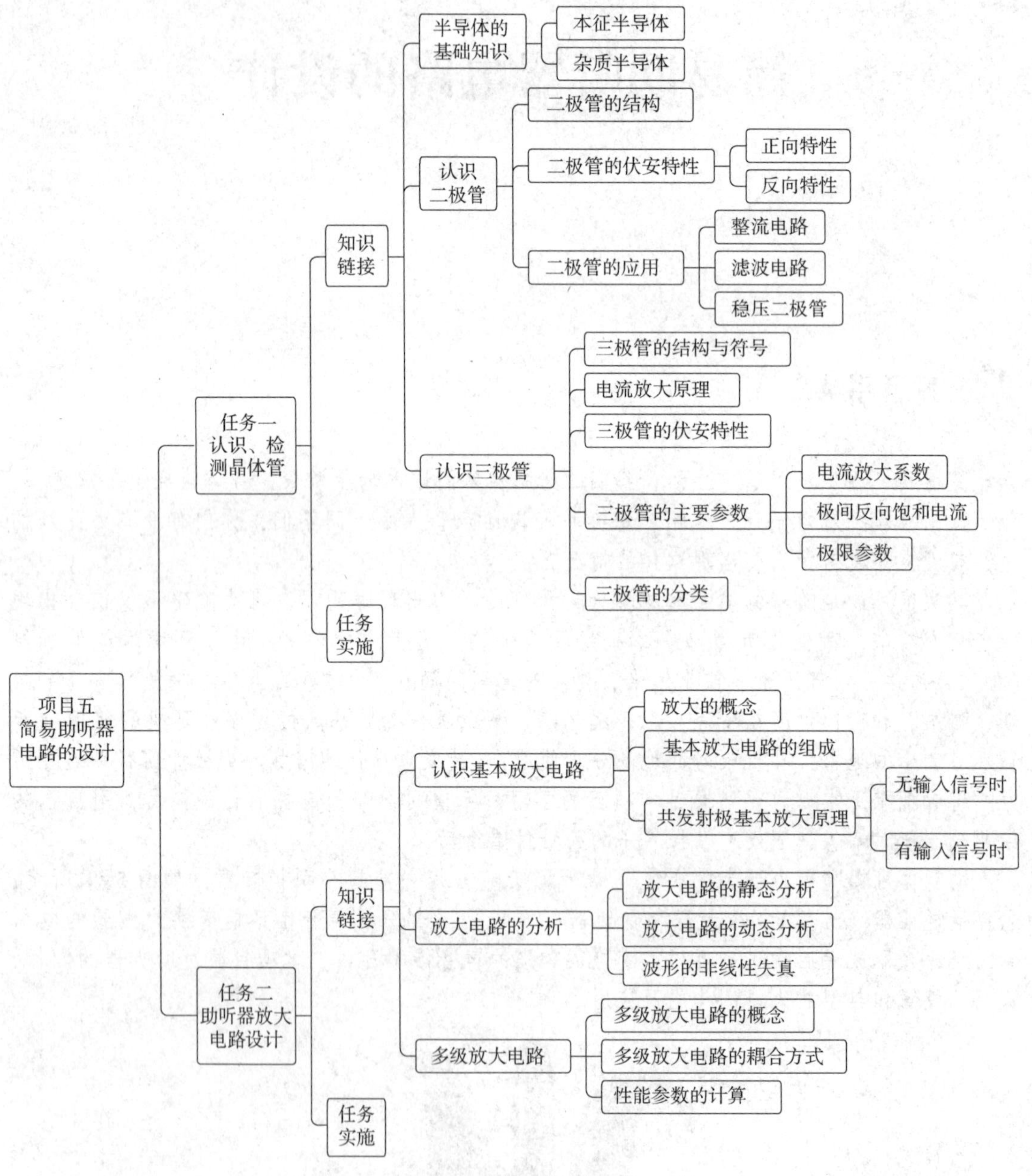

图 5-2　项目五知识图谱

1. 项目要求

采用耦合放大电路实现助听器电路的设计。

2. 实训内容

（1）根据任务要求设计好电路，选定元件及参数。
（2）根据所选器件画出电路图，并进行仿真。
（3）写出实验步骤和测试方法，设计实验记录表。
（4）进行调试及测试，排除实验过程中的故障。
（5）分析总结实验结果。

任务一　认识、检测晶体管

学习目标

知识目标	能力目标	职业素养目标
1. 掌握 PN 结的特性 2. 掌握二极管的特性及分析方法 3. 掌握三极管的结构及性能 4. 掌握三极管的分析方法	1. 会分析二极管的工作状态 2. 会判断三极管的工作状态 3. 正确判断三极管的引脚及好坏	1. 树立正确的学习观、价值观，增强社会责任感 2. 培养尊重宽容、团结友善、推己及人的优良品质

参考学时：4~6 学时。

任务引入

助听器电路中的核心元件是放大电路，其将微弱信号进行放大，而实现放大作用的核心是晶体三极管，那么什么是三极管？三极管为何具有放大作用？其放大效果怎么样呢？通过本任务的学习，我们将会逐一找到这些问题的解答。

知识链接

PN 结及半导体

一、半导体的基础知识

（一）本征半导体

本征半导体指晶格完整且不含杂质的晶体半导体。参与导电的电子和空穴的数目相等。

一般来说，半导体中的价电子不完全像绝缘体中价电子所受束缚那么强，如果能从外界获得一定的能量（如光照、温升、电磁场激发等），一些价电子就可能挣脱共价键的束缚而成为近似自由的电子（同时产生出一个空穴），这就是本征激发。这是一种热学本征激发，所需要的平均能量就是禁带宽度。

本征激发还有其他一些形式。如果是光照使得价电子获得足够的能量、挣脱共价键而成为自由电子，这是光学本征激发（竖直跃迁），这种本征激发所需要的平均能量要大于热学本征激发的能量——禁带宽度。如果是电场加速作用使得价电子受到高能量电子的碰撞、发生电离而成为自由电子，这是碰撞电离本征激发，这种本征激发所需要的平均能量大约为禁带宽度的 1.5 倍。

特点：在绝对零度温度下，半导体的价带是满带（见能带理论），受到光电注入或热激发后，价带中的部分电子会越过禁带进入能量较高的空带，空带中存在电子后成为导带，

价带中缺少一个电子后形成一个带正电的空位，称为空穴，导带中的电子和价带中的空穴合称为电子-空穴对。上述产生的电子和空穴均能自由移动，成为自由载流子，它们在外电场作用下产生定向运动而形成宏观电流，分别称为电子导电和空穴导电。这种由于电子-空穴对的产生而形成的混合型导电称为本征导电。导带中的电子会落入空穴，使电子-空穴对消失，称为复合。复合时产生的能量以电磁辐射（发射光子）或晶格热振动（发射声子）的形式释放。在一定温度下，电子-空穴对的产生和复合同时存在并达到动态平衡，此时本征半导体具有一定的载流子浓度，从而具有一定的电导率。加热或光照会使半导体发生热激发或光激发，从而产生更多的电子-空穴对，这时载流子浓度增加，电导率增加。半导体热敏电阻和光敏电阻等半导体器件就是根据此原理制成的。常温下本征半导体的电导率较小，载流子浓度对温度变化敏感，所以很难对半导体特性进行控制，因此实际应用不多。

本征半导体的特点：电子浓度=空穴浓度。

缺点：载流子少，导电性差，温度稳定性差。

（二）杂质半导体

掺入杂质后的本征半导体称为杂质半导体。

1. N 型半导体

本征半导体中掺入五价元素后形成以自由电子为多数载流子的杂质半导体（空穴为少数载流子）。

2. P 型半导体

本征半导体中掺入三价元素后形成以空穴为多数载流子的杂质半导体（电子为少数载流子）。

3. PN 结及其单向导电性

PN 结

采用不同的掺杂工艺，通过扩散作用，将 P 型半导体与 N 型半导体制作在同一块半导体（通常是硅或锗）基片上，在它们的交界面就形成空间电荷区，称为 PN 结。

PN 结：载流子的浓度差引起多子的扩散、复合使交界面形成空间电荷区（耗尽区），同时建立一内电场，如图 5-3 和图 5-4 所示。

空间电荷区的特点：无载流子，阻止扩散进行，有利于少子的漂移。

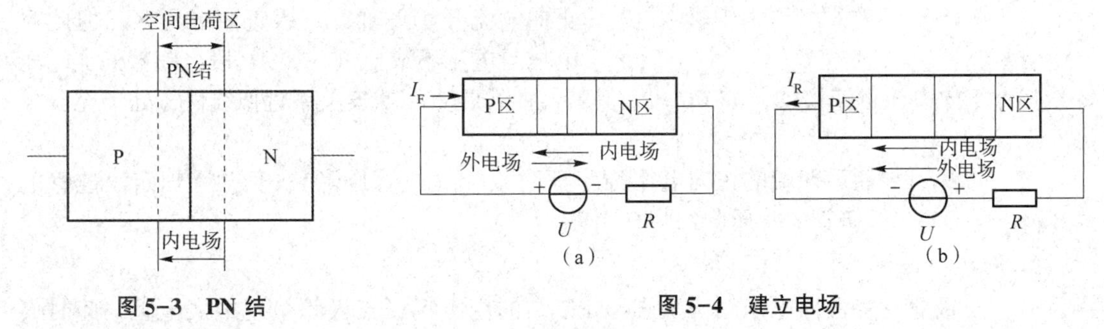

图 5-3　PN 结

图 5-4　建立电场

（a）外加正向电压（正向偏置）；（b）外加反向电压（反向偏置）

PN 结的单向导电性：正偏导通，呈小电阻，电流较大；反偏截止，电阻很大，电流近似为零。

二、认识二极管

认识二极管

（一）二极管的结构

二极管由管芯、管壳和两个电极构成。管芯就是一个 PN 结，在 PN 结的两端各引出一根引线，并用塑料、玻璃或金属材料作为封装外壳，就构成了晶体二极管，如图 5-5（a）所示。P 区引出的电极称为正极或阳极，N 区引出的电极称为负极或阴极。二极管的符号如图 5-5（b）所示。

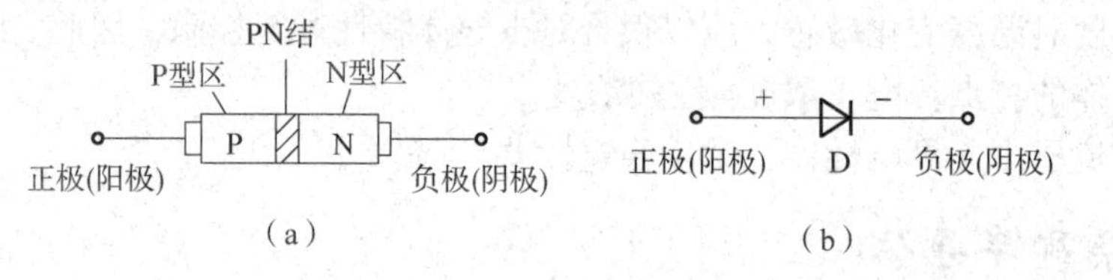

图 5-5　二极管封装

（二）二极管的伏安特性

二极管的伏安特性是指加在二极管两端的电压和流过二极管的电流之间的关系，用于定性描述这两者关系的曲线称为伏安特性曲线。通过晶体管图示仪观察到硅二极管的伏安特性如图 5-6 所示。

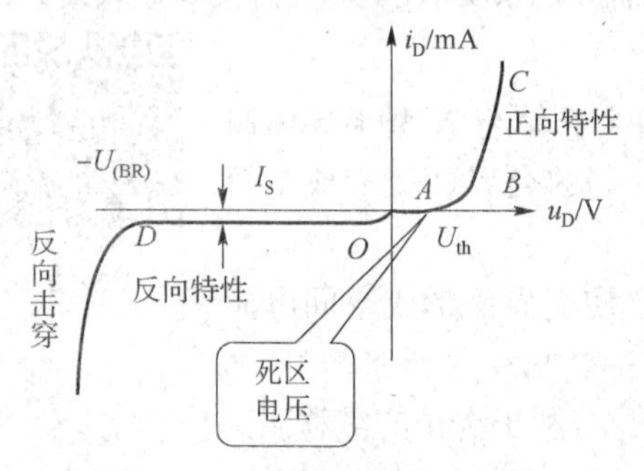

图 5-6　二极管伏安特性曲线

1. 正向特性

（1）外加正向电压较小时，二极管呈现的电阻较大，正向电流几乎为零，如 *OA* 段。曲线 *OA* 段称为不导通区或死区。一般硅管的死区电压约为 0.5 V，锗的死区电压约为 0.2 V，该电压值又称为门坎电压或阈值电压。

（2）当外加正向电压超过死区电压时，PN 结内电场几乎被抵消，二极管呈现的电阻很小，正向电流开始增加，进入正向导通区，但此时电压与电流不成比例，如 *AB* 段。随着外加电压的增加，正向电流迅速增加，如 *BC* 段，其特性曲线陡直，伏安关系近似线性，处于充分导通状态。

（3）二极管导通后两端的正向电压称为正向压降（或管压降），且几乎恒定。硅管的管压降约为 0.7 V，锗管的管压降约为 0.3 V。

2. 反向特性

（1）二极管承受反向电压时，加强了 PN 结的内电场，二极管呈现很大电阻，此时仅有很小的反向电流，如曲线 *OD* 段，该段称为反向截止区，此时电流称为反向饱和电流。实际应用中，反向电流越小说明二极管的反向电阻越大，反向截止性能越好。一般硅二极管的反向饱和电流在几十微安以下，锗二极管可达几百微安，大功率二极管稍大些。

（2）当反向电压增大到一定数值时（图中 D 点），反向电流急剧加大，进入反向击穿区，D 点对应的电压称为反向击穿电压。二极管被击穿后电流过大将使管子损坏，因此除稳压管外，二极管的反向电压不能超过击穿电压。

（三）二极管的应用

1. 整流电路

利用二极管的单向导电性将交流电变为直流电，称为整流。硅二极管构成的桥式整流电路如图 5-7 至图 5-9 所示。其输入输出波形如图 5-10 所示。

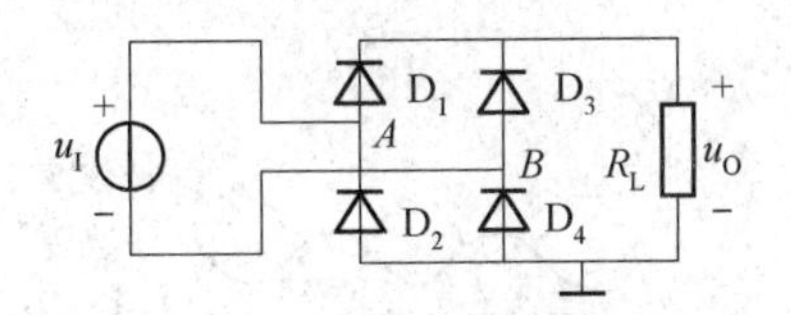

图 5-7　单向半波整流

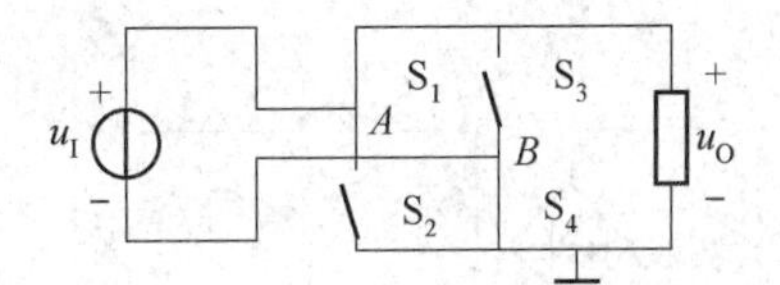

图 5-8　二极管 S_1、S_4 导通

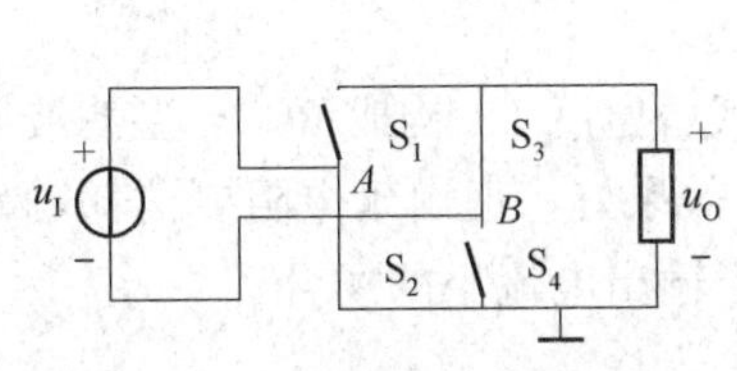

图 5-9　二极管 S_2、S_3 导通

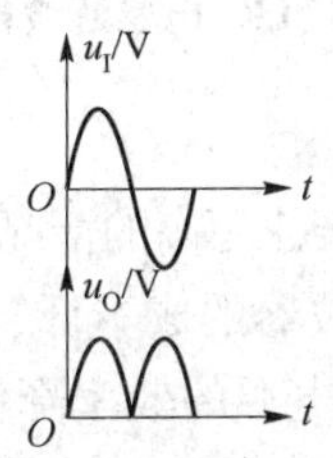

图 5-10　输入输出波形

2. 滤波电路

整流电路将交流电变为脉动直流电，但其中含有大量的交流成分（称为纹波电压）。为此需要将脉动直流中的交流成分滤除掉，这一过程称为滤波。

1）电容滤波

电容滤波的特点如下。

（1）输出电压平均值的大小与滤波电容 C 及负载电阻 R_L 的大小有关，C 的容量或 R_L 的阻值越大，其放电速度越慢，输出电压也越大，滤波效果越好。

（2）在采用大容量滤波电容时，接通电源的瞬间充电电流特别大。电容滤波器构造简单，负载直流电压较高，纹波也较小，但是输出特性较差，故适用于负载电压较高，负载变动不大的场合。

电容滤波电路及其波形如图 5-11 和图 5-12 所示。

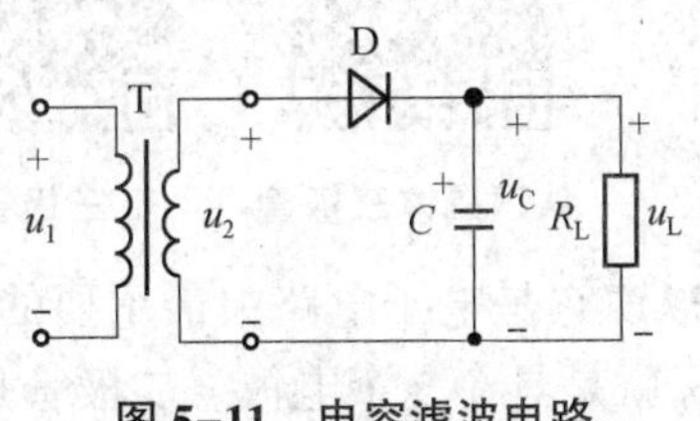

图 5-11　电容滤波电路

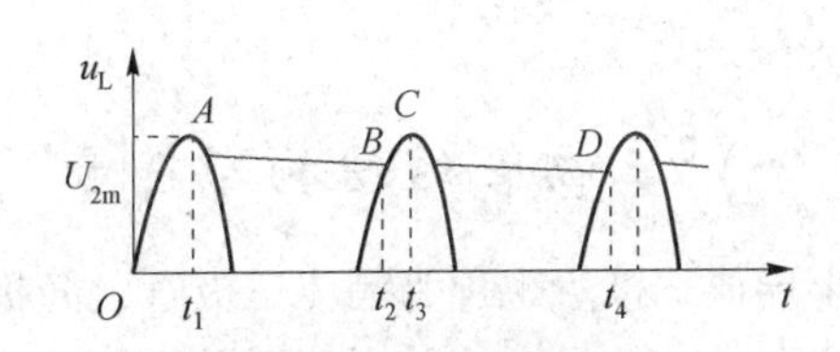

图 5-12　电容滤波波形

2）电感滤波

电感滤波器的特点：由于自感电动势的作用使二极管的导通角比电容滤波电路的增大，流过二极管的峰值电流减小，外特性较好，带负载能力较强。电感滤波电路主要用于电容滤波器难以胜任的大电流负载或负载经常变化的场合，在小功率电子设备中很少使用。

对直流分量：$X_L=0$，相当于短路，电压大部分降在 R_L上。

对谐波分量：f 越高，X_L越大，电压大部分降在 X_L上。因此，在输出端得到比较平滑的直流电压。

电感滤波电路及其波形如图 5-13 和图 5-14 所示。

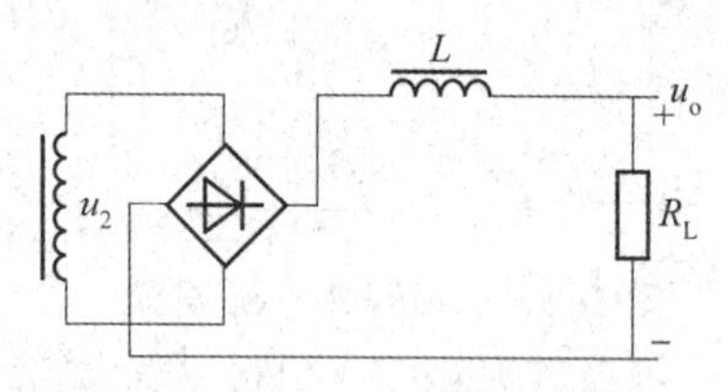

图 5-13　电感滤波电路

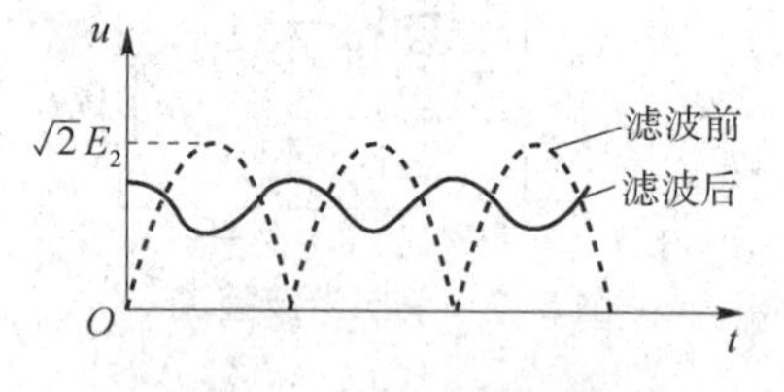

图 5-14　电感滤波波形

3）RC-π 型滤波

在电流较小、要求不高的情况下，常用电阻代替电感 L，构成 RC-π 型滤波器，如图 5-15 所示。RC-π 型滤波器的成本低、体积小，滤波效果好。但由于电阻要消耗功率，所以电源的损耗功率较大，电源的效率降低，一般适用于输出电流小的场合。

3. 稳压二极管

当稳压二极管工作在反向击穿状态下时，且当工作电流 i_Z 在 I_{Zmax} 和 I_{Zmin}之间时，其两端电压近似为常数，其特性曲线如图 5-16 所示。

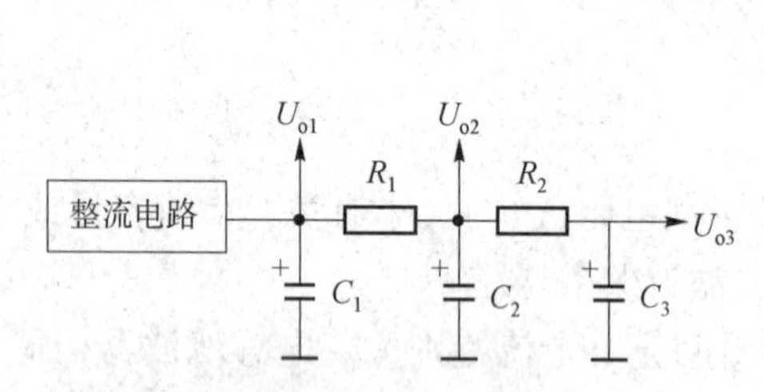

图 5-15　RC-π 型滤波

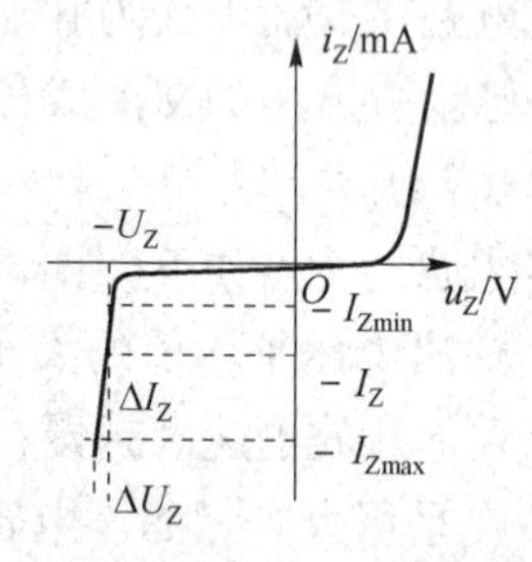

图 5-16　稳压二极管特性曲线

三、认识三极管

认识晶体三极管

三极管

（一）三极管的结构与符号

半导体三极管也称为晶体三极管，简称三极管，可以说它是电子电路中最重要的器件。它最主要的功能是电流放大和开关作用。三极管顾名思义就是具有 3 个电极。二极管是由一个 PN 结构成的，而三极管由两个 PN 结构成，共用的一个电极称为三极管的基极（用字母

B 或 b 表示)。其他的两个电极称为集电极（用字母 C 或 c 表示）和发射极（用字母 E 或 e 表示)，如图 5-17 所示。由于不同的组合方式，形成了一种是 NPN 型的三极管，而另一种是 PNP 型的三极管，其符号如图 5-18 所示。

图 5-17　三极管结构　　　图 5-18　三极管符号

三极管是由两个 PN 结组成的。把基极和发射极之间的 PN 结称为发射结，基极和集电极之间的 PN 结称为集电结。

（二）电流放大原理

三极管放大的条件如下。

内部条件：发射区掺杂浓度高、基区薄且掺杂浓度低、集电结面积大。

外部条件：发射结正偏、集电结反偏。$U_{CB}>0$ 时集电结反偏；$U_{BE}>0$ 时发射结正偏。

三极管电流放大条件如图 5-19 所示，其输入输出回路如图 5-20 所示。

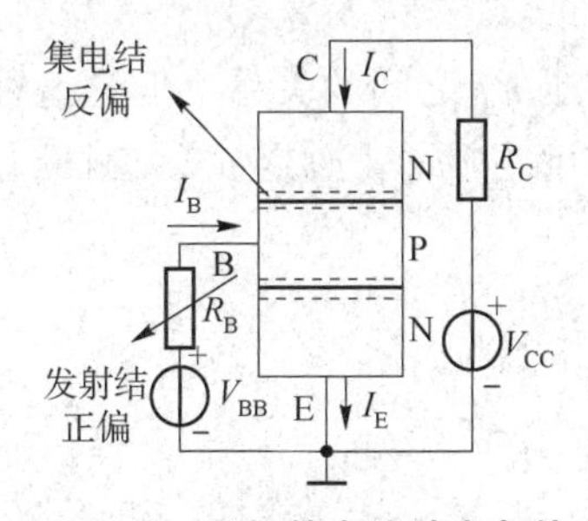

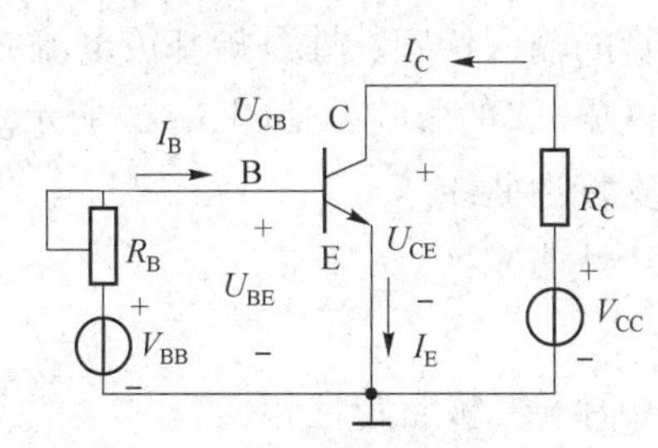

图 5-19　三极管电流放大条件　　　图 5-20　三极管输入输出回路

三极管的电流分配关系：

$$I_E=I_C+I_B$$

当管子制成后，发射区载流子浓度、基区宽度、集电结面积等便确定，故电流的比例关系确定，即

$$\bar{\beta}\approx\frac{I_C}{I_B}\qquad I_C=\bar{\beta}I_B\qquad I_E=(1+\bar{\beta})I_B$$

以小电流（I_B）控制大电流（I_C）的作用，称为三极管的电流放大作用。三极管电流分配关系如图 5-21 所示。

三极管内部载流子的传输过程如下。

(1) 发射区向基区注入多子电子，形成发射极电流 I_E。(基区空穴运动因浓度低而忽略)

(2) 电子到达基区后多数向集电结方向扩散形成 I_{CN}。少数与空穴复合，形成 I_{BN}。

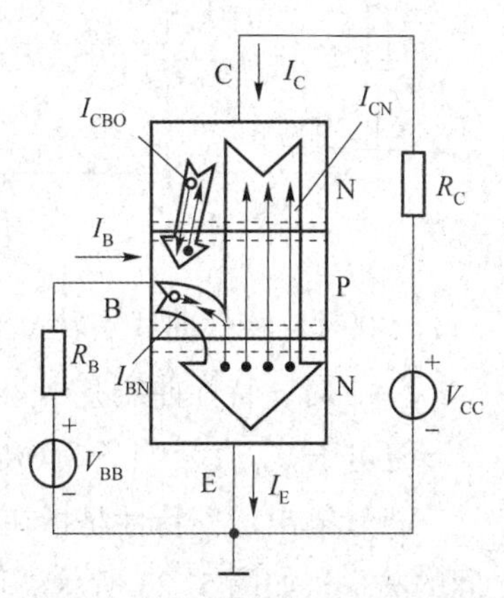

图 5-21　三极管电流分配关系

基区空穴来源：①基极电源提供（I_B）；②集电区少子漂移（I_{CBO}）。

因此存在如下关系：

$$I_{BN} \approx I_B - I_{CBO}$$

$$I_B \approx I_{BN} + I_{CBO}$$

(3) 集电区收集扩散过来的载流子形成集电极电流 I_C，即

$$I_C = I_{CN} + I_{CBO}$$

考虑到集电结反向饱和电流 I_{CBO} 的影响，有

$$\bar{\beta} = \frac{I_{CN}}{I_{BN}} = \frac{I_C - I_{CBO}}{I_B - I_{CBO}}$$

$$I_C = \bar{\beta} I_B + (1+\bar{\beta}) I_{CBO} = \bar{\beta} I_B + I_{CEO}$$

（三）三极管的伏安特性

伏安特性就是指电压与电流的相互关系，由于三极管的电压值与电流值不像电阻一样是直线性地按比例变化，即三极管的电压与电流的比值，不服从欧姆定律，三极管的伏安特性曲线是非线性的，所以经常用电压与电流的非线性曲线去直观地表示其每个电量的变化关系。三极管有三个引脚，因此需要通过两个伏安特性来展示三极管的特征，这两个伏安特性分别为输入伏安特性和输出伏安特性。

三极管的输入伏安特性是指基极电流 i_B 与发射极电压 u_{BE} 之间的关系，但是这种关系受到集电极电压 u_{CE} 的影响，如图 5-22 所示。所以，通常固定 u_{CE}，改变 u_{BE}，测量 i_B 即可得到输入伏安特性曲线。

输入特性曲线为

$$i_B = f(u_{BE}) \big|_{u_{CE}=常数}$$

$u_{CE}=0$ 时与二极管特性相似。

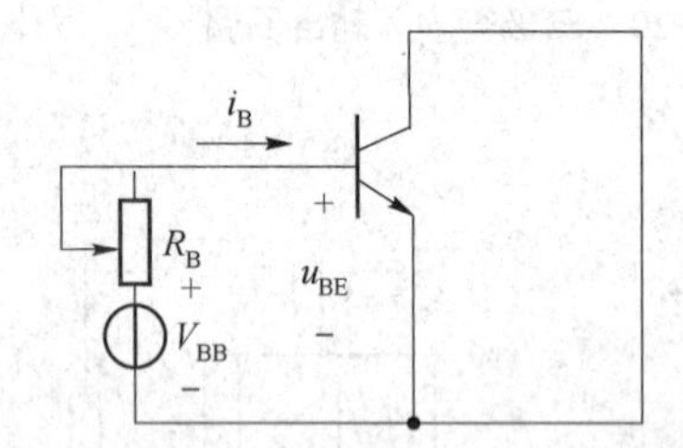

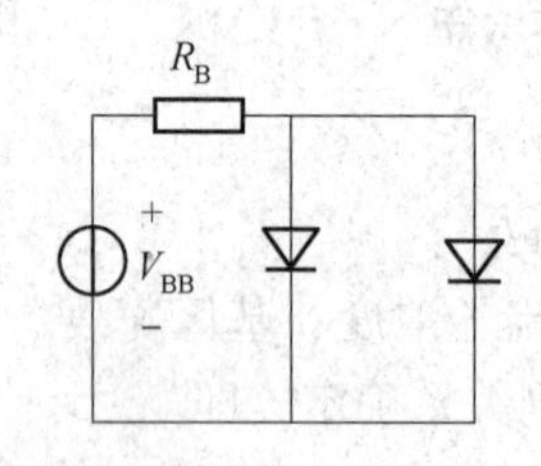

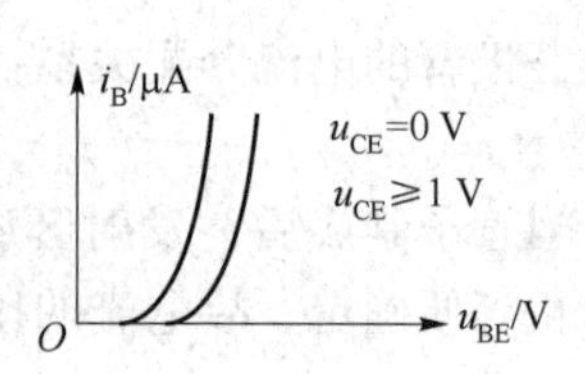

图 5-22　三极管的输入特性曲线

$u_{CE}>0$ 时，特性曲线右移（因集电结开始吸引电子）；

$u_{CE} \leqslant 1$ 时，特性曲线基本重合（电流分配关系确定）。

导通电压 $U_{BE(ON)}$：硅管为 0.6~0.8 V，一般取 0.7 V；锗管为 0.2~0.3 V，一般取 0.2 V。

三极管输出伏安特性是指在一个确定的基极电流 i_B 下，集电极电流 i_C 与集电结电压 u_{CE} 之间的关系，如图 5-23 所示。

$$i_C = f(u_{CE}) \big|_{i_B=常数}$$

1. 放大区

$$i_C=\beta i_B+I_{CEO}$$

注：由于交流放大系数与直流放大系数约相等，故交、直流放大系数都习惯用β表示。

条件：发射结正偏，集电结反偏；特点：水平、等间隔。

2. 饱和区

$$u_{CE}\leqslant u_{BE}$$

$$u_{CB}=u_{CE}-u_{BE}=0$$

条件：两个结正偏；

特点：临界饱和时，有

$$u_{CE}=u_{BE}$$

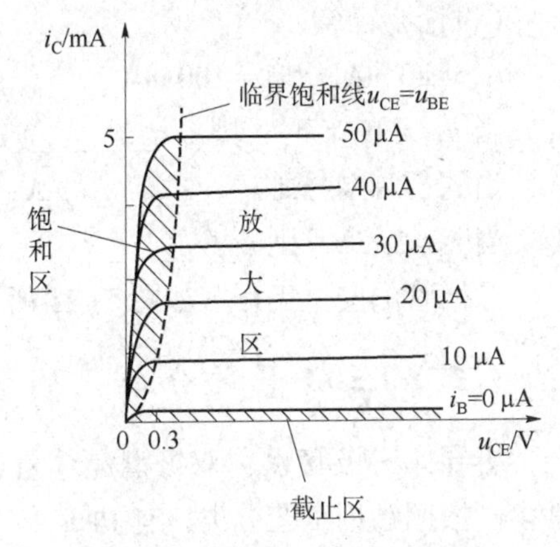

图 5-23　三极管的输出特性曲线

深度饱和时：$u_{CE(sat)}=0.3$ V（硅管）；$u_{CE(sat)}=0.1$ V（锗管）。

3. 截止区

$$i_B\leqslant 0$$

$$i_C=I_{CEO}\approx 0$$

条件：两个结反偏。

（四）三极管的主要参数

1. 电流放大系数

由图 5-24 可知，共发射极三极管的电流放大系数如下：

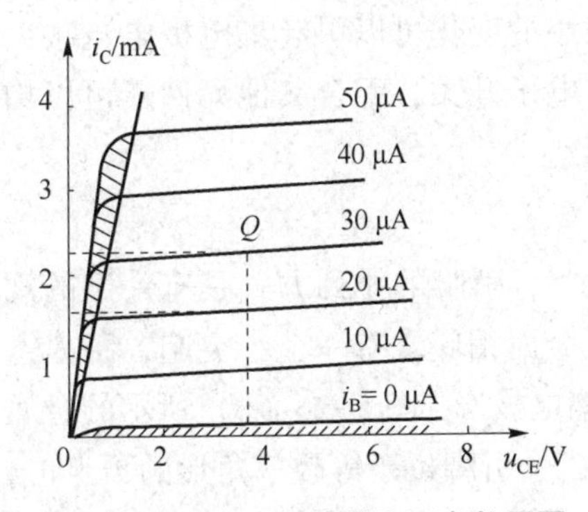

图 5-24　确定三极管的主要参数用图

$\bar{\beta}$——直流电流放大系数，有

$$\bar{\beta}=\frac{2.45\times10^{-3}\ \text{A}}{30\times10^{-6}\ \text{A}}\approx 82$$

β——交流电流放大系数，有

$$\beta=\frac{\Delta i_c}{\Delta i_b}=\frac{(2.45-1.65)\times10^{-3}\text{A}}{10\times10^{-6}\text{A}}=\frac{0.8}{10}=80\approx\bar{\beta}$$

2. 极间反向饱和电流

CB 极间反向饱和电流为 I_{CBO}，CE 极间反向饱和电流为 I_{CEO}。

3. 极限参数

（1）I_{CM}——集电极最大允许电流，超过时β值明显降低。

（2）P_{CM}——集电极最大允许功率损耗。

（3）$U_{(BR)CEO}$——基极开路时 C、E 极间反向击穿电压。

$U_{(BR)CBO}$——发射极开路时 C、B 极间反向击穿电压。

$U_{(BR)EBO}$——集电极极开路时 E、B 极间反向击穿电压。

（讨论）已知：

$I_{CM}=20$ mA，$P_{CM}=100$ mW，$U_{(BR)CEO}=20$ V。

当 $u_{CE}=10$ V 时，则 $i_C<$________ mA；

当 $u_{CE}=1$ V，则 $i_C<$________ mA；

当 $i_C=2$ mA，则 $u_{CE}<$________ V。

三极管的安全工作区如图 5-25 所示。

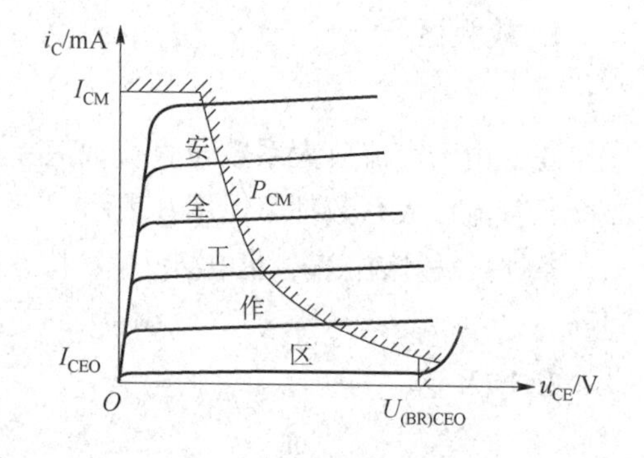

图 5-25　三极管的安全工作区

（五）三极管的分类

半导体三极管也称双极型晶体管，其种类非常多。按照结构工艺分类，有 PNP 和 NPN 型；按照制造材料分类，有锗管和硅管；按照工作频率分类，有低频管和高频管，一般低频管用于处理频率在 3 MHz 以下的电路中，高频管的工作频率可以达到几百兆赫。按照允许耗散的功率大小分类，有小功率管和大功率管，一般小功率管的额定功耗在 1 W 以下，而大功率管的额定功耗可达几十瓦以上。常见的半导体三极管外形如图 5-26 所示。

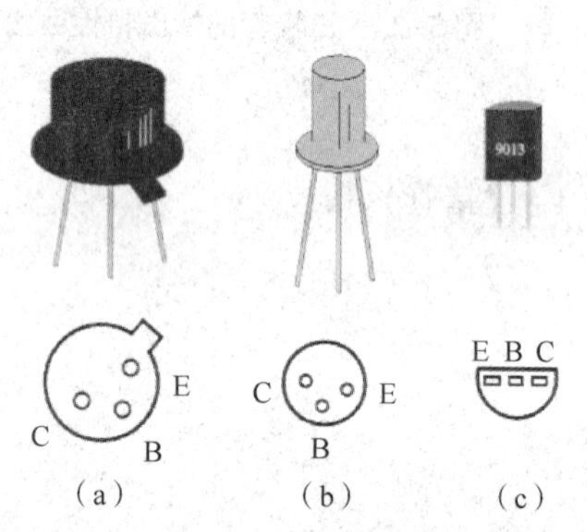

图 5-26　常见的半导体三极管

三极管最基本的作用是放大作用，它可以把微弱的电信号变成一定强度的信号，当然这种转换仍然遵循能量守恒，它只是把电源的能量转换成信号的能量罢了。三极管有一个重要参数，就是电流放大系数 β。当三极管的基极上加一个微小的电流时，在集电极上可以得到一个为注入电流 β 倍的电流，即集电极电流。集电极电流随基极电流的变化而变化，并且基极电流很小的变化可以引起集电极电流很大的变化，这就是三极管的放大作用。三极管还可以用作电子开关，配合其他元件还可以构成振荡器。

1. 三极管的封装形式和引脚识别

常用三极管的封装形式有金属封装和塑料封装两大类，引脚的排列方式具有一定的规律，如图 5-26（a）所示为中小功率金属封装三极管，金属帽底端有一个小突起，距离这个突起最近的是发射极 E，然后顺时针依次是基极 B，集电极 C；图 5-26（b）所示的金属封装三极管是没有突起的，按图示底视图位置放置，使三个引脚位于等腰三角形的顶点上，从左向右依次为 C、B、E；图 5-26（c）所示为中小功率塑料封装三极管，将其平面朝自己，三个引脚朝下放置，一般从左到右依次为 E、B、C。

目前，国内各种类型的晶体三极管有许多种，引脚的排列不尽相同，在使用中不能确定引脚排列的三极管，必须要进行测量确定各引脚正确的位置，或查找晶体管使用手册，明确三极管的特性及相应的技术参数和资料。

2. 三极管的电流放大作用

三极管具有电流放大作用，其实质是三极管能以基极电流微小的变化量来控制集电极电流较大的变化量。这是三极管最基本和最重要的特性。将 $\Delta I_c/\Delta I_b$ 的比值称为三极管的电流放大倍数，用符号 β 表示。电流放大倍数对于某一只三极管来说是一个定值，但随着三极管工作时基极电流的变化也会有一定的改变。

3. 三极管的 3 种工作状态

（1）截止状态：当加在三极管发射结的电压小于 PN 结的导通电压时，基极电流为零，集电极电流和发射极电流都为零，三极管这时失去了电流放大作用，集电极和发射极之间相当于开关的断开状态，称之为三极管处于截止状态。

（2）放大状态：当加在三极管发射结的电压大于 PN 结的导通电压，并处于某一恰当的值时，三极管的发射结正向偏置，集电结反向偏置，这时基极电流对集电极电流起着控制作用，使三极管具有电流放大作用，其电流放大倍数 $\beta=\Delta I_c/\Delta I_b$，这时三极管处于放大状态。

（3）饱和导通状态：当加在三极管发射结的电压大于 PN 结的导通电压，并当基极电流增大到一定程度时，集电极电流不再随着基极电流的增大而增大，而是处于某一定值附近不怎么变化，这时三极管失去电流放大作用，集电极与发射极之间的电压很小，集电极和发射极之间相当于开关的导通状态。三极管的这种状态称为饱和导通状态。

根据三极管工作时各个电极的电位高低，就能判别三极管的工作状态，因此，电子维修人员在维修过程中，经常要拿多用电表测量三极管各引脚的电压，从而判别三极管的工作情况和工作状态。

任务实施

（一）三极管的放大性能测试

三极管具有电流放大作用，我们可用实验来测试其放大参数，三极管放大性能测试电路如图 5-27 所示。基极电源 V_{BB}、基极电阻 R、基极 B 和发射极 E、滑动变阻器 R_P 组成输入回路，其中串入一个电流表测量基极电流。集电极电源 V_{CC}、集电极 C 和发射极 E 组成输出回路，其中集电极和发射极分别串入一个电流表测量集电极和发射极电流。发射极是公共电极，这种电路称为共发射极放大电路。

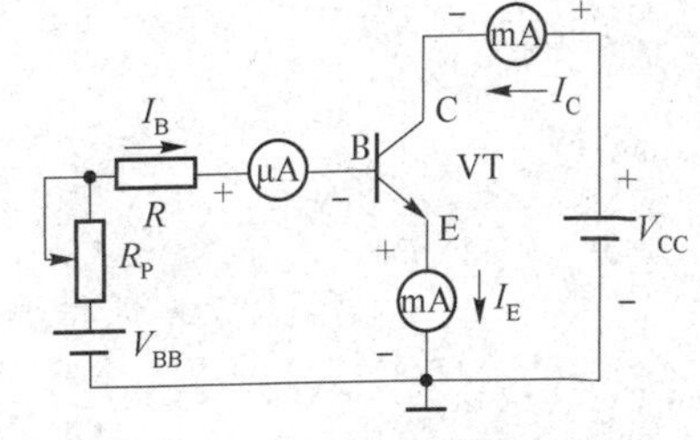

图 5-27　三极管放大性能测试电路

电路中 $V_{CC}>V_{BB}$，电源极性如图 5-27 所示，这样可保证发射结正偏，集电结反偏，从而使三极管处于放大状态。

（二）实验结果分析

通过调整滑动变阻器 R_P 的值，改变基极电流，测量对应的集电极电流 I_C 和发射极电流 I_E，将测量结果记录于表 5-1 中。

表 5-1 测量结果

电流	测试次序					
	1	2	3	4	5	6
$I_B/\mu A$	0	10	20	30	40	50
I_C/mA						
I_E/mA						
$\frac{I_C}{I_B}$						
$\frac{\Delta I_C}{\Delta I_B}$						

分析实验数据可得出以下结论。

(1) 发射极电流等于基极电流和集电极电流之和，即

$$I_E = I_B + I_C$$

②I_C比I_B大很多，从第二列开始后的数据可以看出，I_C比I_B大几十倍，其比值$\frac{I_C}{I_B}$近似为常数，用$\bar{\beta}$表示，由此可发现三极管将I_B放大了$\bar{\beta}$倍。

(3) I_B发生很小的变化就可以引起I_C发生很大变化，且其比值$\frac{\Delta I_C}{\Delta I_B}$近似为一常数。

任务二　助听器放大电路设计

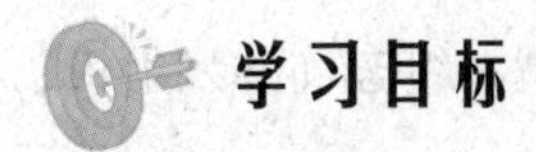

学习目标

知识目标	能力目标	职业素养目标
1. 熟悉三极管放大原理 2. 掌握三极管放大电路结构 3. 掌握放大电路静态和动态分析方法 4. 理解三极管主要性能指标及作用	1. 能够对三极管进行静态分析，计算其静态工作点参数 2. 能够对三极管进行动态分析 3. 能够计算三极管的主要性能指标	1. 树立正确的学习观、价值观，增强社会责任感 2. 培养尊重宽容、团结友善、推己及人的优良品质

参考学时：6~8 学时。

任务引入

助听器的主要作用是将声音信号放大，熟悉多级放大电路的组成及参数计算，设计多级放大电路组成的助听器放大电路。

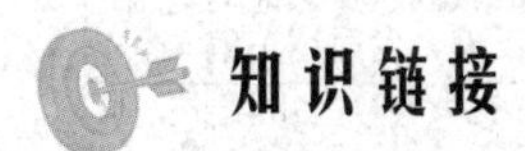

知识链接

一、认识基本放大电路

基本放大电路

（一）放大的概念

放大是指利用一定外部工具，使原物体的形状或大小等一系列属性按一定的比例扩大的过程。日常生活中，利用扩音机放大声音，是电子学中最常见的放大，其原理框图如图 5-28 所示。

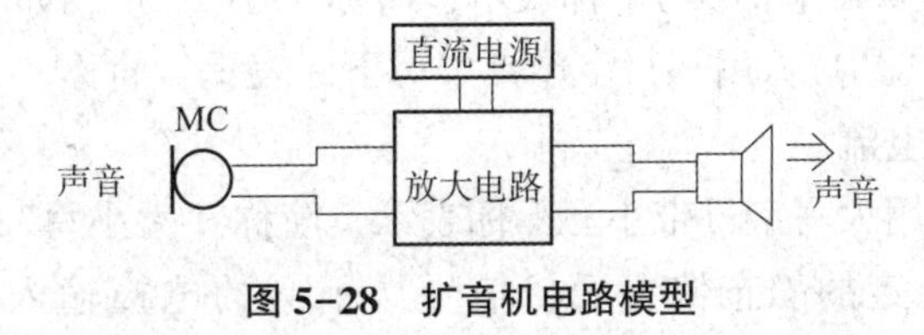

图 5-28　扩音机电路模型

由此例子可以知道，放大器大致可以由输入信号、放大电路、直流电源、输出信号等四部分组成，它主要用于放大小信号，其输出电压或电流在幅度上得到放大，输出信号的能量得到加强。对放大电路的基本要求：一是信号不失真；二是要放大。

（二）基本放大电路的组成

基本放大电路一般是指由一个三极管与相应分立元件组成的三种基本组态（共发射极、共基极、共集电极）放大电路，如图 5-29 所示。

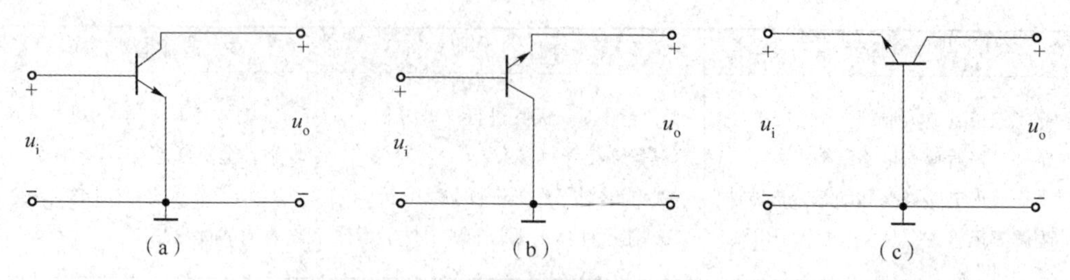

图 5-29 放大电路三种组态

（a）共发射极组态；（b）共集电极组态；（c）共基极组态

1. 三极管放大电路的三种组态

注意：无论图 5-29 的哪一种组态，要使三极管具有放大作用，都必须保证三极管工作在放大区，即满足发射结正偏，集电结反偏。

共发射极基本放大电路如图 5-30 所示，其原理如图 5-31 所示。

R_B：基极偏置电阻，使发射结正偏，并提供适当的静态工作点 I_B 和 U_{BE}。

V_{CC}：集电极直流电源。

R_C：集电极直流负载电阻，将变化的电流转变为变化的电压。

C_1、C_2：耦合电容，是电解电容，有极性，大小为 10～50 μF。作用：隔直流通交流，隔离输入输出与电路直流的联系，同时能使信号顺利输入输出。

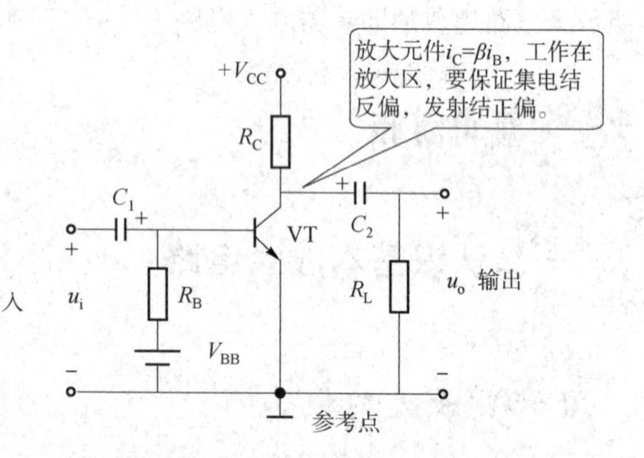

图 5-30 共发射极基本放大电路

放大电路中存在以下四种不同的分量，以基极电流为例。

①直流分量：用大写字母带大写下标表示，简称“大大写”，如 I_B。

②交流分量：用小写字母带小写下标表示，简称“小小写”，如 i_b。

③交直流叠加量（总量）：用小写字母带大写下标表示，简称“小大写”，如 $i_B=I_B+i_b$，这表示基极实际上的总电流。

④交流量有效值：用大写字母带小写下标表示，简称“大小写”，如 I_b。

三极管获得合适稳定的静态偏置后，信号从不同的电极输入输出，便构成不同组态的放大电路，除共发射极、共集电极放大电路外，还有共基极放大电路，如表 5-2 所示。

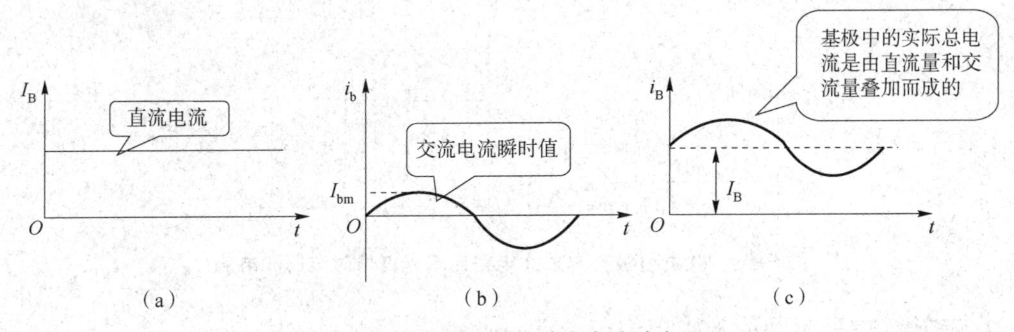

（a）　（b）　（c）

图 5-31　共发射极基本放大电路放大原理

表 5-2　各种放大电路及其特性

组态	共发射极放大电路	共集电极放大电路	共基极放大电路
电路图	R_{B1}、R_C、C_2、V_{CC}、C_1、VT、R_{B2}、R_E、C_E、u_i、u_o、R_L	R_B、V_{CC}、C_1、VT、C_2、u_i、R_E、u_o、R_L	V_{CC}、R_{B1}、R_C、C_2、C_B、VT、R_{B2}、R_E、C_1、u_i、u_o、R_L
A_u	高	低	高
r_i	中	大	小
r_o	大	小	大
相位	u_o与u_i反相	u_o与u_i同相	u_o与u_i同相
应用	低频放大、多级放大电路的中间级	多级放大输入、输出级；阻抗变换、缓冲〈隔离〉级	高频放大、宽频放大振荡及恒流电路

（三）共发射极基本放大原理

共发射极基本放大电路如图 5-32 所示。

1. 无输入信号时（$u_i=0$）

$$u_o=0$$

$$u_{BE}=U_{BE}$$

$$u_{CE}=U_{CE}$$

结论：无输入信号电压时，三极管各电极上的电信号都是恒定的，如图 5-33 所示。

（I_B、U_{BE}）和（I_C、U_{CE}）分别对应于输入输出特性曲线上的一个点，称为静态工作点 Q，如图 5-34 所示。

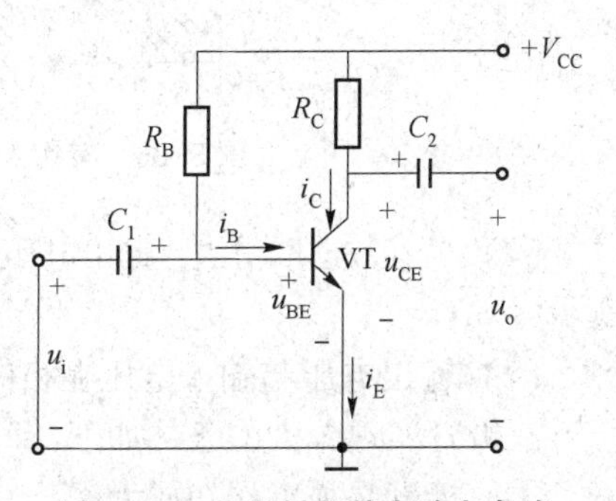

图 5-32　共发射极基本放大电路

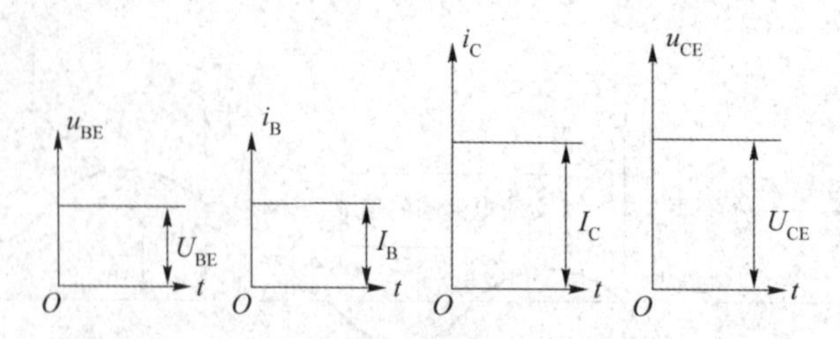

图 5-33　共发射极基本放大电路无输入信号时电压和电流

2. 有输入信号时（$u_i \neq 0$）

$$u_o \neq 0$$

$$u_{BE} = U_{BE} + u_i$$

$$u_{CE} = U_{CE} + u_o$$

$$U_{CE} = V_{CC} - I_C R_C$$

结论：加上输入信号电压后，各电极的电流和电压的大小均发生了变化，都在直流量的基础上叠加了一个交流量，但方向始终不变，如图 5-35 至图 5-37 所示。

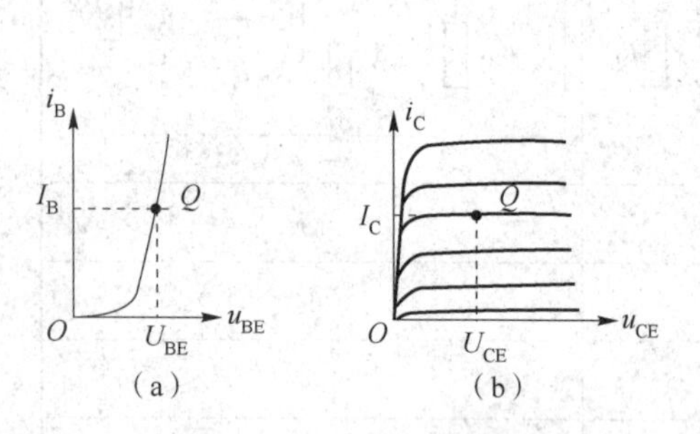

图 5-34　图解法求电流

（a）图解法求输入电流；（b）图解法求输出电流

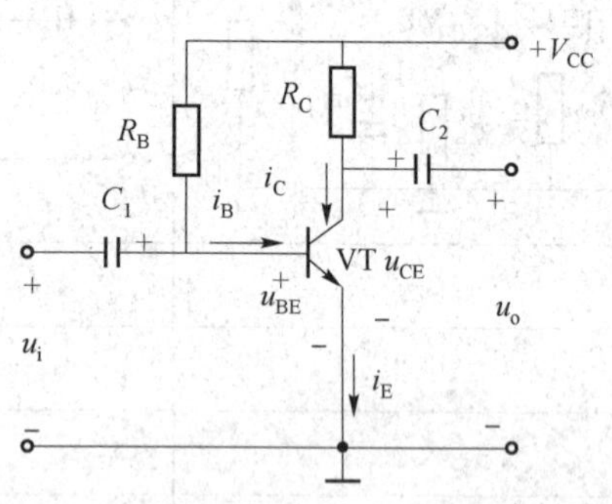

图 5-35　有输入单电源共发射极放大电路

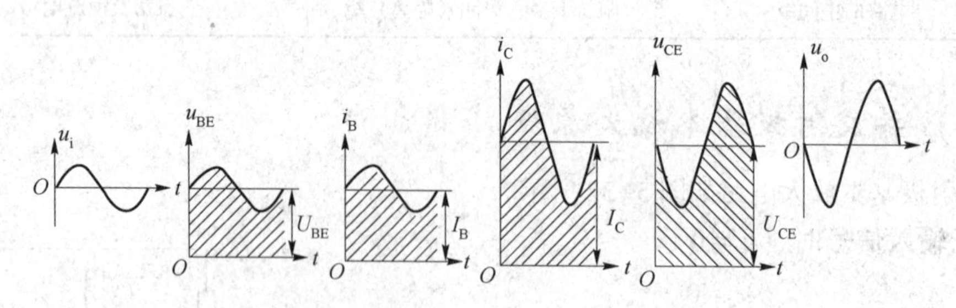

图 5-36　有输入信号时输入电压到输出电压的推导过程

（1）若参数选取得当，输出电压可比输入电压大，即电路具有电压放大作用，如图 5-38 所示。

（2）输出电压与输入电压在相位上相差 180°，即共发射极放大电路具有反相作用。

三极管实现放大的条件如下：

①三极管必须工作在放大区，发射结正偏，集电结反偏；

②正确设置静态工作点，使整个波形处于放大区；

③输入回路将变化的电压转换成变化的基极电流；

④输出回路将变化的集电极电流转换成变化的集电极电压，经电容耦合只输出交流信号。

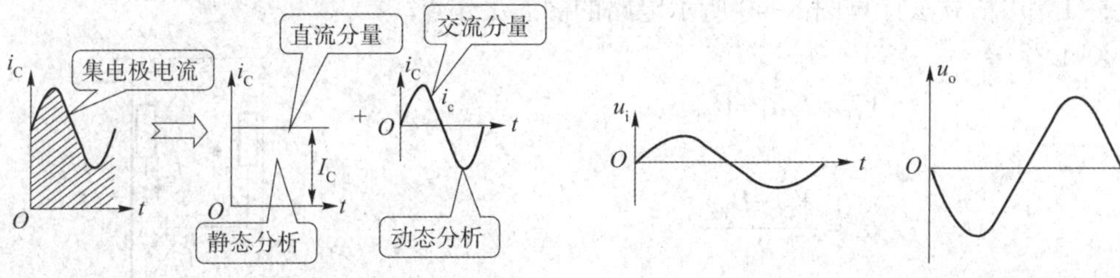

图 5-37　集电极电流的直流和交流分量　　　　图 5-38　电压放大作用

二、放大电路的分析

放大电路的分析

（一）放大电路的静态分析

放大电路的静态是指输入信号为零时的状态，电路中只包含直流量，因此可以用放大电路的直流通路来分析。

在放大电路的输入回路中，三极管的一方可以用三极管的输入特性曲线表示；外电路的一方可以用基极回路直流通路方程式来描述。

对于放大电路的输出回路，可以用三极管的输出特性曲线和输出侧直流通路的方程式来描述。

静态工作点分析如下。

静态：当 $u_i=0$ 时，放大电路的工作状态，也称为直流工作状态。

动态：当 $u_i \neq 0$ 时，放大电路的工作状态，也称为交流工作状态。

放大电路建立正确的静态，是保证动态工作的前提。分析放大电路必须要正确地区分静态和动态，正确地区分直流通道和交流通道。

静态分析：确定放大电路的静态值——静态工作点 Q（I_{BQ}、I_{CQ}、U_{CEQ}）。

分析对象：各极电压、电流的直流分量。

所用电路：放大电路的直流通路，如图 5-39 所示。

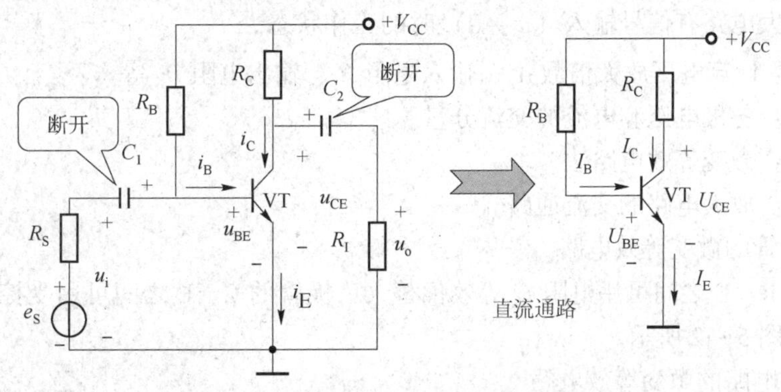

图 5-39　共发射极基本放大电路及其直流通路

（a）共发射极基本放大电路；（b）只有直流分量的放大电路

对于直流信号来说，电容 C 可看作开路（即将电容断开），电路只剩下直流分量，电路化简为图 5-39（b）所示电路。

例 5-1 用估算法计算图 5-40 所示电路的静态工作点。

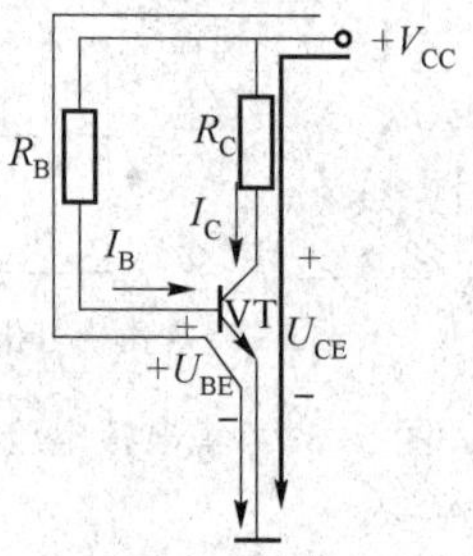

由 KVL 得

$$V_{CC}=I_B R_B+U_{BE}$$

所以

$$I_B=\frac{V_{CC}-U_{BE}}{R_B}$$

当$U_{BE} \ll V_{CC}$时，$I_B \approx \frac{V_{CC}}{R_B}$。根据电流放大作用，有

$$I_C=\bar{\beta} I_B+I_{CEO} \approx \bar{\beta} I_B \approx \beta I_B$$

图 5-40 例 5-1 用图

所以

$$U_{CE}=V_{CC}-I_C R_C$$

又由 KVL 可得

$$V_{CC}=I_C R_C+U_{CE}$$

例 5-2 用估算法计算图 5-41 所示电路的静态工作点。

由 KVL 可得

$$\begin{aligned} V_{CC} &= I_B R_B+U_{BE}+I_E R_E \\ &= I_B R_B+U_{BE}+(1+\beta) I_E R_E \end{aligned}$$

$$I_B=\frac{V_{CC}-U_{BE}}{R_B+(1+\beta) R_E}$$

$$I_C \approx \bar{\beta} I_B$$

又由 KVL 可得

$$U_{CE}=V_{CC}-I_C R_C-I_E R_E$$

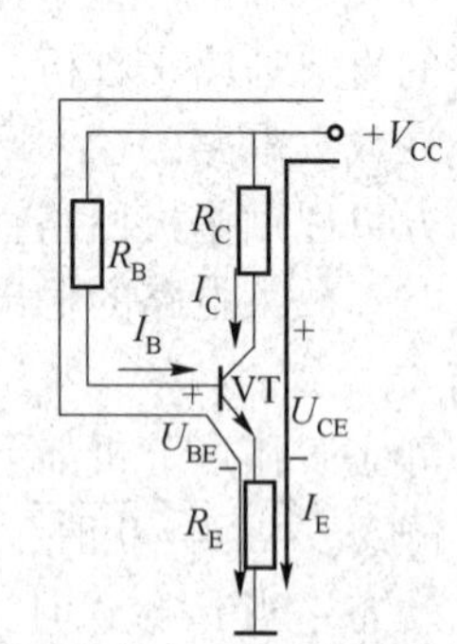

图 5-41 例 5-2 用图

由例 5-1、例 5-2 可知，当电路不同时，计算静态值的表达式也不同。

（二）放大电路的动态分析

动态：放大电路有信号输入（$u_i \neq 0$）时的工作状态。

动态分析：计算电压放大倍数 A_u、输入电阻 R_i、输出电阻 R_o 等。

分析对象：各极电压和电流的交流分量。

分析方法：微变等效电路法。

所用电路：放大电路的交流通路。

（1）三极管的微变等效电路。

三极管的 B、E 之间可用电阻 r_{be} 等效代替，三极管的 C、E 之间可用受控电流源$i_c=\beta i_b$等效代替，如图 5-42 所示。

（2）放大电路的微变等效电路

微变等效电路是指当电路中三极管部分用其等效电路代替之后，未被代替的部分电压和电流均不发生变化。也就是说，电压和电流不变的部分只是等效部分以外的电路。

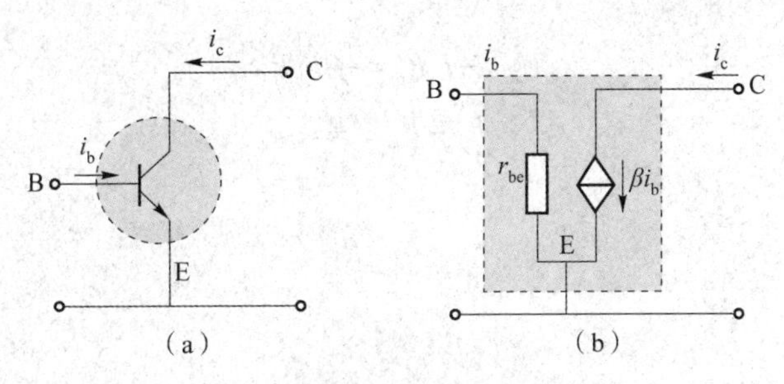

图 5-42　放大电路动态分析（一）

（a）三极管；（b）三极管的微变等效电路

从三极管的输入特性曲线可知，共发射极接法的三极管输入回路可用管子的输入电阻来等效代替。其输入回路的等效电路如图 5-43（b）左半部所示。

从三极管的输出特性曲线可知，三极管输出回路可以等效为一个受控的恒流源，如图 5-43（b）右半部分所示。

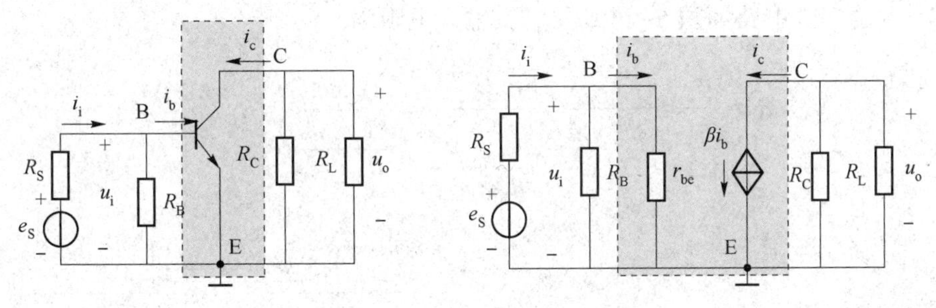

图 5-43　放大电路动态分析（二）

（a）交流通路；（b）小信号等效电路

画放大电路的微变等效电路的步骤如下。

①画出三极管的微变等效电路，标定基极 B、集电极 C、发射极 E 和公共地的位置。

②将直流电源 V_{CC} 及所有的电容短路（将放大电路转换成交流通路），再将其他元件对号入座。

分析时假设输入为正弦交流，所以等效电路中的电压与电流可用相量表示，如图 5-44 所示。

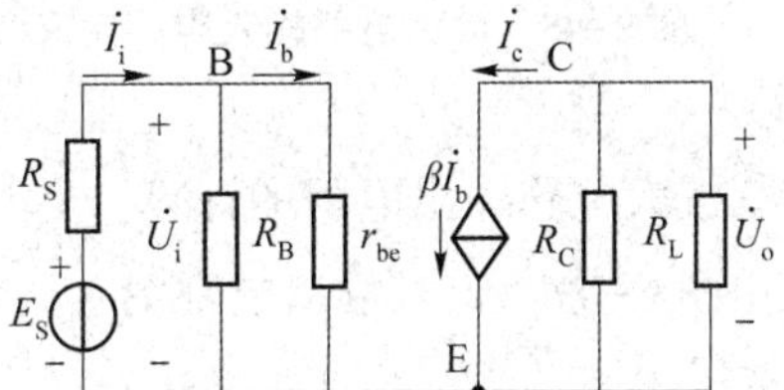

图 5-44　相量表示法电路

工作中，r_{be} 用下式估算，即

$$r_{be}=300+(1+\beta)\frac{26}{I_{EQ}}(\Omega)$$

（3）放大器的性能分析。

①电压放大倍数的计算。

定义

$$A_u=\frac{\dot{U}_o}{\dot{U}_i}$$

$$\dot{U}_i = \dot{I}_b r_{be}$$

$$U_o = -\dot{I}_c R'_L = -\beta \dot{I}_b R'_L$$

$$R'_L = R_C /\!/ R_L$$

则有

$$A_u = -\beta \frac{R'_L}{r_{be}}$$

当放大电路输出端开路（未接 R_L）时，$A_u = -\beta \dfrac{R_C}{r_{be}}$，负载电阻越小，放大倍数越小。

②放大电路输入电阻的计算。

如图 5-45 所示，定义输入电阻为

$$R_i = \frac{\dot{U}_i}{\dot{I}_i}$$

图 5-45 的等效电路如图 5-46 所示，其输入电阻为

$$R_i \approx \frac{\dot{U}_i}{\dot{I}_i} = \frac{\dot{U}_i}{\dot{I}_{R_B} + \dot{I}_b} = \frac{\dot{U}_i}{\dfrac{\dot{U}_i}{R_B} + \dfrac{\dot{U}_i}{r_{be}}} = \frac{1}{\dfrac{1}{R_B} + \dfrac{1}{r_{be}}} = R_B /\!/ r_{be}$$

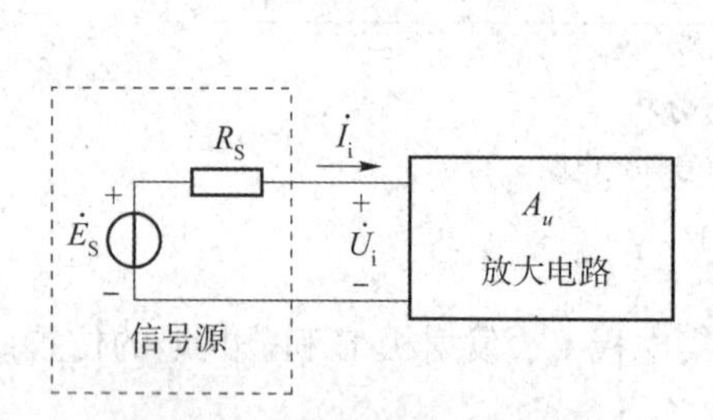

图 5-45　放大电路输入电阻定义

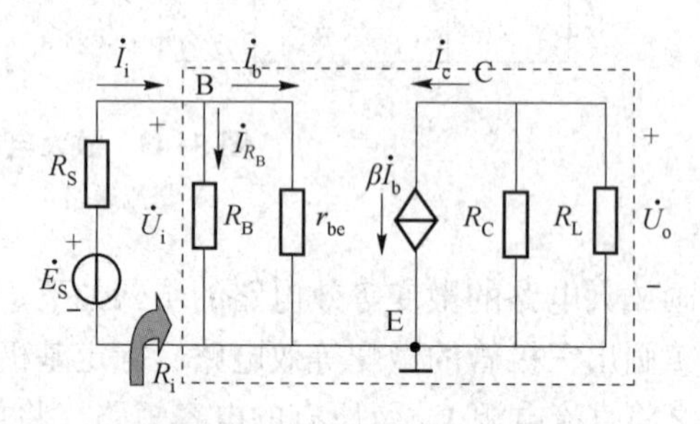

图 5-46　图 5-45 的等效电路

③放大电路输出电阻的计算。

由图 5-47，定义输出电阻为：

$$R_o = \left.\frac{\dot{U}_t}{\dot{I}_t}\right|_{E_{S=0}, R_L=\infty}$$

求输出电阻的步骤：将所有独立电源置零，保留受控源，采用加压求流法。由图 5-47 可知

$$R_o = \frac{\dot{U}_t}{\dot{I}_t} = R_C$$

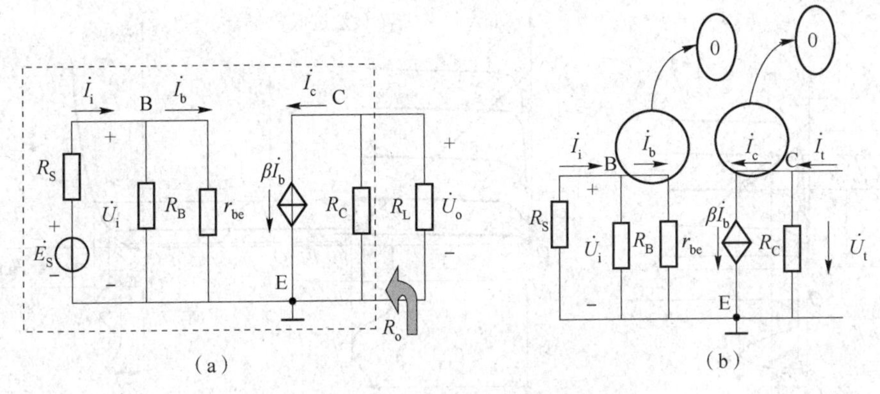

图 5-47　计算放大电路输出电阻

(a) 求输出电阻；(b) 电源置零

共发射极放大电路的特点：

①放大倍数高：

$$A_u=-\beta\frac{R_L'}{r_{be}}$$

②输入电阻低：

$$R_i=R_B /\!/ r_{be}$$

③输出电阻高：

$$R_o=R_C$$

微变等效电路的特点：

①微变等效电路的对象只对变化量。因此，NPN 型管和 PNP 型管的等效电路完全相同。

②微变等效电路是在正确的 Q 点上得到的，如 Q 点设置错误，即 Q 点选在饱和区或截止区时，等效电路无意义。

③不能用微变等效电路求静态工作点。

④微变等效电路中的电压和电流全部用交流量的有效值表示，电压和电流的方向按网络的定义方向，不要随意改变。

（三）波形的非线性失真

(1) 饱和失真。若 Q 点设置过高，三极管进入饱和区工作，造成饱和失真，如图 5-48 所示。适当减小基极电流可消除该失真。

(2) 截止失真。若 Q 点设置过低，三极管进入截止区工作，造成截止失真，如图 5-49 所示。适当增加基极电流可消除该失真。

如果 Q 点设置合适，信号幅值过大也可产生失真。减小信号幅值可消除该失真。

合适的静态工作点能保证输出不失真，如图 5-50 所示。

知识补充：静态工作点的稳定

静态工作点不稳定的原因主要有电源电压波动、元件参数老化、环境温度变化。温度升高将导致 I_C 增大，Q 上移，如图 5-51 所示。

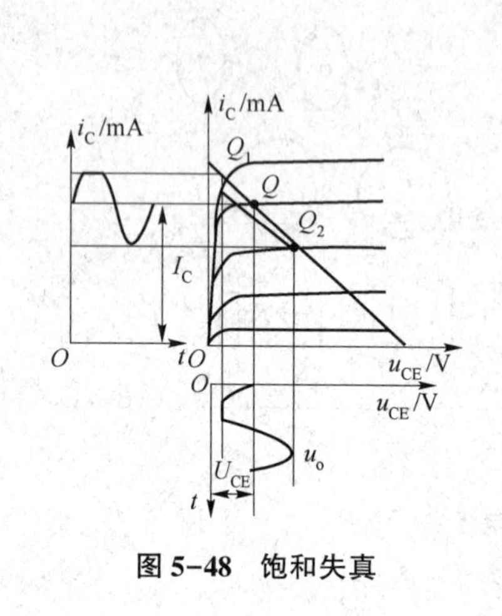

图 5-48　饱和失真

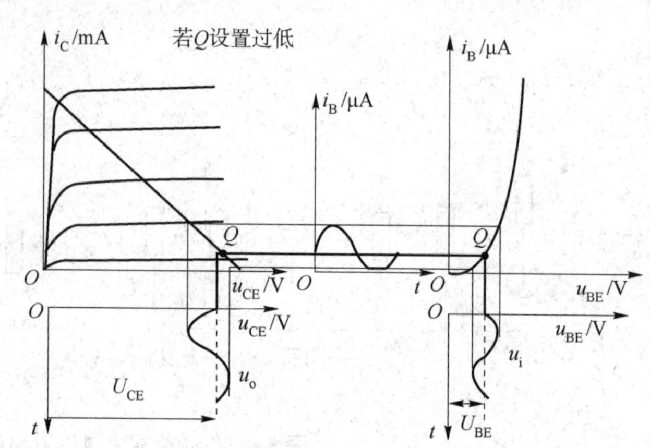

图 5-49　截止失真

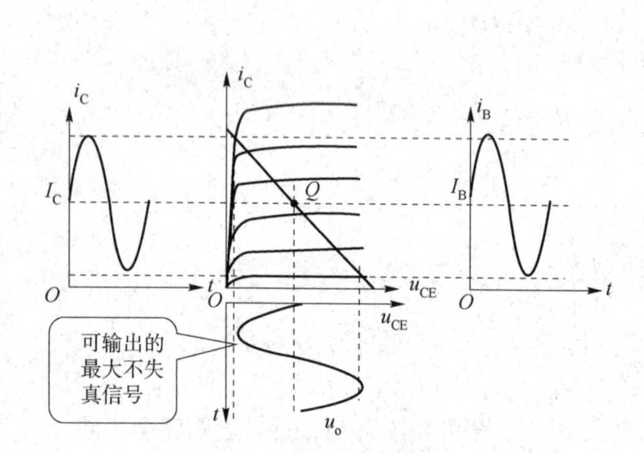

图 5-50　最大不失真信号

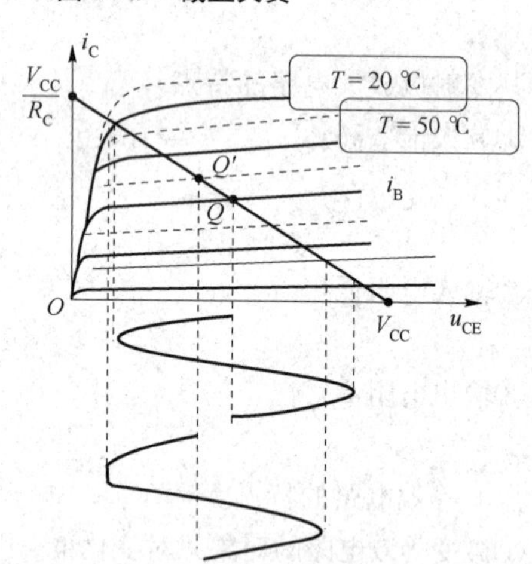

图 5-51　温度升高导致 Q 点上移使信号失真

改进措施：由改进思路可知，要降低集电极静态电流，需要降低基极电流或提高静态发射极电压，如图 5-52 所示。三极管输入特性曲线如图 5-53 所示。

改进思路 1：如图 5-54 所示，增加 R_{B2}。其中 R_{B2} 称为基极下偏置电阻，R_{B1} 称为基极上偏置电阻，且 $I_{R_{B2}} \gg I_B$。

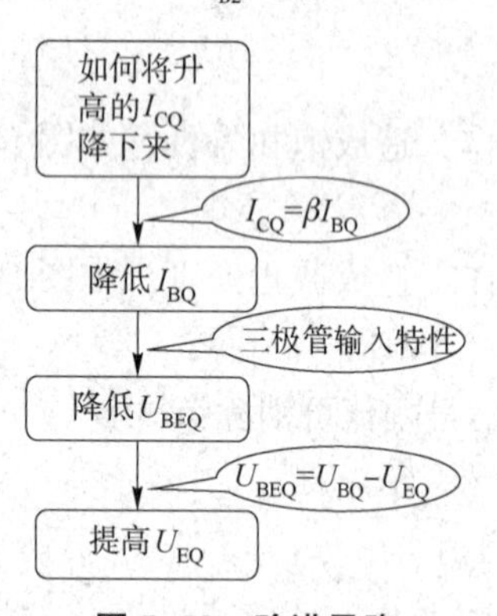

图 5-52　改进思路

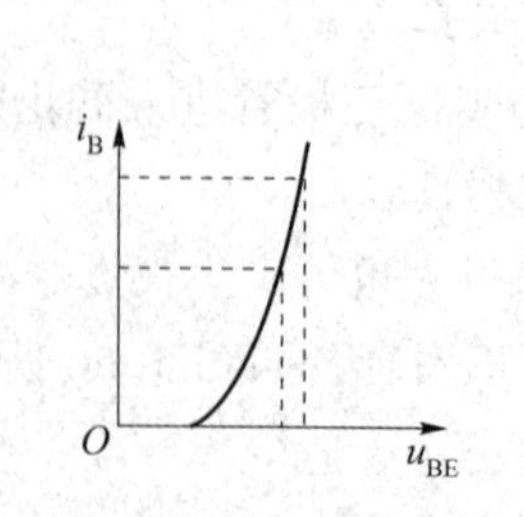

图 5-53　三极管输入特性曲线

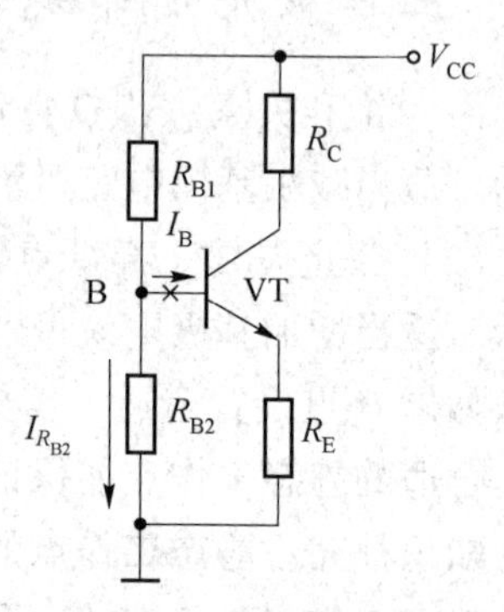

图 5-54　改进思路 1

稳定静态工作点的原理：

由于 $I_B \gg I_{BQ}$，可得（估算）

$$U_{BQ} \approx \frac{R_{B2}}{R_{B1}+R_{B2}} V_{CC}$$

所以 U_{BQ}不随温度变化，温度升高$\rightarrow I_C\uparrow \rightarrow I_E\uparrow \rightarrow I_B\downarrow \rightarrow U_{BE}\downarrow$

$I_C\downarrow \longleftarrow U_E\uparrow$

电流负反馈模式工作点稳定电路如图 5-55 所示。

改进思路 2：如图 5-56 所示，增加 C_E。C_E 称为发射极旁路电容，C_E可有效消除引入发射极电阻后对交流信号放大产生的不利影响，如图 5-56 所示。图 5-56 是分压式偏置电路，它是最常用的静态工作点稳定电路。

实践经验：为了提高工作点的稳定效果，通常对硅管取 $U_{BQ}=3\sim5$ V，对锗管取 $U_{BQ}=1\sim3$ V；对硅管取 $I_{R_{B2}} \geqslant (5\sim10)\ I_{BQ}$；对锗管取 $I_{R_{B2}} \geqslant (10\sim20)\ I_{BQ}$；$C_E$称为发射极旁路电容，一般采用几十微法到几百微法的电解电容器。

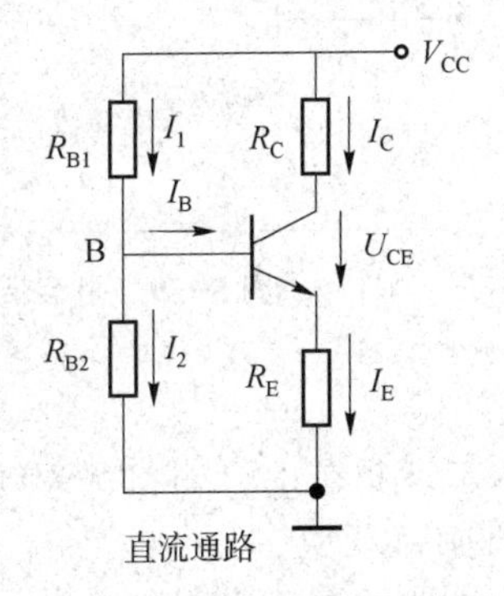

图 5-55　电流负反馈模式工作点稳定电路

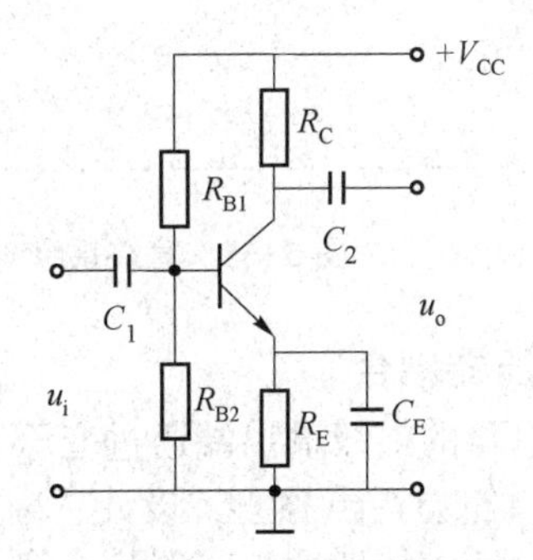

图 5-56　改进思路 2

三、多级放大电路

多级放大电路

（一）多级放大电路的概念

单级放大电路的电压放大倍数一般可以达到几十倍，然而，在许多场合，这样的放大倍数是不够用的，常需要把若干个单管放大电路串接起来，组成多级放大器，把信号经过多次放大，从而得到所需的放大倍数，如图 5-57 所示。

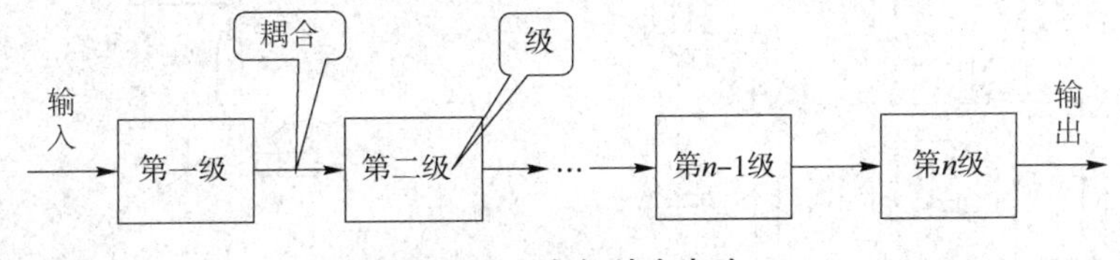

图 5-57　多级放大电路

（二）多级放大电路的耦合方式

1. 直接耦合

将放大电路的前级输出端直接接至后级输入端，如图 5-58 所示。

优点：可放大低频甚至直流信号，利于集成。

缺点：各级的 Q 点互相影响，设计调试不便，有严重漂移问题。

应用：交直流集成放大器。

2. 阻容耦合

将放大电路的前级输出端通过电容接至后级输入端，如图 5-59 所示。

优点：各级 Q 点独立，设计、调试方便，体积小、成本低。

缺点：只能传输交流信号，漂移信号和低频信号不能通过，不利于集成。

应用：交流放大器。

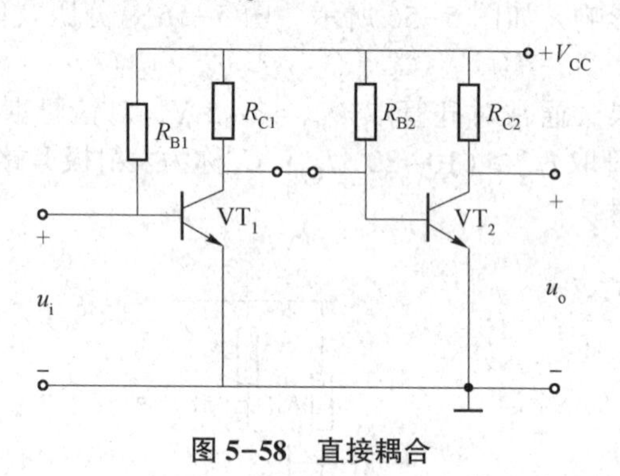

图 5-58　直接耦合

图 5-59　阻容耦合

3. 变压器耦合

放大电路的前级输出端通过变压器接至后级输入端或负载上，如图 5-60 所示。

优点：各级 Q 点独立，设计、调试方便，能实现阻抗变换。

缺点：低频特性差，不能放大缓变信号，笨重，不利于集成。

应用：分立器件功率放大电路。

4. 光电耦合

以光信号为介质实现电信号的耦合与传递。由于它是利用光线实现的耦合，所以使前后级电路处于隔离状态，故其优点是各级静态工作点相互独立，抗干扰能力强，安全性好，成本低。又因光电耦合器件和与它耦合的其他前、后级放大电路都易于集成，故应用日益广泛。其电路如图 5-61 所示。

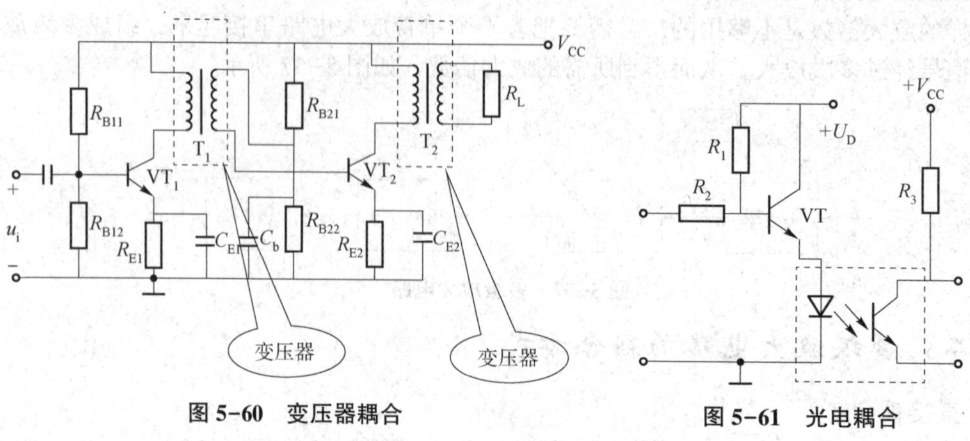

图 5-60　变压器耦合

图 5-61　光电耦合

（三）性能参数的计算

电压增益的计算

$$A_u=\frac{u_o}{u_i}=\frac{u_o}{u_{i2}}\ \frac{u_{i2}}{u_i}=\frac{u_o}{u_{i2}}\ \frac{u_{o1}}{u_i}=A_{u1}A_{u2}$$

推广至 n 级：

$$A_{u1}=A_{u1}A_{u2}\cdots A_{un}$$

多级放大器总的电压增益等于组成它的各级单管放大电路电压增益的乘积。

任务实施

根据任务要求，采用三极管多级放大电路，实现助听器的理想放大效果，其电路原理图如图 5-62 所示。可以看到，输入信号通过助听器电路后，得到放大且不失真的输出信号，如图 5-63 所示，至此完成预期任务目标。

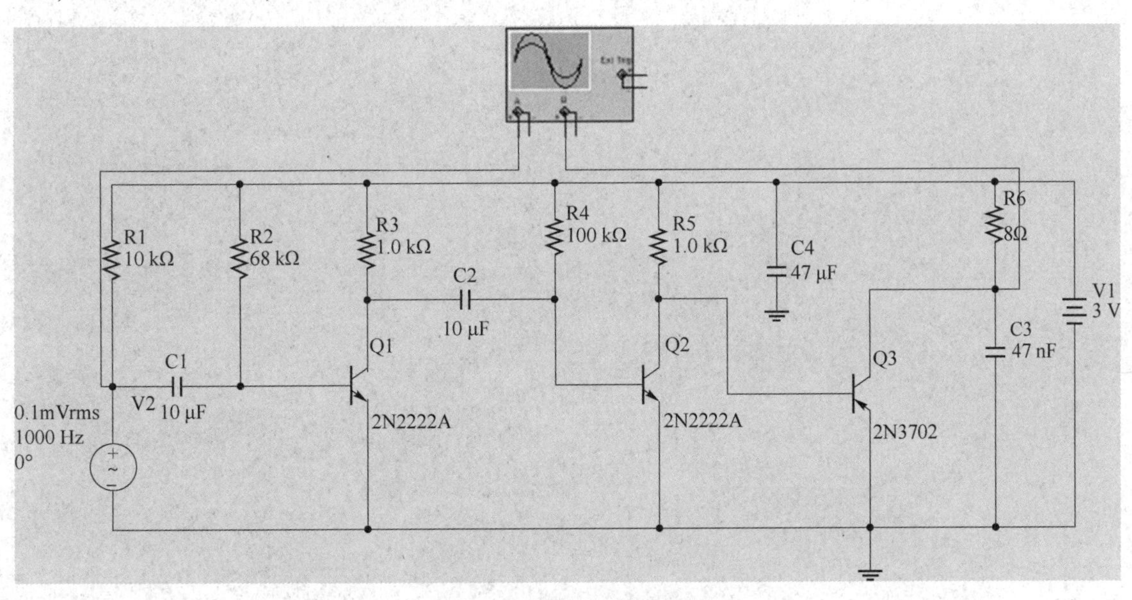

图 5-62　简易助听器原理图

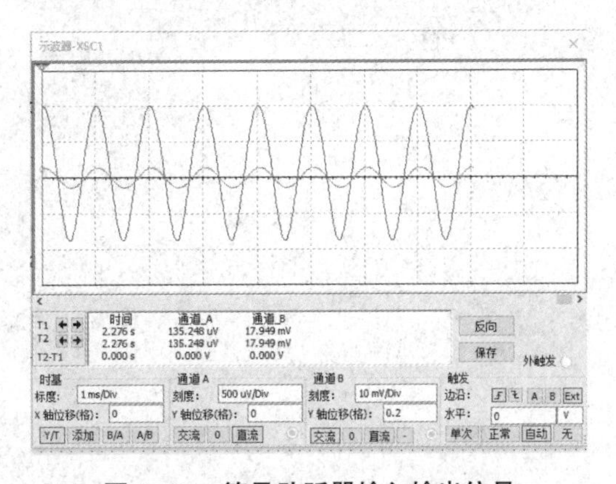

图 5-63　简易助听器输入输出信号

知识与技能拓展

评价反馈

<table>
<tr><th colspan="8">自我评价（40%）</th></tr>
<tr><td colspan="2">项目名称</td><td colspan="2"></td><td colspan="2">任务名称</td><td colspan="2"></td></tr>
<tr><td colspan="2">班级</td><td colspan="2"></td><td colspan="2">日期</td><td colspan="2"></td></tr>
<tr><td>学号</td><td></td><td>姓名</td><td></td><td>组号</td><td></td><td>组长</td><td></td></tr>
<tr><th>序号</th><th colspan="5">评价项目</th><th>分值</th><th>得分</th></tr>
<tr><td>1</td><td colspan="5">参与资料查阅</td><td>10 分</td><td></td></tr>
<tr><td>2</td><td colspan="5">参与同组成员间的交流沟通</td><td>10 分</td><td></td></tr>
<tr><td>3</td><td colspan="5">参与设计原理图</td><td>15 分</td><td></td></tr>
<tr><td>4</td><td colspan="5">参与设计仿真电路</td><td>15 分</td><td></td></tr>
<tr><td>5</td><td colspan="5">参与调试</td><td>15 分</td><td></td></tr>
<tr><td>6</td><td colspan="5">参与汇报</td><td>15 分</td><td></td></tr>
<tr><td>7</td><td colspan="5">7S 管理</td><td>10 分</td><td></td></tr>
<tr><td>8</td><td colspan="5">参与交流区讨论、答疑</td><td>10 分</td><td></td></tr>
<tr><td>总分</td><td colspan="7"></td></tr>
</table>

<table>
<tr><th colspan="8">小组互评（30%）</th></tr>
<tr><td colspan="2">项目名称</td><td colspan="2"></td><td colspan="2">任务名称</td><td colspan="2"></td></tr>
<tr><td colspan="2">班级</td><td colspan="2"></td><td colspan="2">日期</td><td colspan="2"></td></tr>
<tr><td>被评人姓名</td><td></td><td>被评人学号</td><td></td><td>被评人组别</td><td></td><td>评价人姓名</td><td></td></tr>
<tr><th>序号</th><th colspan="5">评价项目</th><th>分值</th><th>得分</th></tr>
<tr><td>1</td><td colspan="5">前期资料准备完备</td><td>10 分</td><td></td></tr>
<tr><td>2</td><td colspan="5">原理图设计正确</td><td>20 分</td><td></td></tr>
<tr><td>3</td><td colspan="5">仿真电路设计正确</td><td>20 分</td><td></td></tr>
<tr><td>4</td><td colspan="5">心得体会汇总丰富、翔实</td><td>20 分</td><td></td></tr>
<tr><td>5</td><td colspan="5">积极参与讨论、答疑</td><td>20 分</td><td></td></tr>
<tr><td>6</td><td colspan="5">积极对遇到困难的组给予帮助与技术支持</td><td>10 分</td><td></td></tr>
<tr><td>总分</td><td colspan="7"></td></tr>
</table>

<table>
<tr><th colspan="6">教师评价（30%）</th></tr>
<tr><td>项目名称</td><td colspan="3"></td><td>任务名称</td><td></td></tr>
<tr><td>班级</td><td colspan="3"></td><td>日期</td><td></td></tr>
<tr><td>姓名</td><td></td><td>学号</td><td></td><td>组别</td><td></td></tr>
<tr><td colspan="6">教师总体评价意见：</td></tr>
<tr><td>总分</td><td colspan="5"></td></tr>
</table>

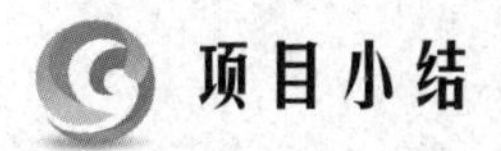

项目小结

(1) 半导体三极管是一种电流控制型器件，它有 3 个工作区域，即放大区、截止区和饱和区。三极管工作在放大区必须满足：发射结正偏，集电结反偏。

(2) 放大器的分析包括静态分析和动态分析。静态分析是对放大器的直流通路求 Q 点，看直流条件是否满足三极管的放大条件，一般常用估算法和图解法；动态分析是对放大器的交流通路求 A_u、R_i 和 R_o 等指标，用来衡量放大器对信号的放大能力。对小信号放大器一般采用微变等效法。

(3) 放大器静态工作点的稳定直接影响到放大器的性能，分压偏置式放大器是最常用的工作点稳定电路。

(4) 三极管放大器有 3 种组态。共发射极放大器的电压和电流放大倍数都较大，应用广泛；共集电极放大器的输入电阻高、输出电阻小，电压放大倍数接近 1，适用于信号的跟随；共基极放大器适用于高频信号的放大。

(5) 多级放大器一般由三级组成，即输入级、中间级、输出级，各自担负不同的任务。对多级放大器而言，一般用分贝来表示它的增益。

学习测试

一、填空题

(1) 在N型半导体中，多数载流子是________；在P型半导体中，多数载流子是__________。

(2) 在多级放大器中，中间某一级的________电阻是上一级的负载。

(3) 根据图5-64中各三极管的电位，判断它们所处的状态分别为________、________、________。

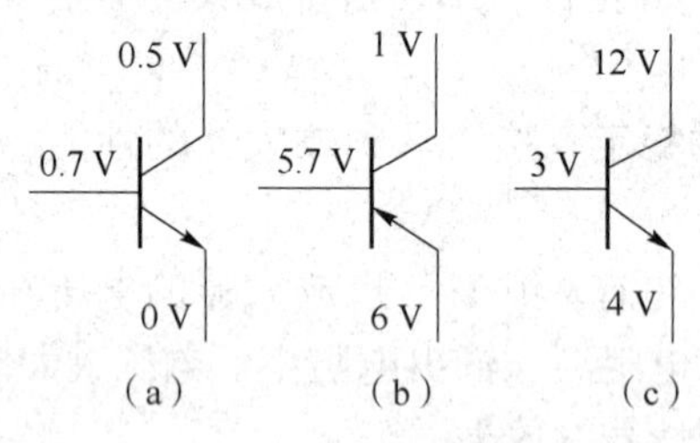

图5-64 三极管电位

(4) 二极管的最主要特性是________。PN结外加正向电压时，扩散电流大于漂移电流，耗尽层________。

(5) 稳压二极管在使用时，其与负载并联，稳压二极管与输入电源之间必须加入一个________。

(6) 三极管的3个工作区域是________，________，________。

(7) 为了保证三极管工作在放大区，要求：

①发射结________偏置，集电结________偏置。

②对于NPN型三极管，应使________<0 。

二、选择题

(1) 利用二极管的（　　）组成整流电路。

A. 正向特性　　B. 单向导电性　　C. 反向击穿特性

(2) P型半导体是在本征半导体中加入（　　）后形成的杂质半导体。

A. 空穴　　B. 三价元素硼　　C. 五价元素锑

(3) 有一晶体管接在放大电路中，今测得它的各极对地电位分别为 $V_1=-4$ V，$V_2=-1.2$ V，$V_3=-1.4$ V，试判别管子的3个引脚分别是（　　）。

A. 1为E、2为B、3为C　　B. 1为C、2为E、3为B

C. 1为C、2为B、3为E　　D. 其他情况

(4) 某NPN型三极管的输出特性曲线如图5-65所示，当 $u_{CE}=6$ V时，其电流放大系数 β 为（　　）。

A. $\beta=100$

B. $\beta=50$

C. $\beta=150$

D. $\beta=25$

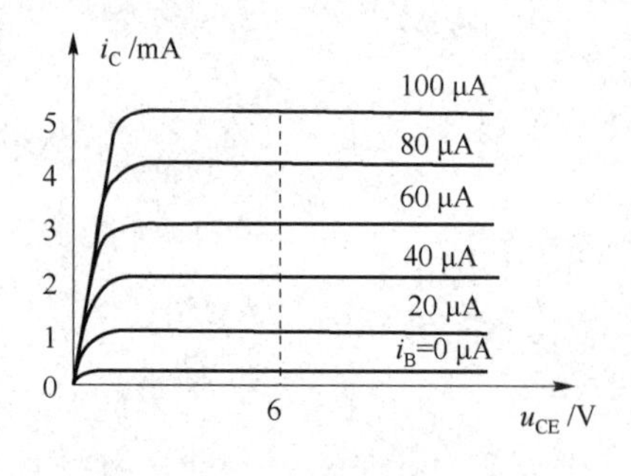

图5-65 特性曲线

（5）测量放大电路中某三极管各电极电位分别为 6 V、2.7 V、2 V，如图 5-66 所示，则此三极管为（　　）。

A. PNP 型锗三极管

B. NPN 型锗三极管

C. PNP 型硅三极管

D. NPN 型硅三极管

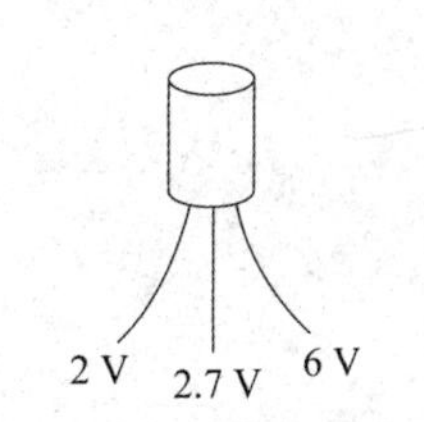

图 5-66　某三极管电位

（6）多级放大电路的级数越多，则其（　　）。

A. 放大倍数越大，而通频带越窄

B. 放大倍数越大，而通频带越宽

C. 放大倍数越小，而通频带越宽

D. 放大倍数越小，而通频带越窄

（7）半导体二极管加正向电压时（　　）。

A. 电流大电阻小

B. 电流大电阻大

C. 电流小电阻小

D. 电流小电阻大

三、计算题

电路如图 5-67 所示，晶体管的 $\beta=60$，$r_{bb'}=100\ \Omega$。

①求电路的 Q 点。

②画出微变等效电路，并计算 $\dot{A}_u$、R_i、R_o。

③设 $U_s=10$ mV（有效值），问 $U_i=$？ $U_o=$？若 C_3 开路，则 $U_i=$？ $U_o=$？

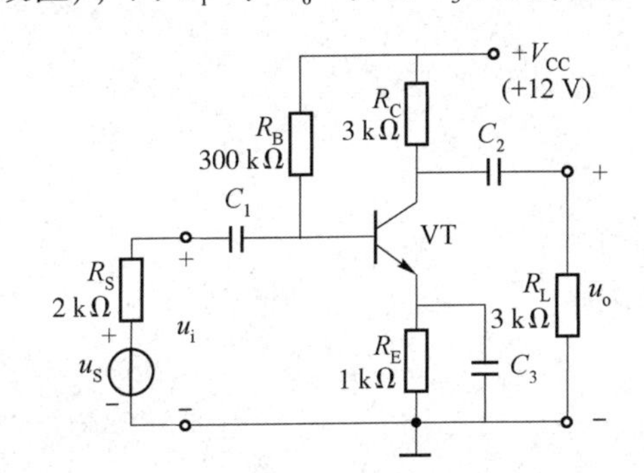

图 5-67　计算题用图

项目六

函数信号发生器的设计

项目引入

函数信号发生器是一种信号发生装置，能产生某些特定的周期性时间函数波形（正弦波、方波、三角波、锯齿波和脉冲波等）信号，频率范围可从几个微赫到几十兆赫。除供通信、仪表和自动控制系统测试用外，还广泛用于其他非电测量领域。如图 6-1 所示为函数信号发生器。

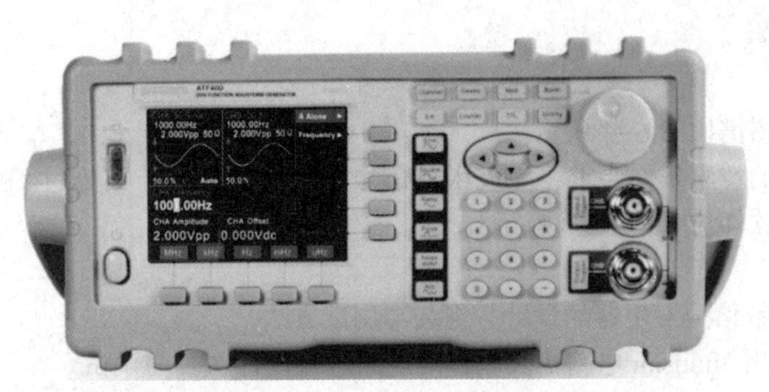

图 6-1　函数信号发生器案例图

函数信号发生器的原理框图如图 6-2 所示，*RC* 正弦波振荡电路产生的正弦波，通过滞回比较器能够输出矩形波，再通过积分电路输出三角波。其总体电路由 3 个功能模块组成：正弦波发生电路模块、矩形波发生电路模块、三角波发生电路模块。

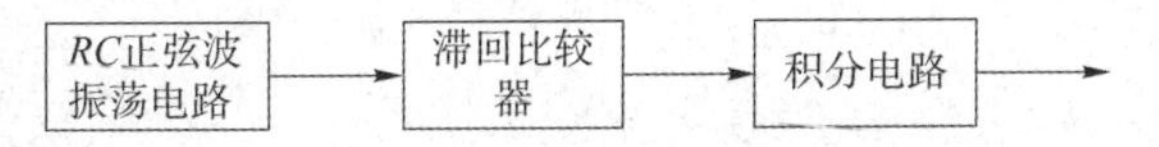

图 6-2　函数信号发生器原理框图

如图 6-3 所示为函数信号发生器仿真波形图。

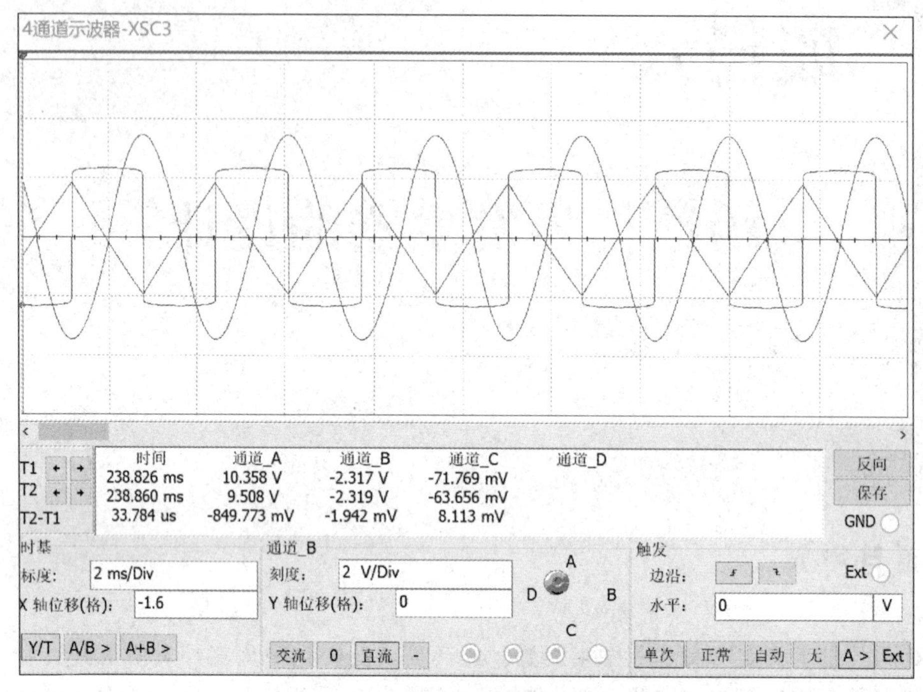

图 6-3　函数信号发生器仿真波形图

项目分析

项目六知识图谱如图 6-4 所示。

根据实训室的实验条件要求，完成函数信号发生器的设计，实施过程中，合理选择相应的硬件，注意软件仿真过程方法。

项目要求：

（1）掌握函数信号发生器的设计、组装与调试方法。

（2）熟练使用 Multisim 电路仿真软件对电路进行设计仿真与调试。

（3）设计能输出正弦波、方波、三角波 3 种波形的函数信号发生器。

（4）波形要求失真小，电路工作稳定可靠，布线美观。

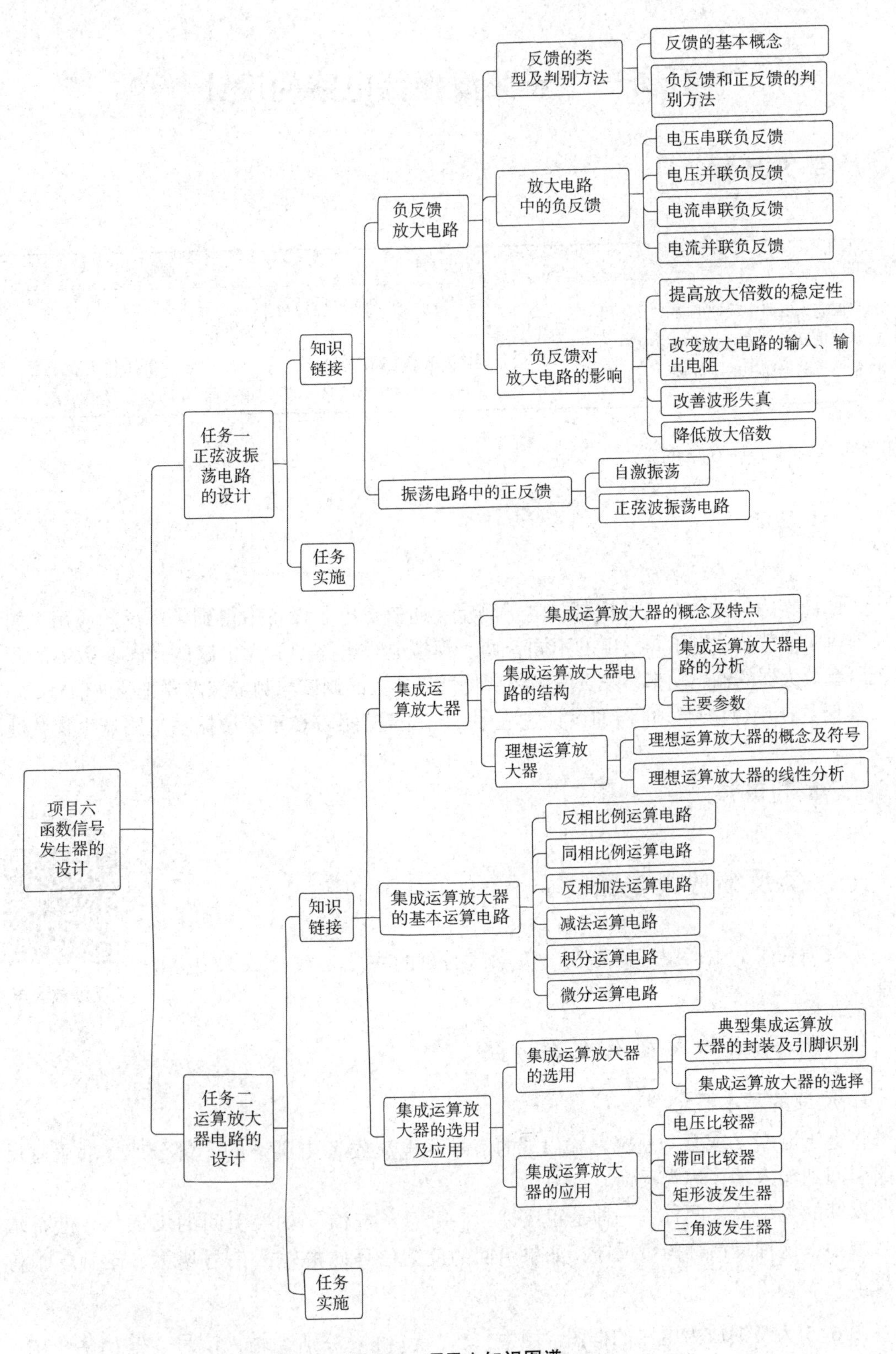
项目六
函数信号
发生器的
设计
任务一
正弦波振
荡电路
的设计
知识
链接
任务
实施
负反馈
放大电路
反馈的类
型及判别方法
反馈的基本概念
负反馈和正反馈的判
别方法
放大电路
中的负反馈
电压串联负反馈
电压并联负反馈
电流串联负反馈
电流并联负反馈
负反馈对
放大电路的影响
提高放大倍数的稳定性
改变放大电路的输入、输
出电阻
改善波形失真
降低放大倍数
振荡电路中的正反馈
自激振荡
正弦波振荡电路
任务二
运算放大
器电路的
设计
知识
链接
任务
实施
集成运
算放大器
集成运算放大器的概念及特点
集成运算放大器电
路的结构
集成运算放大器电
路的分析
主要参数
理想运算放
大器
理想运算放大器的概念及符号
理想运算放大器的线性分析
集成运算放大器
的基本运算电路
反相比例运算电路
同相比例运算电路
反相加法运算电路
减法运算电路
积分运算电路
微分运算电路
集成运算放
大器的选用
及应用
集成运算放大器
的选用
典型集成运算放
大器的封装及引脚识别
集成运算放大器的选择
集成运算放大
器的应用
电压比较器
滞回比较器
矩形波发生器
三角波发生器

图 6-4　项目六知识图谱

任务一 正弦波振荡电路的设计

学习目标

知识目标	能力目标	职业素养目标
1. 掌握放大电路中反馈的类型及作用 2. 掌握负反馈对放大电路的影响 3. 掌握振荡电路中的正反馈	1. 能够分析放大电路中的负反馈及其作用 2. 会分析自激振荡电路产生的条件 3. 会分析 *RC* 正弦波振荡电路	1. 增强学生的民族自豪感和创新意识 2. 引导学生抓住主要矛盾，要识大体、顾大局，合作共赢

参考学时：4~6 学时。

任务引入

正弦波作为信号源在自动控制、电子测量、通信等电子设备中得到了广泛的应用。如无线发射机中的载波、电子琴发出的不同音调、模拟电子电路中放大电路的动态参数等的测定以及语音放大器的输出功率、失真度、频率特性等参数的调试与测定都需要正弦波信号。

本任务在函数信号发生器的设计过程中，首先需要由 *RC* 正弦波振荡电路产生正弦波。

知识链接

一、负反馈放大电路

负反馈放大电路

负反馈在生活生产中广泛存在。负反馈的目的主要是改善放大电路的性能。

（一）反馈的类型及判别方法

1. 反馈的基本概念

将电子电路（或某一系统）输出端的信号（电流或者电压）的一部分或全部通过反馈电路引回到输入端，称为反馈。

反馈的类型分为两种：一种是正反馈，一种是负反馈。如果引回的反馈信号使得输入信号减小，这种反馈称为负反馈；如果引回的反馈信号使得输入信号增大，这种反馈称为正反馈。

图 6-5 为反馈放大电路的框图，图中，$\dot{X}_i$、$\dot{X}_o$和 $\dot{X}_f$分别为输入信号、输出信号和反馈信号。$\dot{X}_i$和 $\dot{X}_f$在输入端的比较环节进行比较，所得结果为净输入信号 $\dot{X}_d$。

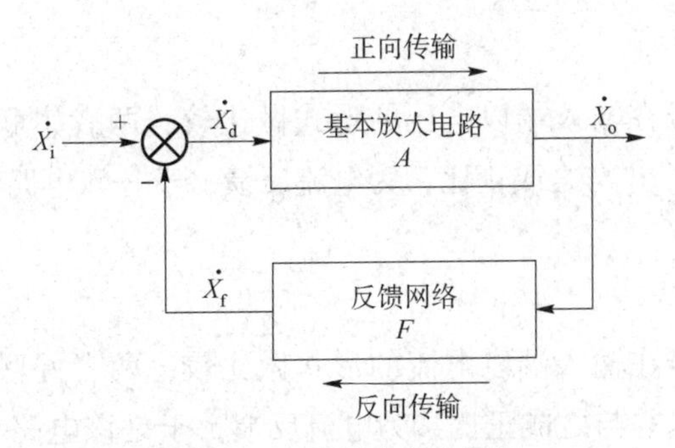

图 6-5　反馈放大电路框图

2. 负反馈和正反馈的判别方法

正确判断反馈的类型是研究反馈放大电路的基础。根据反馈的概念以及各类反馈的定义可总结出反馈类型判别的基本方法。

判断正、负反馈，通常采用瞬时极性法，具体步骤是：

(1) 首先假定输入信号某瞬时对地的极性为正（负），用符号"+"（"−"）表示。

(2) 若假定基极极性为"+"，则集电极瞬时极性为"−"，发射极瞬时极性为"+"，并在图中标出。

(3) 找到反馈线路，如果反馈信号使得净输入信号减弱，则为负反馈，负反馈可以改善放大电路性能。如果反馈信号使得净输入信号增强，则为正反馈，正反馈易破坏放大电路的稳定性，引起自激振荡，一般应避免。

（二）放大电路中的负反馈

反馈的类型不同，对放大器产生的影响也不同。

以反馈信号的两种取样方式和两种不同的输入比较方式，可以构成 4 种类型的负反馈组态，即电压串联负反馈、电压并联负反馈、电流串联负反馈、电流并联负反馈。

1. 电压串联负反馈

反馈信号与输入信号在输入端以电压的形式做比较，两者串联，则为串联反馈，反馈电压 u_f 取自输出电压 u_o，并与之成正比，为电压反馈，于是该电路为电压串联负反馈电路，如图 6-6 所示。

2. 电压并联负反馈

反馈信号与输入信号在输入端以电流的形式做比较，两者并联，则为并联反馈，反馈电流 i_f 取自输出电压 u_o，并与之成正比，为电压反馈，于是该电路为电压并联负反馈电路，如图 6-7 所示。

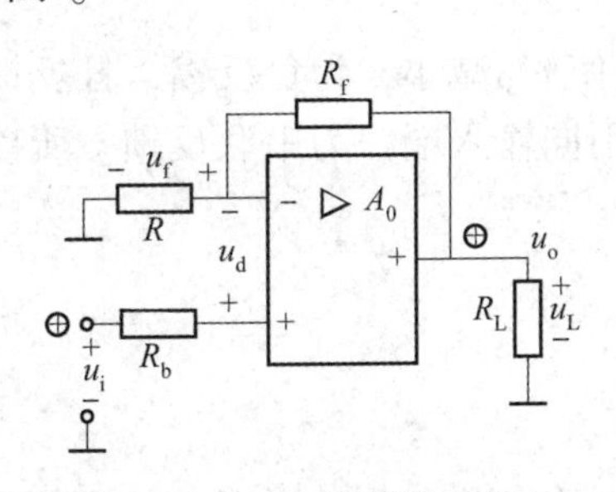

图 6-6　电压串联负反馈

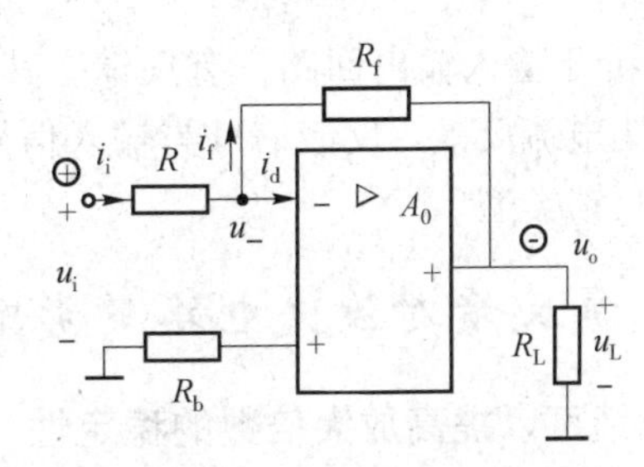

图 6-7　电压并联负反馈

3. 电流串联负反馈

反馈信号与输入信号在输入端以电压的形式做比较，两者串联，则为串联反馈，反馈电压 u_f 取自输出电流 i_o，并与之成正比，为电流反馈，于是该电路为电流串联负反馈电路，如图 6-8 所示。

4. 电流并联负反馈

反馈信号与输入信号在输入端以电流的形式做比较，两者并联，则为并联反馈，反馈电流 i_f 取自输出电流 i_o，并与之成正比，为电流反馈，于是该电路为电流并联负反馈电路，如图 6-9 所示。

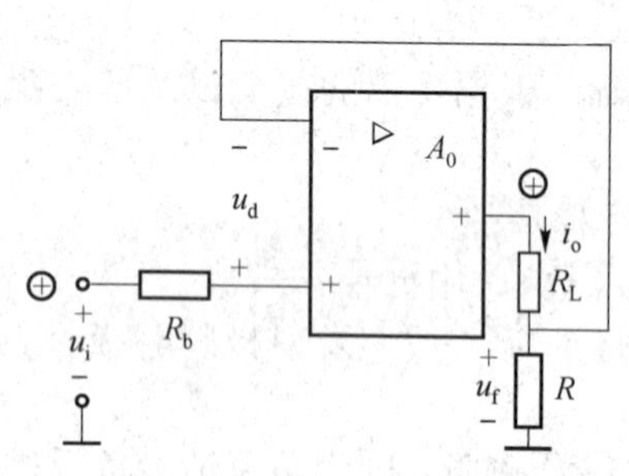

图 6-8　电流串联负反馈

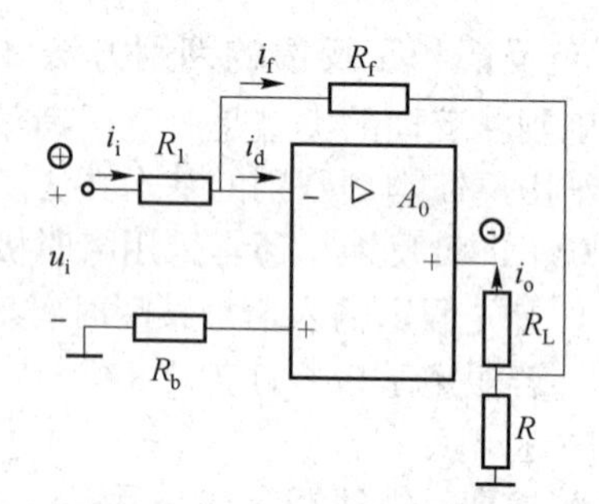

图 6-9　电流并联负反馈

例 6-1　判断如图 6-10 所示电路中是否存在反馈，并判断反馈类型。

解：R_E 介于输入输出回路，有反馈，其反馈使 u_{BE} 减小，为负反馈，且反馈信号取自输出端电压，所以为电压反馈，反馈信号与输入信号在不同输入端，为串联反馈。所以此电路为电压串联负反馈类型。

例 6-2　判断如图 6-11 所示电路中是否存在反馈，并判断反馈类型。

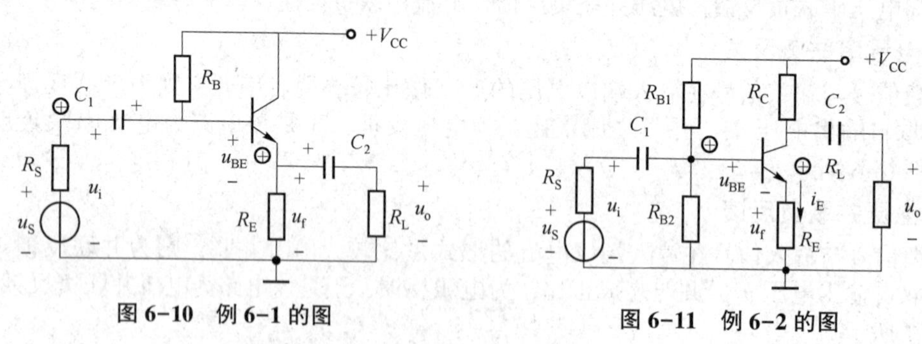

图 6-10　例 6-1 的图　　**图 6-11　例 6-2 的图**

解：R_E 介于输入输出回路，有反馈，其反馈使 u_{BE} 减小，为负反馈，且反馈信号取自输出电流，为电流反馈，反馈信号与输入信号在不同输入端，为串联反馈。所以此电路为电流串联负反馈类型。

（三）负反馈对放大电路的影响

1. 负反馈可以提高放大倍数的稳定性

放大电路的放大倍数会受到电源电压波动、电路参数变化的影响，引入负反馈后，能

有效提高放大倍数的稳定性。

2. 负反馈可以改变放大电路的输入、输出电阻

放大电路中引入负反馈，可以通过改变输入、输出电阻，实现电路的阻抗匹配，提高带载能力。串联反馈和并联反馈可以分别增大和减小输入电阻；电压反馈和电流反馈可以分别减小和增大输出电阻。

3. 改善波形失真

在放大电路中，当输入信号较大时，电路进入非线性区，输出信号波形容易产生非线性失真，负反馈放大电路的引入可以有效改善失真现象。

4. 降低放大倍数

引入负反馈后，可以降低输出电压与输入电压的比值。

二、振荡电路中的正反馈

振荡电路中的正反馈

（一）自激振荡

和前面介绍的各种放大电路不同，振荡电路是一种不需要外接输入信号就能将直流能量转换成具有一定频率、一定幅度和一定波形的交流能量输出的电路，这种现象称为电子电路的自激振荡。如图 6-12 所示为正弦波振荡电路的框图，图中 A 是基本放大电路的放大倍数，F 是反馈电路的反馈系数。但是，不管是振荡电路还是放大电路，它们的输出信号总是由输入信号引起的。那么，振荡电路既然不外接信号源，它的输出信号从哪里来的呢？而且还能得到单一频率的正弦输出信号。

将振荡电路与电源接通时，在电路中激起一个微小的扰动信号，这就是起始信号。它是个非正弦信号，含有一系列频率不同的正弦分量。振荡电路中加入放大和正反馈环节，使信号增强；再经过选频环节，得到单一频率的正弦输出信号，最后经过稳幅环节使信号逐渐趋于稳定。

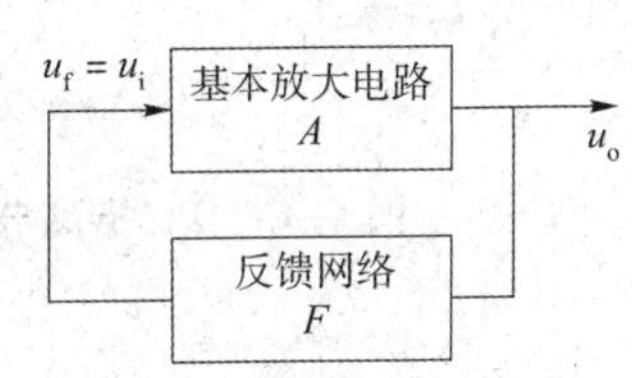

图 6-12　正弦波振荡电路框图

在正弦波振荡电路框图中，放大电路的电压放大倍数为

$$A_u = \frac{\dot{U}_o}{\dot{U}_i} = \frac{\dot{U}_o}{\dot{U}_f} \tag{6-1}$$

反馈电路的反馈系数为

$$F = \frac{\dot{U}_f}{\dot{U}_o} \tag{6-2}$$

即 $A_u F = \frac{\dot{U}_f}{\dot{U}_i} = 1$。这就是产生自激振荡的平衡条件。

(1) 反馈信号幅度的大小与输入信号幅度相等，即 $u_f=u_i$，$|A_uF|=1$。

(2) 反馈信号的相位要与输入信号的相位相同，必须是正反馈。

实际的振荡电路，只要电路连接正确，在接通电源后，即可自行起振，并不需要加激励信号，起振后经过不断地放大、选频、正反馈、再放大的循环过程，振荡就由弱到强地被建立起来，稳定在一个数值上。

(二) 正弦波振荡电路

正弦波振荡电路是用来产生一定频率和幅度的交流信号的，常用的正弦波振荡电路有 *LC* 振荡电路和 *RC* 振荡电路两种，本节主要讲解 *RC* 振荡电路。

RC 振荡电路输出功率小，频率较低；*LC* 振荡电路可以输出较大功率，频率也较高。工业上的高频感应炉、超声波发生器、正弦波信号发生器、半导体接近开关等，都是振荡电路的应用。

RC 振荡电路如图 6-13 所示。

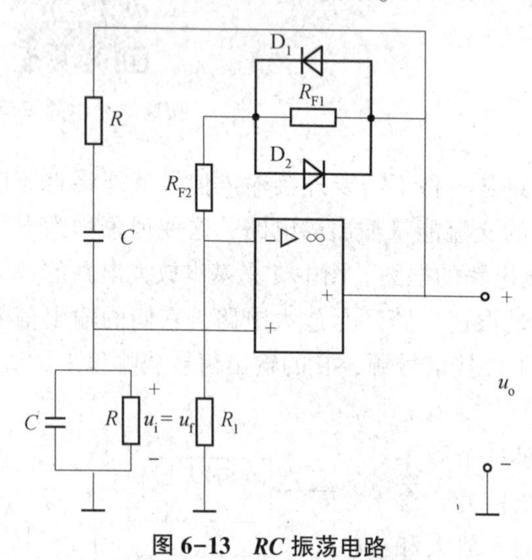

图 6-13 *RC* 振荡电路

放大电路是一个同相比例运算电路，*RC* 串并联电路是正反馈电路。输出电压 u_o 经 *RC* 串并联电路分压后在 *RC* 并联电路上得出反馈电压 u_f，加在运算放大器的同相输入端，作为它的输入电压 u_i，由此得到反馈系数的表达式：

$$F=\frac{\dot{U}_i}{\dot{U}_o}=\frac{\dfrac{-jRX_C}{R-jX_C}}{R-jX_C+\dfrac{-jRX_C}{R-jX_C}}=\frac{1}{3+j\left(\dfrac{R^2-X_C^2}{RX_C}\right)} \tag{6-3}$$

欲使输入电压 $\dot{U}_i$ 与输出电压 $\dot{U}_o$ 同相，那么上面表达式中的分母的虚数部分必须为零，于是该表达式就可以改写为：

$$R^2-X_C^2=0$$

$$R=X_C=\frac{1}{2\pi fC}$$

$$f=f_0=\frac{1}{2\pi RC}$$

这时 $|F|=\dfrac{U_i}{U_o}=\dfrac{1}{3}$，而同相比例运算电路的电压放大倍数为：

$$|A_u|=\frac{U_o}{U_i}=1+\frac{R_F}{R_1}\quad(R_F=R_{F1}+R_{F2}) \tag{6-4}$$

可见，当 $R_F=2R_1$ 时，$|A_u|=3$，$|A_uF|=1$。

在特定频率时，即 $f_0=\dfrac{1}{2\pi RC}$ 时，输出电压 u_o 和输入电压 u_i 同相，也就是 *RC* 串并联电路具有正反馈，输出电压 u_o 和输入电压 u_i 都是正弦波电压。

在起振时，应使 $|A_uF|>1$，即 $|A_u|>3$。随着振荡幅度的增大，$|A_u|$能自动减小，直到满足 $|A_u|=3$ 或 $|A_uF|=1$ 时，振荡振幅达到稳定，以后能自动稳幅，从 $|A_uF|>1$ 到 $|A_uF|=1$，就是自激振荡建立的过程。

在 *RC* 振荡电路中是利用二极管正向伏安特性的非线性来自动稳幅的。图中 R_F 分为 R_{F1} 和 R_{F2} 两部分，在起振之初，由于输出电压幅度很小，不足以使二极管导通，正向二极管近似于开路，此时电阻 $R_F>2R_1$。随着振荡幅度的增大，正向二极管导通，其正向电阻渐渐减小，直到电阻 $R_F=2R_1$ 时，振荡稳定。

同时，振荡频率的改变，可通过调节电阻 *R* 或电容 *C* 或同时调节电阻 *R* 和电容 *C* 的数值来实现。由集成运算放大器构成的 *RC* 振荡电路的振荡频率一般不超过 1 MHz。如要产生更高的频率，可采用 *LC* 振荡电路。

任务实施

（一）正弦波的产生

RC 正弦波振荡电路中的振荡器由 *RC* 串并联选频网络和集成运放组成的负反馈放大电路组成。*RC* 选频网络的输入信号由放大电路的输出端提供，*RC* 选频网络的输出又反馈到放大电路的输入端，使电路在振荡频率处满足振荡的相位条件，若调节电路中的滑动变阻器使负反馈放大电路的增益大于 3 时满足起振条件，电路产生振荡，输出端产生正弦波。*RC* 正弦波振荡电路及其波形如图 6-14、图 6-15 所示。

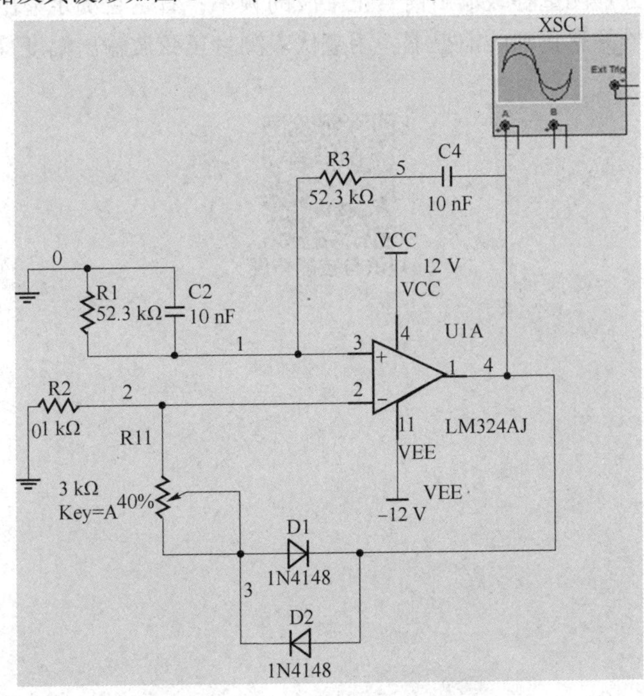

图 6-14 *RC* 正弦波振荡电路

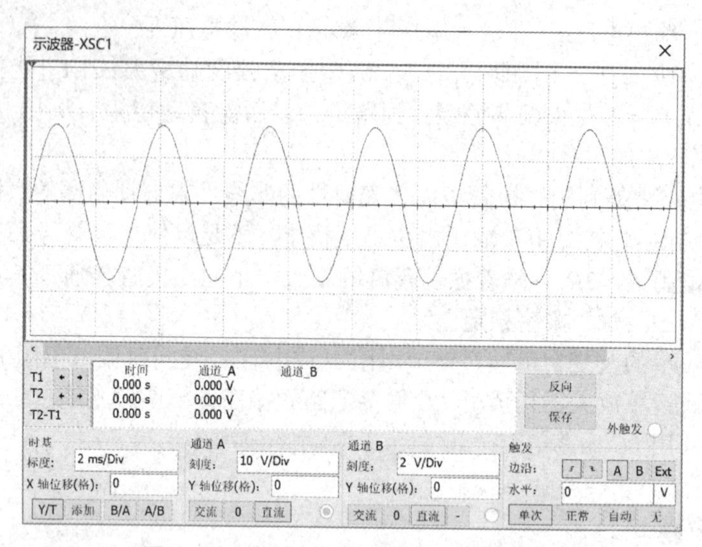

图 6-15　*RC* 正弦波振荡器产生的波形图

（二）性能调试与测试

（1）正弦波发生电路的关键是起振和平衡的幅值及相位条件。为了保证电路的正常起振，滑动变阻器取值应在计算值范围内，保证负反馈放大电路电压增益大于3，否则电路不会起振。若输出波形有较小失真，也可调节滑动变阻器，使电路增益减小，使之略微大于3，即可消除。

（2）用频率计分别测量各级输出信号正弦波的频率，看是否满足输出频率和误差要求。

（3）在输出信号频率正确的前提下，用毫伏表测量正弦波输出幅度是否达到设计要求。

知识与技能拓展

评价反馈

自我评价（40%）							
项目名称				任务名称			
班级				日期			
学号		姓名		组号		组长	
序号	评价项目					分值	得分
1	参与资料查阅					10 分	
2	参与同组成员间的交流沟通					10 分	
3	参与设计原理图					15 分	
4	参与设计仿真电路					15 分	
5	参与调试					15 分	
6	参与汇报					15 分	
7	7S 管理					10 分	
8	参与交流区讨论、答疑					10 分	
总分							

小组互评（30%）							
项目名称				任务名称			
班级				日期			
被评人姓名		被评人学号		被评人组别		评价人姓名	
序号	评价项目					分值	得分
1	前期资料准备完备					10 分	
2	原理图设计正确					20 分	
3	仿真电路设计正确					20 分	
4	心得体会汇总丰富、翔实					20 分	
5	积极参与讨论、答疑					20 分	
6	积极对遇到困难的组给予帮助与技术支持					10 分	
总分							

教师评价（30%）					
项目名称				任务名称	
班级				日期	
姓名		学号		组别	
教师总体评价意见：					
总分					

任务二 运算放大器电路的设计

学习目标

知识目标	能力目标	职业素养目标
1. 熟悉集成运算放大器的符号及主要参数 2. 掌握放大电路中反馈的类型及作用 3. 掌握集成运算放大器常见线性应用电路的分析和计算 4. 了解电压比较器的概念、结构、特点	1. 能够掌握运算放大电路的概念特点 2. 能够分析运算放大电路的基本结构及基本运算电路 3. 能根据原理图装配基于集成运算放大器的应用电路 4. 能够正确选择和使用集成运算放大器	1. 增强学生的民族自豪感和创新意识 2. 引导学生抓住主要矛盾，要识大体、顾大局，合作共赢

参考学时：6~8 学时。

任务引入

在函数信号发生器的设计过程中，需要将 *RC* 正弦波振荡电路产生的正弦波通过滞回比较器转换成矩形波，再经过积分电路将矩形波转换为三角波。

知识链接

一、集成运算放大器

集成运算放大器的结构

（一）集成运算放大器的概念及特点

将电阻、电容、电感、二极管、三极管等结构上相互独立的元器件用导线连接在一起组成具有一定功能的电路称为分立元器件电路。集成运算放大器就是把整个电路的各个元件以及相互之间的连接同时制造在一块半导体芯片上，组成一个不可分割的整体。集成运算放大器具有体积小、质量轻、功能多、成本低、生产效率高等优点，同时缩短和减少了连线和焊接点，从而提高了产品的可靠性和一致性，其外形如图 6-16 所示。半导体集成电路是现代电子信息技术飞速发展的硬件基础之一。集成运算放大器（简称集成运放）是半导体集成电路的一种，在模拟电子技术中应用广泛。集成运放内部是一个具有很高电压增益的多级直接耦合放大电路，与三极管类似，集成运放也有两种基本使用方法：当集成运放工作于线性状态时，可以实现信号不失真放大；当集成运放工作于非线性状态时，可以构成电压比较器电路。

图 6-16　集成运算放大器外形

（二）集成运算放大器电路的结构

1. 集成运算放大器电路的分析

不同型号集成运算放大器的内部电路结构都有区别，但其电路通常可分为输入级、中间级、输出级和偏置电路四部分，如图 6-17 所示。

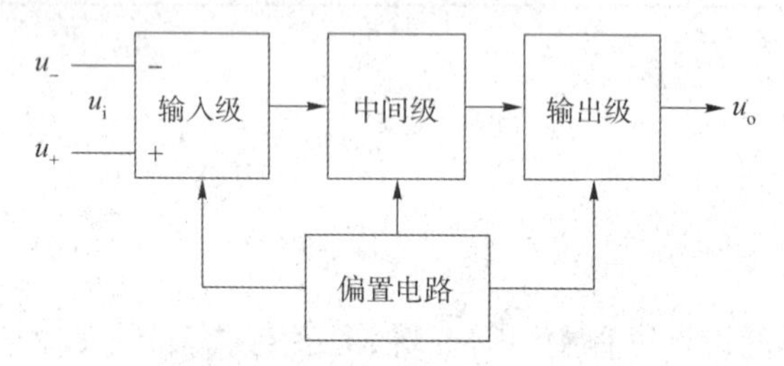

图 6-17　集成运放的基本组成框图

输入级是提高集成运算放大器质量的关键部分，其输入电阻高，静态电流小，差模放大倍数高。一般情况下输入级都采用差分放大电路，用来抑制零点漂移和共模干扰信号。

中间级主要进行高增益的电压放大，要求它的电压放大倍数高，一般由两级以上的共发射极放大电路构成。

输出级与负载相接，能输出足够大的电压和电流，一般由互补功率放大电路或射极输出器构成，用于提高运放的负载驱动能力。

偏置电路的作用主要是给各级电路提供稳定和合适的偏置电流，决定各级的静态工作点。

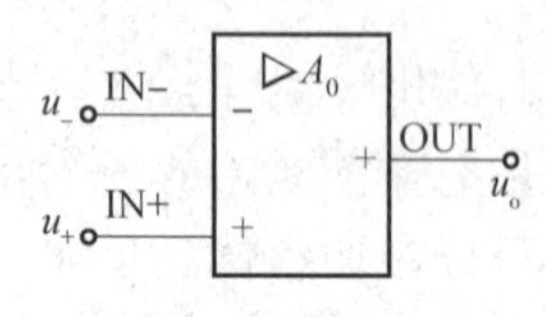

图 6-18　集成运算放大器的图形符号

图 6-18 给出了集成运算放大器的图形符号，图中 IN−引线端为反相输入端，通常也称为反相端，此端接输入信号时，输出信号与输入信号是反相的；IN+引线端为同相输入端，通常也称为同相端，此端接输入信号时，输出信号与输入信号是同相的；OUT 为输出端。▷表示放大器；A_0 表示集成运算放大器在未接反馈时的电压放大倍数。除此之外，集成运算放大器还有正、负电源端和公共端，图中未画出。

2. 主要参数

集成运算放大器的性能指标比较多，这里介绍几个主要的性能指标。

1）开环差模电压放大倍数 A_{od}

开环差模电压放大倍数是指集成运算放大器在没有接外部反馈作用时的差模电压放大

倍数，具体定义为集成运算放大器开环时的差模输出电压与差模输入电压之比：

$$A_{od}=\frac{u_{od}}{u_{id}} \tag{6-5}$$

A_{od}越大，运算电路越稳定，运算精度也越高。

2）共模抑制比 K_{CMRR}

共模抑制比反映了集成运算放大器对共模信号的抑制能力，其定义与差分放大电路的共模抑制比相同，一般都以分贝形式表示。共模抑制比越大，集成运放抑制零点漂移和外部干扰信号的能力越强。集成运算放大器的共模抑制比是由其输入级差分放大电路的共模抑制比决定的。

3）输入失调电压 U_{IO}

理想的运算放大器当输入电压为零时，输出电压也为零。但实际的运算放大器中，由于制造元件本身参数不对称等，当输入电压为零时，输出电压不为零，如果要让输出电压为零，必须要在输入端加一个补偿电压，它就是输入失调电压 U_{IO}，一般为几毫伏，甚至更小。

4）输入失调电流 I_{IO}

输入失调电流是指输入信号为零时，两个输入端静态电流之差 $I_{IO}=|I_{B1}-I_{B2}|$，这就是输入失调电流，一般要求其值越小越好，单位为 nA 数量级。

5）输入偏置电流 I_{IB}

当输入电压为零时，两个输入端静态电流的平均值 $I_{IB}=\frac{I_{B1}+I_{B2}}{2}$，称为输入偏置电流，一般要求其值越小越好，单位为零点几 μA 数量级。

6）转换速率 S_R

转换速率 S_R 主要反映的是集成运算放大器的输出在高速变化地输出信号时的响应能力，S_R 越大，表示集成运算放大器的高频性能越好。

（三）理想运算放大器

1. 理想运算放大器的概念及符号

在应用电路中，把具有理想参数的集成运算放大器看作理想运算放大器，理想化的条件有：

开环差模电压放大倍数 $A_{od}\to\infty$；

差模输入电阻 $R_{id}\to\infty$；

开环输出电阻 $R_o\to 0$；

共模抑制比 $K_{CMRR}\to\infty$。

由于实际电路中集成运算放大器与理想运算放大器比较接近，因此在分析时，用理想运算放大器代替实际集成运算放大器，产生的误差并不大，一般在工程中是允许的。接下来就根据理想化条件来分析运算放大器。

图 6-19 是理想运算放大器的图形符号，u_+、u_-为两个输入端，分别是同相输入端和反相输入端，u_o 为对“地”电压，∞ 为开环电压放大倍数的理想化条件。

2. 理想运算放大器的线性分析

集成运算放大器在各种应用电路中的工作状态有两种，一种是线性区，一种是非线性区。集成运算放大器是一个线性放大元件。开环电压放大倍数 A_{od} 很高，即使输入端信号很小，也可以使输出端电压饱和，饱和值接近正电源电压或负电源电压值，所以集成运算放大器工作在线性区，但通常要引入负反馈。

集成运算放大器工作在线性区时，有两个重要的分析依据：

（1）虚断。由于运算放大器的差模输入电阻 $R_{id}\to\infty$，所以可以认为输入端的输入电流为零。

（2）虚短。由于运算放大器的开环电压放大倍数 $A_{od}\to\infty$，而输出电压 u_o 是一个有限值。于是

$$u_+-u_-=\frac{u_o}{A_{od}}\approx 0$$

即

$$u_+\approx u_- \tag{6-6}$$

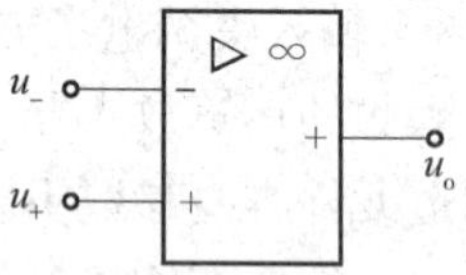

如果反相端有输入时，同相端接“地”，即 $u_+=0$，由上式可知，$u_-\approx 0$。也就是说反相输入端的电位接近于“地”电位，它是一个不接“地”的“地”电位端，称为虚短。

图 6-19　理想运算放大器的图形符号

二、集成运算放大器的基本运算电路

集成运算放大器的基本运算电路

运算放大器能进行多种运算，包括比例、加法、积分和微分等，下面介绍几种运算电路。

1. 反相比例运算电路

对于集成运算放大器来讲，如果信号从反相输入端引入，就是反相运算。

图 6-20 为反相比例运算电路，输入信号 u_i 经过输入电阻 R_1 接到反相输入端，输出电压 u_o 经电阻 R_f 反馈到反相输入端，同相输入端通过电阻 R_2 接“地”。

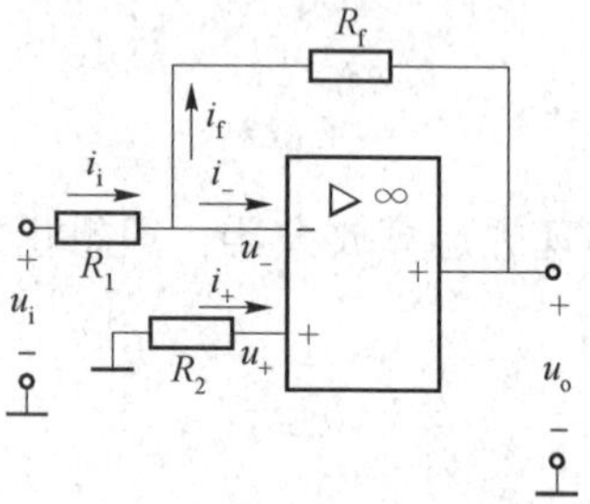

图 6-20　反相比例运算电路

根据理想运算放大器工作在线性区的两个依据可知：

$$i_i=i_f$$

$$u_+\approx u_-=0$$

$$i_1=\frac{u_i-u_-}{R_1}\approx\frac{u_i}{R_1}$$

$$i_f=\frac{u_--u_o}{R_f}\approx-\frac{u_o}{R_f}$$

得

$$u_o=-\frac{R_f}{R_1}u_i$$

即

$$A_{uf}=\frac{u_o}{u_i}=-\frac{R_f}{R_1} \tag{6-7}$$

由上式可知，输出电压与输入电压是比例运算关系，比值取决于 R_1 和 R_f，与运算放大器本身参数无关，式中的负号表示 u_o 和 u_i 反相，如果 $u_o=-u_i$，则 $A_{uf}=-1$，这就是反相器。

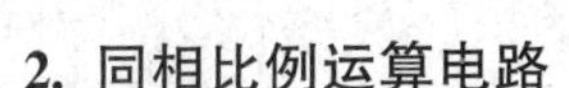

2. 同相比例运算电路

如果信号从同相输入端引入，就是同相运算，图 6-21 是同相比例运算电路，同相端电阻 R_2 接入电压 u_i。

根据理想运算放大器工作在线性区的两个依据可知：因“虚短”，有 $u_+ \approx u_- = u_i$；因“虚断”，有 $i_i \approx i_f = 0$。由图可得：

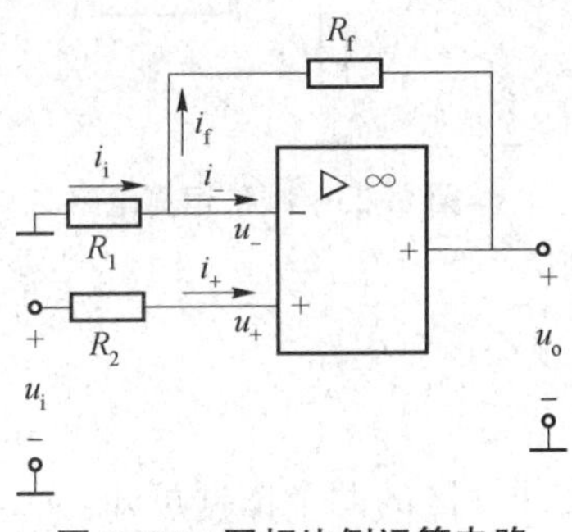

图 6-21　同相比例运算电路

$$i_1 = -\frac{u_-}{R_1} = -\frac{u_i}{R_1} \tag{6-8}$$

$$i_f = \frac{u_- - u_o}{R_f} = \frac{u_i - u_o}{R_f} \tag{6-9}$$

由上两式可以得出：

$$u_o = \left(1 + \frac{R_f}{R_1}\right) u_i \tag{6-10}$$

$$A_{uf} = \frac{u_o}{u_i} = 1 + \frac{R_f}{R_1} \tag{6-11}$$

由式（6-10）可知，输出电压与输入电压是比例运算关系，比值取决于 R_1 和 R_f，与运算放大器本身参数无关，当 $R_f = 0$ 或者 $R_1 = \infty$ 时，则 $A_{uf} = 1$，$u_o = u_i$，这就是电压跟随器。

3. 反相加法运算电路

在电路的反相端增加若干个输入电路，就是反相加法运算电路，如图 6-22 所示。

由图 6-22 可知：$u_+ = 0$，因“虚短”有 $u_+ \approx u_- = 0$。

$$i_f = i_{11} + i_{12} + i_{13} = \frac{u_{i1}}{R_{11}} + \frac{u_{i2}}{R_{12}} + \frac{u_{i3}}{R_{13}}$$

$$i_f = -\frac{u_o}{R_f}$$

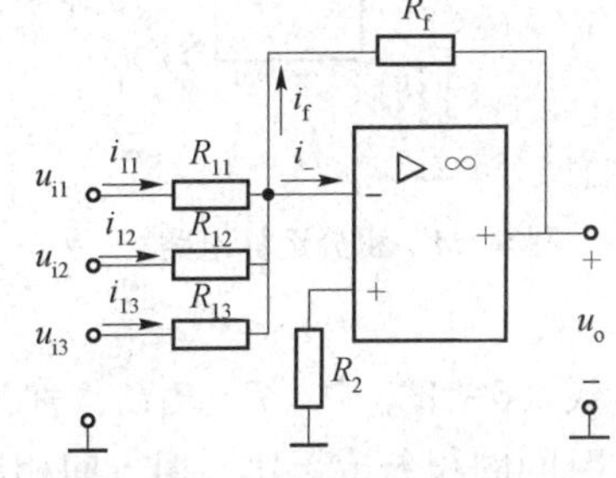

图 6-22　反相加法运算电路

由上式可得

$$u_o = -\left(\frac{u_{i1}}{R_{11}} + \frac{u_{i2}}{R_{12}} + \frac{u_{i3}}{R_{13}}\right) R_f \tag{6-12}$$

如果 $R_f = R_{11} = R_{12} = R_{13}$，则 $u_o = -(u_{i1} + u_{i2} + u_{i3})$，由此可以看出，$u_o$ 是各个输入电压之和，相位相反，加法运算电路与运算放大器本身参数无关。

4. 减法运算电路

如果电路中，两个输入信号分别加在集成运算放大器的同相输入端和反相输入端，则称为差分运算电路，如图 6-23 所示，电阻 R_f 将输出信号接回反相输入端，符合负反馈原则，根据集成运算放大器工作在线性区的两个依据可知：

$$u_+ = u_-$$

其中：

$$u_+ = \frac{R_3}{R_2 + R_3} u_{i2}$$

$$u_- = u_{i1} - R_1 i_i = u_{i1} = \frac{R_1}{R_1+R_f}(u_{i1}-u_o)$$

由以上两个式子可知：

$$u_o = \left(1+\frac{R_f}{R_1}\right)\frac{R_3}{R_2+R_3}u_{i2} - \frac{R_f}{R_1}u_{i1} \qquad (6-13)$$

当 $R_1=R_2$，$R_f=R_3$ 时，则

$$u_o = \frac{R_f}{R_1}(u_{i2}-u_{i1}) \qquad (6-14)$$

当 $R_f=R_1$ 时，则

$$u_o = u_{i2}-u_{i1} \qquad (6-15)$$

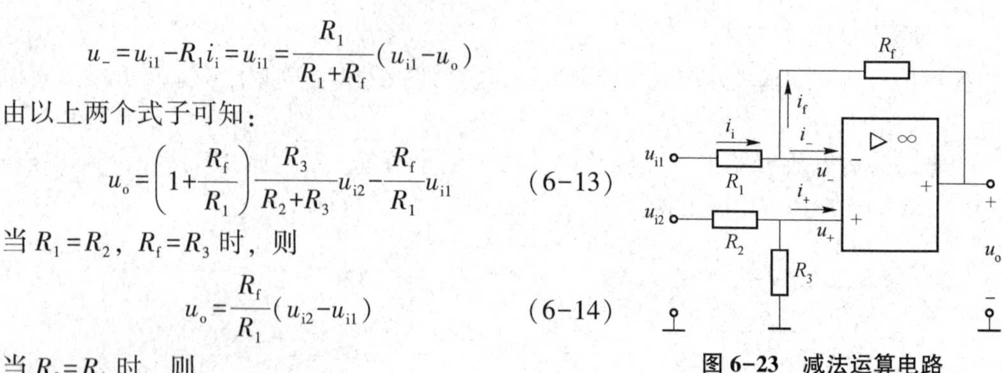

图 6-23　减法运算电路

由此可以看出 u_o 是两个输入电压的差值，该电路就是减法运算电路。

5. 积分运算电路

图 6-24 为积分运算电路。根据集成运算放大器工作在线性区的两个依据可知：$u_+=0$，所以 $u_+=u_-=0$。

图 6-24　积分运算电路

电路中，电容两端电压为：

$$u_C = \frac{1}{C_f}\int i_C \mathrm{d}t = \frac{1}{C_f}\int i_1 \mathrm{d}t \qquad (6-16)$$

其中，$i_1=\frac{u_i}{R_1}$，所以式（6-16）可改写为：

$$u_C = \frac{1}{C_f R_1}\int u_i \mathrm{d}t \qquad (6-17)$$

因为 $u_-=0$，此时

$$u_o = -u_C = -\frac{1}{C_f R_1}\int u_i \mathrm{d}t = -\frac{1}{T_i}\int u_i \mathrm{d}t \qquad (6-18)$$

式（6-18）中，$T_i=R_1C_f$，称为积分常数。式（6-18）表明，输出电压 u_o 与输入电压 u_i 对时间的积分成正比，但方向相反，如果 u_i 为一固定常数 U_i，则输出电压为：

$$u_o = -\frac{U_i}{C_f R_1}t = -\frac{t}{T_i}U_i \qquad (6-19)$$

则 u_o 随时间 t 线性增长，受集成运算放大器电源电压大小影响，u_o 经过一段时间会达到饱和，集成运算放大器进入饱和区。

6. 微分运算电路

微分运算电路是积分运算电路的逆运算，将积分电路中 R_1 和 C_f 调换位置，即为微分运算电路，如图 6-25 所示，由图可知

$$i_i = C_1\frac{\mathrm{d}u_C}{\mathrm{d}t} = C_1\frac{\mathrm{d}u_i}{\mathrm{d}t}$$

$$u_o = -R_f i_f = -R_f i_i$$

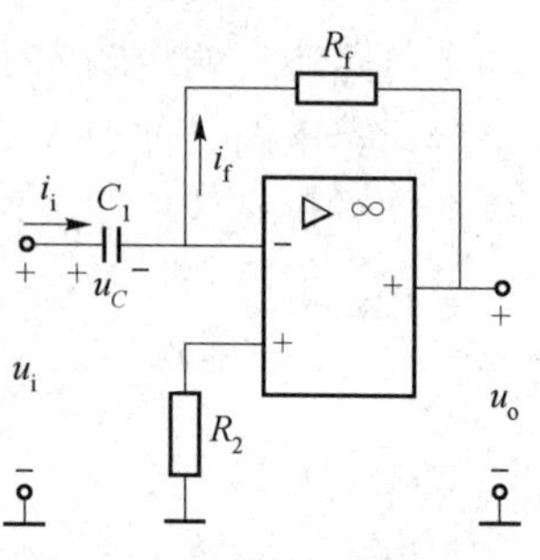

图 6-25　微分运算电路

所以

$$u_o=-R_fC_1\frac{du_i}{dt} \tag{6-20}$$

其中，R_fC_1 可看作时间常数 T_d。式（6-20）表明，输出电压与输入电压对时间的微分成正比，电路具有微分运算功能。

三、集成运算放大器的选用及应用

（一）集成运算放大器的选用

集成运算放大器的选用和使用

1. 典型集成运算放大器的封装及引脚识别

集成运算放大器的种类有很多，种类不同其封装也不同。

按封装形式可分为普通双列直插式、普通单列直插式、小型双列扁平、小型四列扁平、金属圆形、体积较大的厚膜电路等。

按封装体积大小排列可分为厚膜电路、双列直插式、单列直插式、金属封装、双列扁平、四列扁平等。

常见的集成运算放大器封装如图 6-26 所示。

图 6-26　常见的集成运算放大器的外形

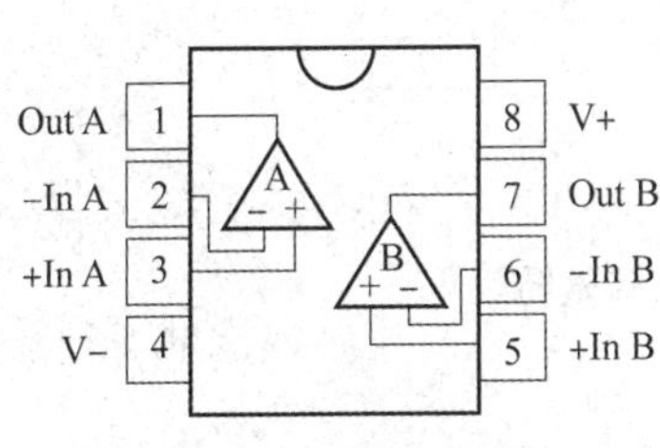

图 6-27　集成运算放大器的引脚实例图

图 6-27 为双集成运算放大器的引脚实例图，引脚功能如下：

1 脚为通道 A 输出，2 脚为通道 A 反相输入，3 脚为通道 A 同相输入，4 脚为电源负，5 脚为通道 B 同相输入，6 脚为通道 B 反相输入，7 脚为通道 B 输出，8 脚为电源正。

2. 集成运算放大器的选择

目前，市场上集成运算放大器应用广泛，种类和型号也很多，按照其性能参数可分为通用型和专用型两大类。一般情况下选用时若无特殊要求，应优先选用通用型和多运放型的芯片，其价格低、易于购买。

专用型运算放大器是某一项性能指标较高的运算放大器，它的其他性能指标不一定高，有时甚至可能比通用型运算放大器还低，选用时应充分注意。专用型运算放大器有：①高输入阻抗型；②低漂移型；③高速型；④低功耗型；⑤高压型；⑥大功率型；⑦电压比较器等。选用时除满足主要技术性能参数外，还应考虑性能价格比。

除了型号的选择，应对所选集成运算放大器的引脚排列、外接电路要求有所了解，调试使用时应注意电源极性接反、输入信号电压过高、输出负载过大等问题，必要时可通过增加电源保护电路、输入端保护电路、输出端保护电路等来解决。

集成运算放大器的应用

（二）集成运算放大器的应用

集成运算放大器的工作状态有线性和非线性两种，前面已经介绍了集成运算放大器的线性应用，以下介绍集成运算放大器的非线性应用。一般情况下，当集成运算放大器施加负反馈时一般处于非线性工作区域。非线性状态下集成运算放大器可用于电压比较器实现。

1. 电压比较器

电压比较器是信号处理电路，其功能是比较两个电压的大小，通过输出电压的高或低，表示两个输入电压的大小关系。电压比较器经常应用在波形变换、信号发生、模/数转换等方面。

电压比较器的输入通常是两个模拟量，一般情况下，其中一个输入信号是固定不变的参考电压 U_{REF}，另一个输入信号则是变化的信号 u_i。电压比较器中的集成运算放大器工作在开环状态，其输出只有两种可能的状态：正向最大电压$+U_{OM}$，或负向最大电压$-U_{OM}$。

图 6-28 为基本电压比较器的电路及电压传输特性，图中理想运算放大器工作在非线性区，从图 6-28（b）中可以看出：

当输入电压 $u_i>U_{REF}$时，$u_o=-U_{OM}$；

当输入电压 $u_i<U_{REF}$时，$u_o=+U_{OM}$；

当输入电压 $u_i=U_{REF}$时，$-U_{OM}<u_o<+U_{OM}$，输出电压处于跃变状态。

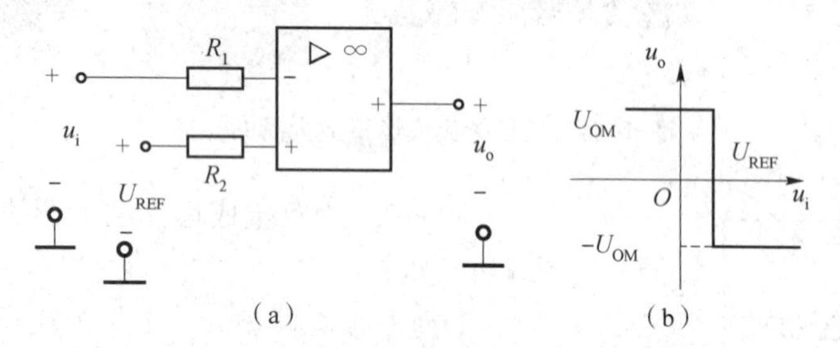

图 6-28　基本电压比较器电路及其电压传输特性

（a）电路；（b）电压传输特性

如果将 R_2 左端直接接地，如图 6-29（a）所示，即参考电压 $U_{REF}=0$，则输出信号 u_o 直接与 0 进行比较，此时的电路成为过零比较器。

从图 6-29（b）中可以看出：

当输入电压 $u_i>0$ 时，$u_o=-U_{OM}$；

当输入电压 $u_i<0$ 时，$u_o=+U_{OM}$；

当输入电压 $u_i=0$ 时，$-U_{OM}<u_o<+U_{OM}$，输出电压处于跃变状态。

当 u_i 为正弦波时，则 u_o 为矩形波，如图 6-30 所示。

2. 滞回比较器

滞回比较器是一种能判断出两种状态的开关电路，广泛应用于自动控制电路中，如图 6-31（a）所示。

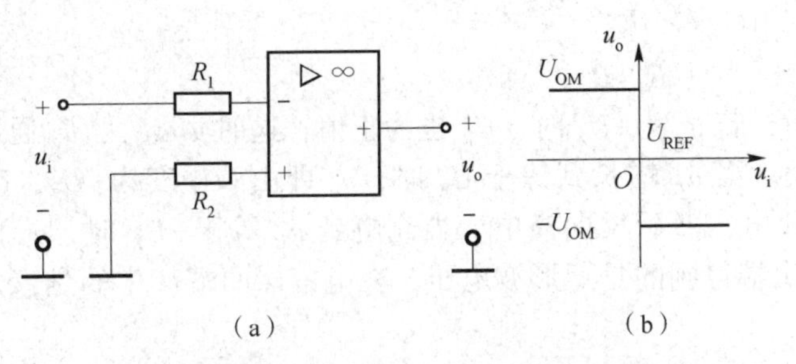

图 6-29　过零比较器电路及其电压传输特性

(a) 电路；(b) 电压传输特性

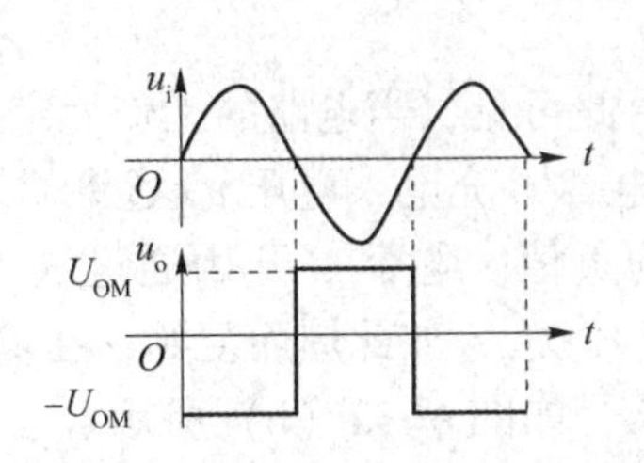

图 6-30　过零比较器将正弦波电压变换为矩形波电压波形

输入电压 u_i 加到反相输入端，从输出端通过电阻 R_f 连接到同相输入端实现正反馈。

当输出电压 $u_o=+U_Z$ 时，

$$u_i=u_+=\frac{R_2}{R_2+R_f}U_Z \tag{6-21}$$

当输出电压 $u_o=-U_Z$ 时，

$$u_i=u'_+=-\frac{R_2}{R_2+R_f}U_Z \tag{6-22}$$

滞回比较器的传输特性如图 6-31（b）所示。u_+称为上门限电压，u'_+称为下门限电压，两者之差称为回差。

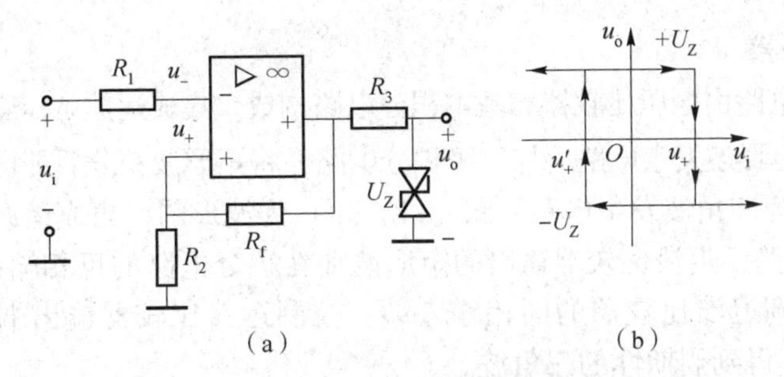

图 6-31　滞回比较器电路及其电压传输特性

(a) 电路；(b) 电压传输特性

3. 矩形波发生器

矩形波电压常用于数字电路中作为信号源，图 6-32（a）是一种矩形波发生器的电路。图中，运算放大器作滞回比较器用；D_Z 是双向稳压二极管，使输出电压的幅度被限制在 $+U_Z$或$-U_Z$；R_3 是限流电阻，R_1、R_2 构成正反馈电路，R_2 上的反馈电压 U_R 是输出电压的一部分，电容 C 上的电压为零，此时有：

$$U_R=\frac{R_2}{R_1+R_2}U_Z \tag{6-23}$$

该电压加在同相输入端作为参考电压。

R_F 和电容 C 构成负反馈电路，u_C 加在反相输入端，u_C 和 U_R 的比值决定 u_o 极性，从负反馈回路看，输出电压$+U_Z$ 通过电阻 R_F 向电容 C 充电，电压 u_C 逐渐增大。当充电电压 u_C 稍大于 U_R 时，电路发生跃变，输出电压由$+U_Z$ 翻转到$-U_Z$，此时同相端电压为：

$$U_R=-\frac{R_2}{R_1+R_2}U_Z \tag{6-24}$$

由此可见，当电路的工作稳定后，若 u_o 为 $+U_Z$ 时，U_R 也为正值；这时 $u_C<U_R$，u_o 通过 R_F 对电容 C 充电，电压 u_C 逐渐增大。当 u_C 增长到等于 U_R 时，u_o 即由 $+U_Z$ 变为 $-U_Z$，U_R 也变为负值。电容 C 开始通过 R_F 放电，然后反向充电。当充电到 u_C 等于 $-U_R$ 时，u_o 由 $-U_Z$ 变为 $+U_Z$，如此周而复始，在输出端得到的是矩形波电压，在电容器两端产生的是三角波电压，如图 6-32（b）所示。

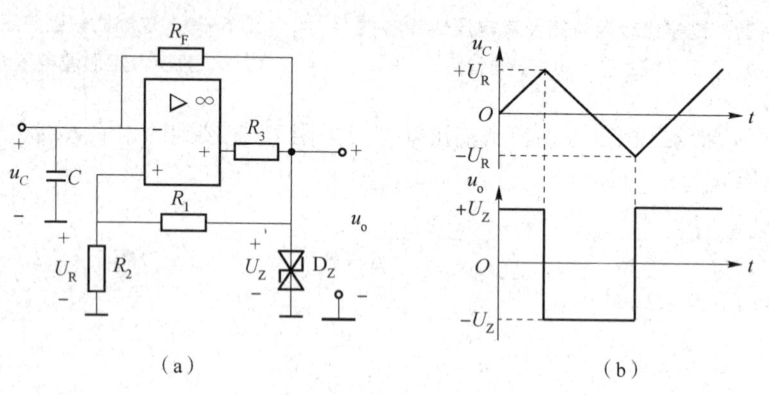

图 6-32　矩形波发生器的电路及波形图

（a）电路；（b）波形图

4. 三角波发生器

三角波发生器电路由电压比较器和基本积分电路构成。集成运放 A_1 工作在非线性区，A_2 工作在线性区。在矩形波发生电路后加一级积分电路，将矩形波积分后即可得到三角波。

图 6-33（a）为三角波发生电路，图 6-32（b）为波形图，集成运放 A_1 组成迟滞比较器，A_2 组成积分电路，迟滞比较器输出的矩形波加在积分电路的反相输入端，而积分电路输出的三角波又接到迟滞比较器的同相输入端，控制迟滞比较器输出端的状态发生跃变，从而在 A_2 的输出端得到周期性的三角波。

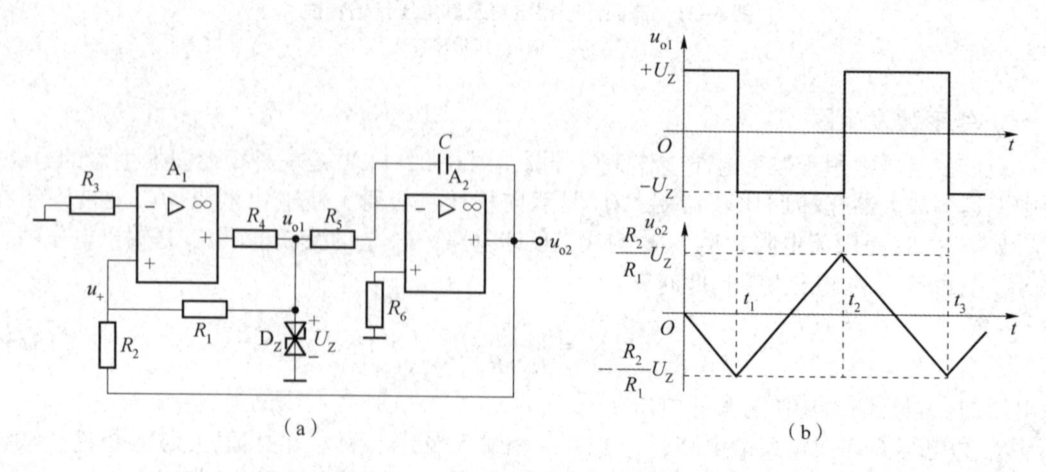

图 6-33　三角波发生器电路及其波形图

（a）电路；（b）波形图

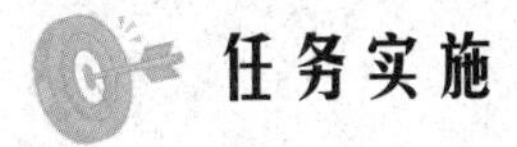

任务实施

（一）波形转换电路及其波形图

将任务一中由 *RC* 正弦波振荡电路产生的正弦波信号接入滞回比较器电路，如图 6-34 所示，滞回比较器能够将正弦波转换为方波，其中滞回比较器具有滞回特性，抗干扰能力较强，因此，本设计采用滞回比较器组成正弦波-方波转换电路，如图 6-34、图 6-35 所示；方波-三角波转换电路采用最常用的 *RC* 积分电路得到三角波，如图 6-36、图 6-37 所示。

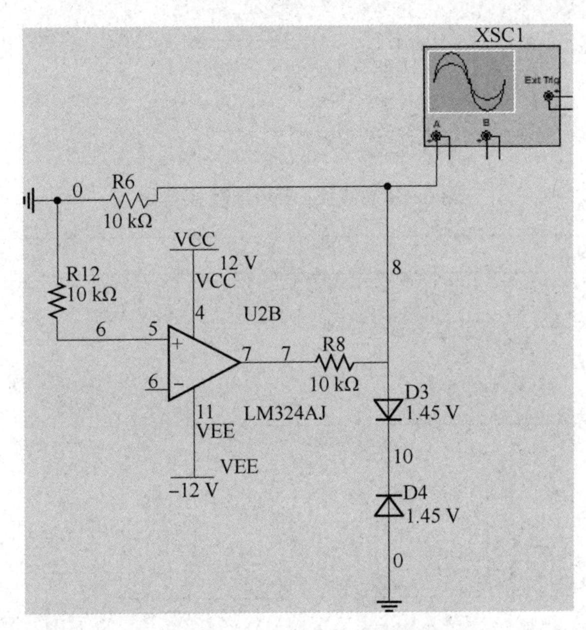

图 6-34　正弦波-方波转换电路

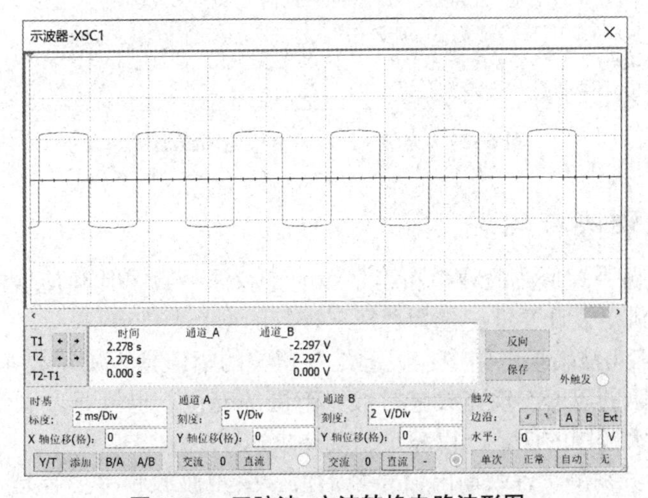

图 6-35　正弦波-方波转换电路波形图

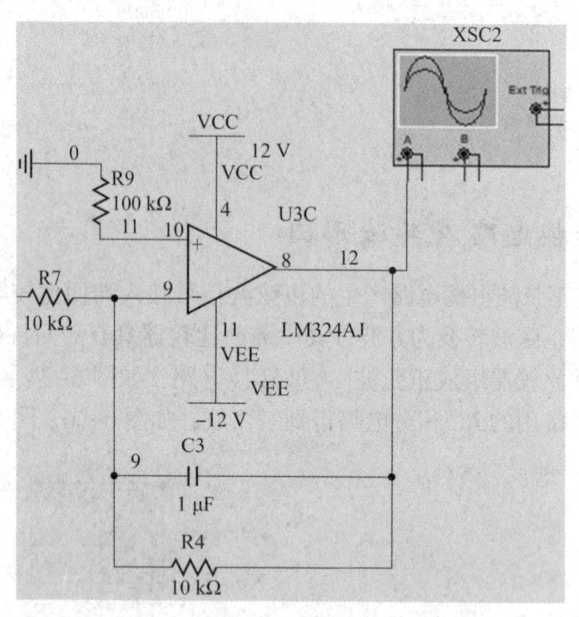

图 6-36　方波-三角波转换电路

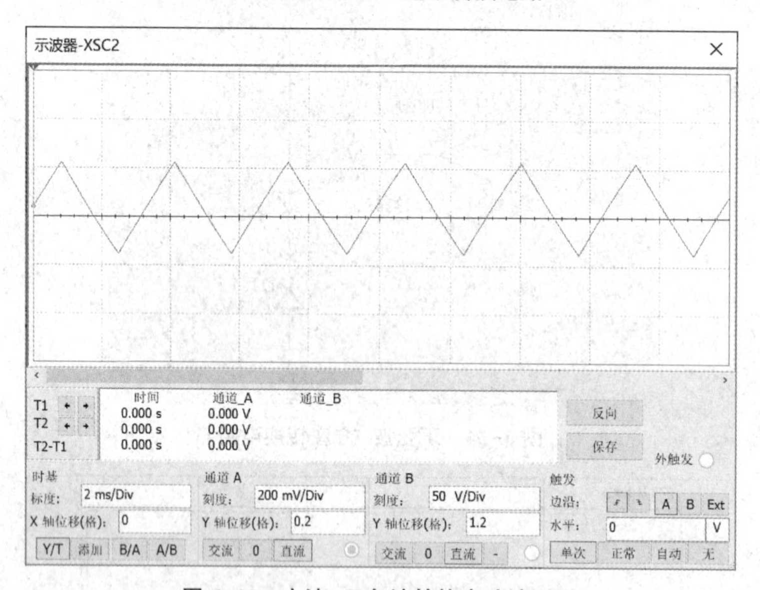

图 6-37　方波-三角波转换电路波形图

（二）性能调试与测试

（1）此部分电路中矩形波的频率和第一级的正弦波一致，其幅值取决于输出端的双向稳压二极管，为了满足设计要求，选择稳压二极管的型号要准确。

（2）矩形波-三角波转换电路中，关键是三角波的幅值是否满足要求。若不满足要求，可通过调整积分电阻的阻值实现充放电常数小范围的变化。也可通过调整积分电容 C 的容值实现三角波幅值大范围的调整，以满足系统要求。

（3）用频率计分别测量各级输出信号矩形波、三角波的频率，看是否满足输出频率和误差要求。

(4) 在输出信号频率正确的前提下，用毫伏表测量矩形波和三角波输出幅度是否达到设计要求。

(三) 函数信号发生器总电路实施

函数信号发生器电路，如图 6-38 所示，主要由三部分组成，这三部分分别为 *RC* 正弦波振荡电路、滞回比较器电路、积分电路。*RC* 正弦波振荡电路产生正弦波，此正弦波通过滞回比较器即可得到同频率的矩形波，最后通过简单的积分电路将矩形波转化为三角波。

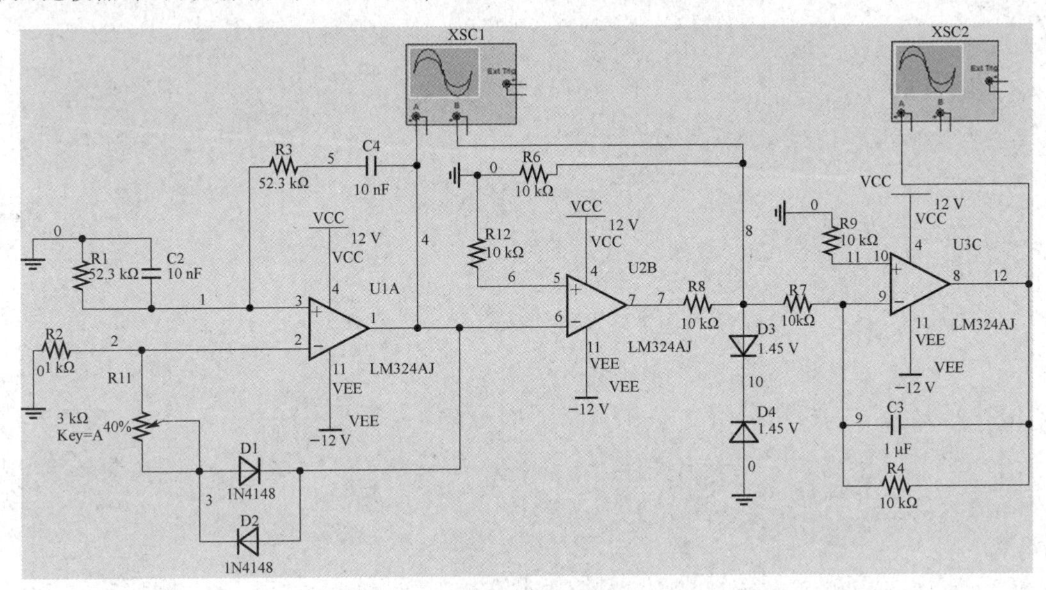

图 6-38　函数信号发生器总电路图

通过四通道示波器将正弦波、矩形波、三角波显示出来，从图 6-39 可以看出，此电路是能输出正弦波、方波、三角波 3 种波形的函数信号发生器电路，波形失真小、电路工作稳定可靠，满足任务要求。

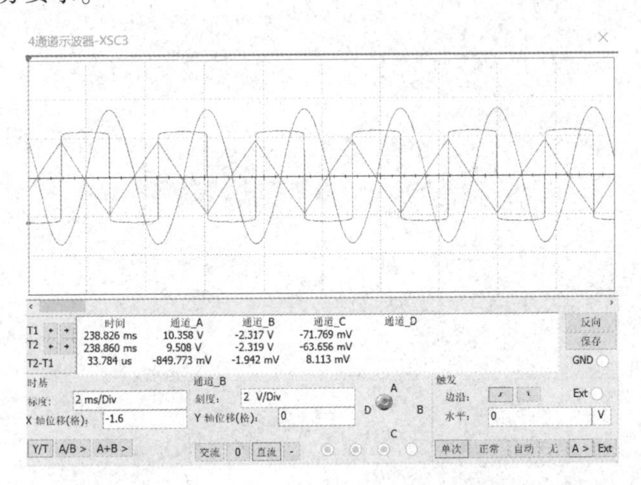

图 6-39　函数信号发生器电路波形图

评价反馈

自我评价（40%）							
项目名称				任务名称			
班级				日期			
学号		姓名		组号		组长	
序号	评价项目					分值	得分
1	参与资料查阅					10 分	
2	参与同组成员间的交流沟通					10 分	
3	参与设计原理图					15 分	
4	参与设计仿真电路					15 分	
5	参与调试					15 分	
6	参与汇报					15 分	
7	7S 管理					10 分	
8	参与交流区讨论、答疑					10 分	
总分							

小组互评（30%）							
项目名称				任务名称			
班级				日期			
被评人姓名		被评人学号		被评人组别		评价人姓名	
序号	评价项目					分值	得分
1	前期资料准备完备					10 分	
3	原理图设计正确					20 分	
4	仿真电路设计正确					20 分	
5	心得体会汇总丰富、翔实					20 分	
6	积极参与讨论、答疑					20 分	
7	积极对遇到困难的组给予帮助与技术支持					10 分	
总分							

<table>
<tr><th colspan="6">教师评价（30%）</th></tr>
<tr><td>项目名称</td><td colspan="3"></td><td>任务名称</td><td></td></tr>
<tr><td>班级</td><td colspan="3"></td><td>日期</td><td></td></tr>
<tr><td>姓名</td><td></td><td>学号</td><td></td><td>组别</td><td></td></tr>
<tr><td colspan="6">教师总体评价意见：</td></tr>
<tr><td>总分</td><td colspan="5"></td></tr>
</table>

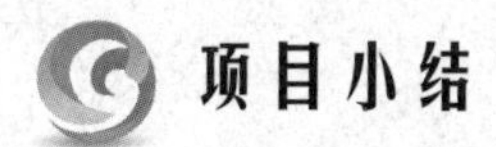

项目小结

(1) 反馈将电路的输出量部分或全部通过一定的元件，以一定的方式回送到输入回路。加入负反馈可以改善放大器的性能。

(2) 负反馈的类型有四种：电压串联负反馈、电压并联负反馈、电流串联负反馈、电流并联负反馈。

(3) 集成运算放大器具有很高的开环电压放大倍数、高输入阻抗、低输出阻抗的特性，可以工作在线性和非线性两种状态。线性工作状态必须引入负反馈。

(4) 工作在线性区的理想运算放大器，“虚短”“虚断”是非常重要的概念。

(5) 反相输入运算电路无共模电压的影响，但输入阻抗低；同相输入运算电路的输入阻抗高，但存在共模信号的影响。

(6) 当运算放大器工作于开环或正反馈的工作状态时，工作在非线性区，主要用于电压比较和波形产生电路。

(7) 运算放大器在使用时要采用电源端保护、输入端保护、输出端保护等措施。

学习测试

一、填空题

(1) 过零比较器电路中，若希望输入电压大于零时输出负极性电压，则应将输入电压接在集成运放的__________输入端（同相或反相）。

(2) 直流负反馈是指__________通路中有负反馈，交流负反馈是指__________通路中有负反馈。直流负反馈的作用是__________。

(3) 若要稳定放大倍数、改善非线性失真等性能，则应引入__________负反馈。

(4) 理想运算放大器同相输入端和反相输入端的“虚短”指的是__________的现象。

(5) 如果要使集成运算放大器工作在线性区，则必须在电路中引入__________反馈；如果要使集成运算放大器工作在非线性区，则必须在电路中引入__________或者__________反馈。

(6) 放大电路中常用的负反馈类型有__________负反馈、__________负反馈、__________负反馈、__________负反馈。

二、判断题

(1) 理想集成运算放大器开环电压增益和输出电阻均为无穷大。 (　　)

(2) 放大电路通常采用的反馈形式为负反馈。 (　　)

(3) 使用集成运算放大器构成电压比较器时，集成运算放大器处于非线性状态。 (　　)

(4) 电压比较器的输出电压只有两种数值。 (　　)

(5) 理想集成运算放大器差模输入电阻为无穷大，输出电阻为零。 (　　)

(6) 集成运算放大器未接反馈电路时的电压放大倍数称为开环电压放大倍数。 (　　)

(7) 集成运算放大器工作在线性状态时，同时满足“虚短”和“虚断”。 (　　)

三、计算题

(1) 如图 6-40 所示电路，写出电流 i_L 与输入电压 u_i 的关系式。

(2) 如图 6-41 所示电路，计算输出电压 u_o 的大小。

(3) 如图 6-42 所示电路，是用运算放大器构成的测量电路，U_S 为恒压源，若 ΔR_f 是某个非电量（如压力或温度）的变化所引起的传感元件的阻值变化量，试写出 u_o 与 ΔR_f 之间的关系式。

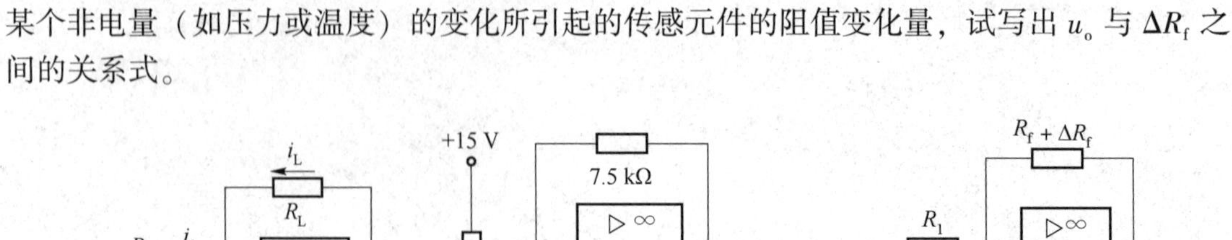

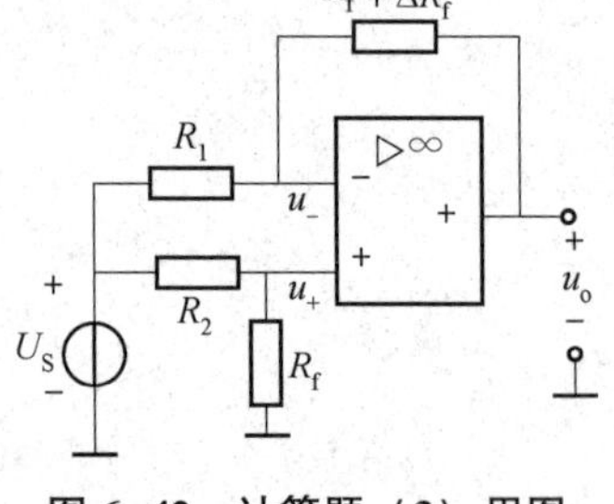

图 6-40　计算题（1）用图　　图 6-41　计算题（2）用图　　图 6-42　计算题（3）用图

（4）有一电阻式压力传感器，其输出阻抗为 500 Ω，测量范围为 0～100 MPa，其灵敏度为+1 mV/0.1 MPa，现在要用一个输入为 0～5 V 的标准表来显示这个传感器测量的压力变化，需要一个放大器把传感器输出的信号放大到标准表输入需要的状态，试设计放大器并确定各元件参数。

项目七

医院病房呼叫显示电路的设计

项目引入

病房呼叫系统即医院护理对讲系统，主要用于医院护士站护士与病床病人之间进行呼叫、对讲，也可适用于疗养院、敬老院、养老院等需要护理对讲的场所。可以让病人快捷方便地得到护士人员的服务照顾，也大大改善了医院的服务效率及环境。如图 7-1 所示为某医院病房的呼叫系统。

病房呼叫系统显示电路由编码输入、编码器、译码器及显示器电路组成，工作框图如图 7-2 所示。

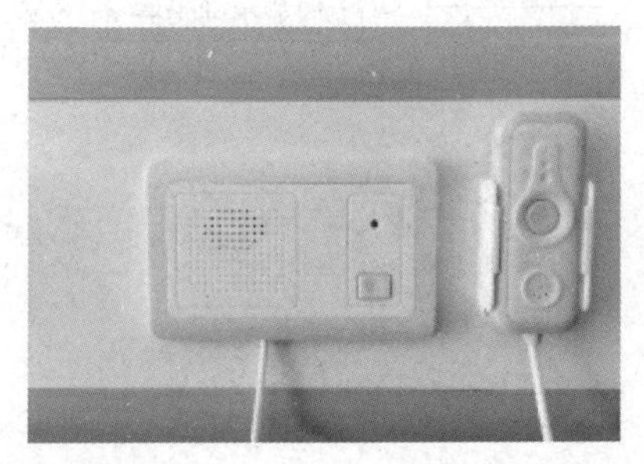

图 7-1　医院病房呼叫系统

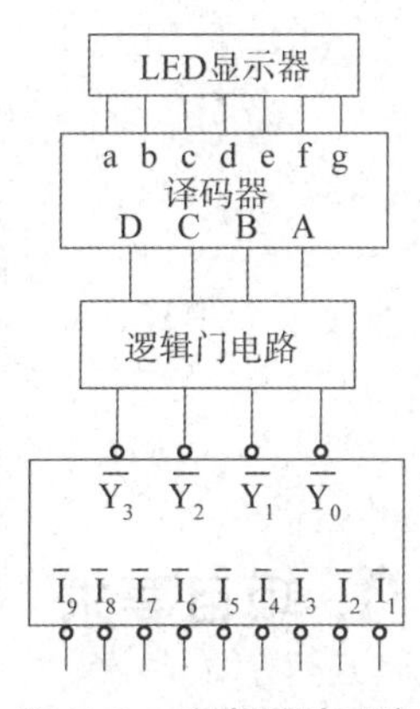

图 7-2　病房呼叫系统显示电路框图

项目分析

项目七知识图谱如图 7-3 所示。

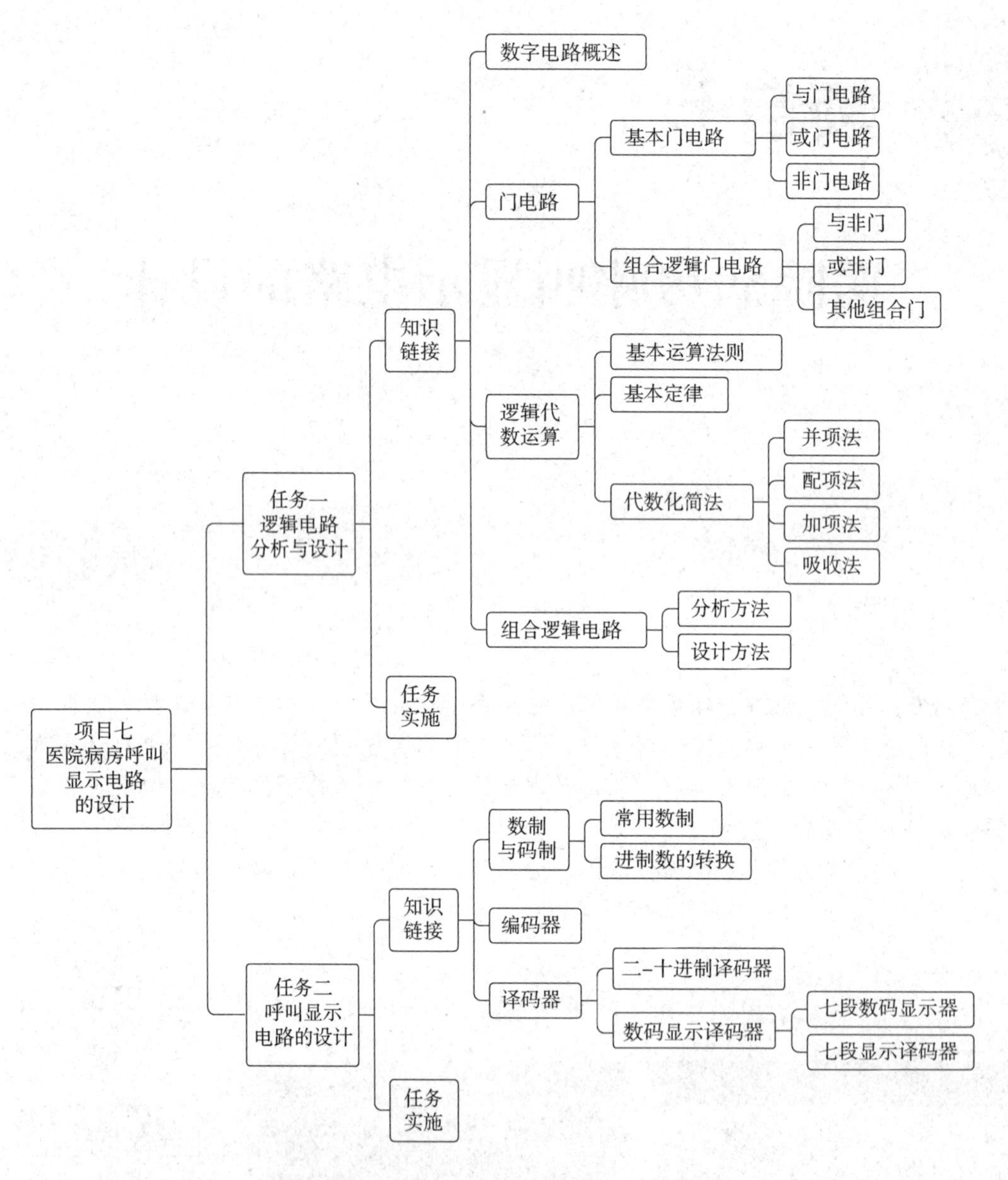

图 7–3　项目七知识图谱

1. 项目要求

（1）设置 N 个开关代表不同病房的呼叫。

（2）当某病房的病人按下呼叫按键时，护士值班室通过七段数码管显示呼叫病房的房间号。

（3）当多个病房同时呼叫时，护士值班室中显示优先级别最高的病房号。

（4）用中、小规模集成电路设计医院病房呼叫显示电路，并进行电路功能仿真与测试。

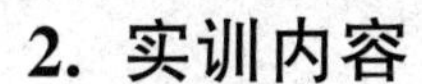

2. 实训内容

(1) 根据任务要求写出设计步骤，选定器件。
(2) 根据所选器件画出电路图。
(3) 写出实验步骤和测试方法，设计实验记录表。
(4) 进行调试及测试，排除实验过程中的故障。
(5) 分析总结实验结果。

任务一　逻辑电路分析与设计

学习目标

知识目标	能力目标	职业素养目标
1. 理解数字电路的概念 2. 掌握逻辑门电路的逻辑符号及逻辑功能 3. 掌握组合电路的分析方法和设计方法 4. 了解典型组合逻辑电路的功能	1. 会分析组合逻辑电路 2. 会设计简单的逻辑电路	1. 培养理论联系实际，分析问题、解决问题的能力 2. 培养勤于思考、善于观察、勇于实践的学习习惯

参考学时：4~6 学时。

任务引入

学习数字电路相关基础知识，利用组合逻辑电路设计医院优先照顾重患者的呼唤电路。设医院某科有 1、2、3、4 四间病房，患者按病情由重至轻依次住进 1~4 号病房。设计一个电路，使其输出分别指示病房号，而且在病情重的患者呼唤时其他患者的呼唤不起作用。

知识链接

一、数字电路概述

$$\text{电子电路中的信号}\begin{cases}\text{模拟信号}\rightarrow\text{模拟电路}\\\text{数字信号}\rightarrow\text{数字电路}\end{cases}$$

自然界中的物理量就其变化规律特点来看，可以分为两大类，其中一类物理量在时间上或数值上是连续的，如电流、电压、温度、压力等物理量通过传感器变成的电信号都是模拟信号。工作在模拟信号下的电子电路称为模拟电路，如前面学习的交直流放大电路、集成运算放大电路、直流稳压电路等。

另一类物理量在时间上和数量上都是离散的，如电子表的秒信号、生产流水线上记录零件个数的计数信号都是离散的，反映在电路上就是低电平和高电平两种状态（即 0 和 1 两个逻辑值）。这一类物理量叫作数字量，把表示数字量的信号叫作数字信号，并且把工作在数字信号下的电子电路叫作数字电路。数字电路对元器件的精度要求不高，只要在工作时能够可靠地区分 0 和 1 两种状态即可。

典型的模拟信号和数字信号波形图如图 7-4 所示。

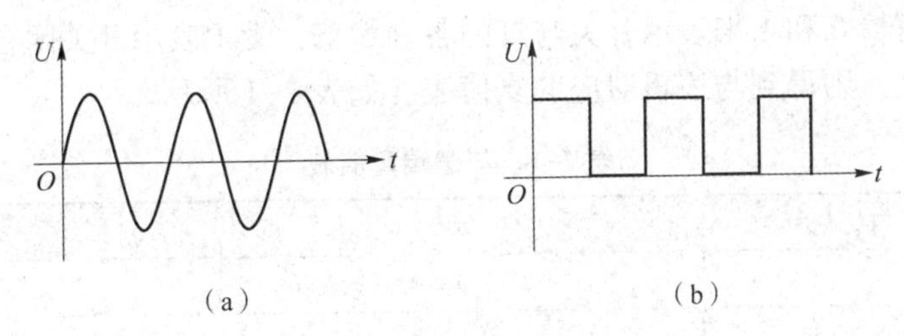

图 7-4　模拟信号和数字信号

（a）模拟信号；（b）数字信号

随着数字技术的迅速发展，尤其是计算机的广泛应用，用数字电路处理模拟信号的情况非常普遍。为了能够使用数字电路处理模拟信号，必须把模拟信号转换成相应的数字信号，可以用模/数（A/D）转换（Analog to Digital）电路来实现。同时，可以用数/模（D/A）转换（Digital to Analog）电路实现将数字信号转换为模拟信号。

数字电路根据逻辑功能的不同特点，可以分成以下两大类。

组合逻辑电路：电路在任意时刻的输出状态只取决于该时刻的输入状态，而与该时刻之前的电路状态无关。

时序逻辑电路：电路在任意时刻的输出状态不仅取决于该时刻的输入状态，还与该时刻之前的电路状态有关，即电路具有记忆功能，这部分内容将在下一个项目中讲解。

二、门电路

用以实现基本逻辑运算和组合逻辑运算的单元电路称为门电路。常用的门电路在逻辑功能上有与门、或门、非门、与非门、或非门、与或非门、异或门等几种。

（一）基本门电路

基本门电路主要包括与门电路、或门电路、非门电路。

基本门电路

1. 与门电路

如果决定某一事件发生的多个条件必须同时具备事件才能发生，则称这种因果关系为与逻辑。

如图 7-5 所示电路中，只有两个开关 A 和 B 同时闭合，灯泡 Y 才会亮，只要有一个开关未闭合，灯泡 Y 就不会亮。这种灯的亮灭与开关通断之间的关系为与逻辑关系，其电路称为与门，其逻辑符号、波形图如图 7-6、图 7-7 所示。

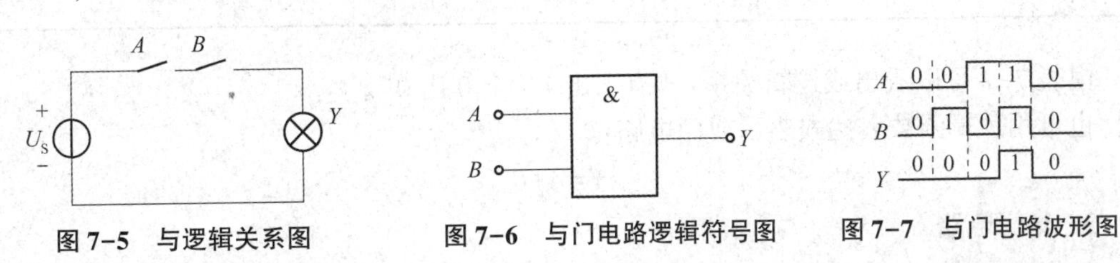

图 7-5　与逻辑关系图　　**图 7-6　与门电路逻辑符号图**　　**图 7-7　与门电路波形图**

如果用二值逻辑 0 和 1 来表示开关与灯的各种状态，设 1 表示开关闭合或灯亮，0 表示开关断开或灯不亮，则得到与逻辑对应的真值表，如表 7-1 所示。

表 7-1　与逻辑真值表

A	B	Y
0	0	0
0	1	0
1	0	0
1	1	1

由表 7-1 可以看出与逻辑关系："有 0 出 0，全 1 出 1"。

也可用逻辑函数表达式表示与门电路：

$$Y=A\cdot B=AB$$

式中的"·"表示逻辑乘，可省略不写。

2. 或门电路

如果决定某事件发生的多个条件，只需要具备其中一个条件，事件就会发生，而所有条件均不具备时，事件才不能发生。这种逻辑关系称为或逻辑关系。

如图 7-8 所示电路中，只要两个开关 A 或 B 闭合，电灯就会亮；只有全部开关都断开时，电灯才不会亮。这种灯的亮灭与开关通断之间的关系为或逻辑关系，其电路称为或门，或门的逻辑符号、波形图如图 7-9、图 7-10 所示。

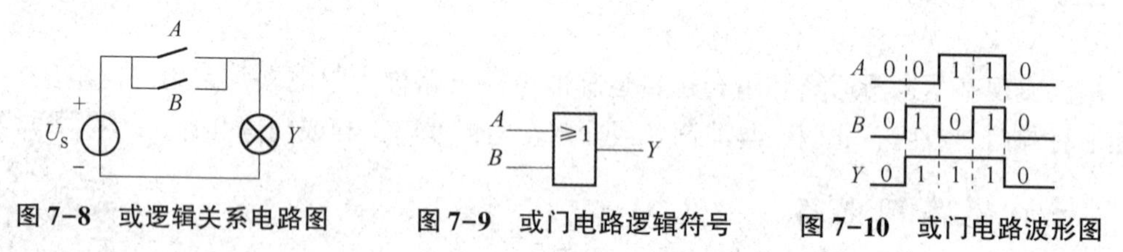

图 7-8　或逻辑关系电路图　　**图 7-9　或门电路逻辑符号**　　**图 7-10　或门电路波形图**

或逻辑的真值表如表 7-2 所示。

表 7-2　或逻辑真值表

A	B	Y
0	0	0
0	1	1
1	0	1
1	1	1

由表 7-2 可以看出或逻辑关系："有 1 出 1，全 0 出 0"。

也可用逻辑函数表达式表示或门电路：

$$Y=A+B$$

3. 非门电路

如果决定某事件发生的条件只有一个，该条件具备，事件就不发生；该条件不具备，事件就发生。这种逻辑关系称为非逻辑关系。

如图 7-11 所示电路中，开关 A 闭合，电灯 Y 就不亮，开关 A 断开，电灯 Y 就亮。这种灯的亮灭与开关通断之间的关系为非逻辑关系，其电路称为非门，逻辑符号、波形图如图 7-12、图 7-13 所示。

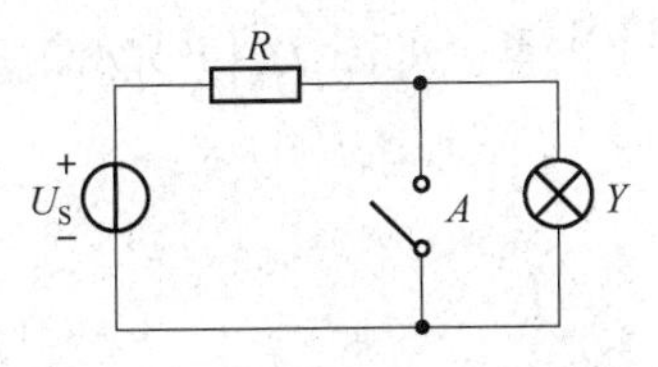

图 7-11　非逻辑关系电路图

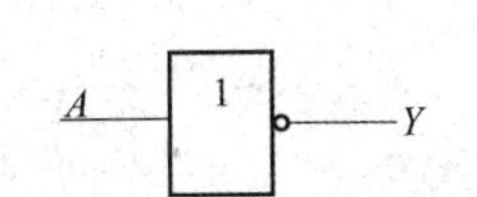

图 7-12　非门电路逻辑符号

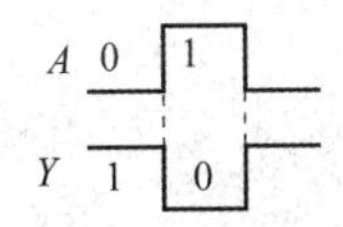

图 7-13　非门电路波形图

非逻辑的真值表如表 7-3 所示。

表 7-3　非逻辑真值表

A	Y
0	1
1	0

由表 7-3 可以看出非逻辑关系：“有 1 出 0，有 0 出 1”。

也可用逻辑函数表达式表示非门电路：

$$Y=\overline{A}$$

（二）组合逻辑门电路

上述三种基本逻辑门电路可以组合成组合逻辑门电路，在数字电路中，应用较广泛的有与非门和或非门。

1. 与非门

与非门就是与门和非门的结合，先进行与运算，再进行非运算。如图 7-14 所示为与非逻辑符号。

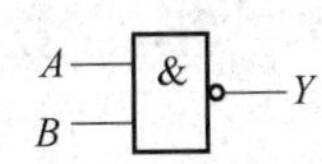

图 7-14　与非逻辑符号

与非逻辑真值表如表 7-4 所示。

表 7-4　与非逻辑真值表

A	B	Y
0	0	1
0	1	1
1	0	1
1	1	0

由表 7-4 可以看出与非逻辑关系：“全 1 出 0，有 0 出 1”。

与非逻辑函数表达式为：

$$Y=\overline{AB}$$

2. 或非门

或非门就是或门和非门的结合，先进行或运算，再进行非运算。如图 7-15 所示为或非逻辑符号。

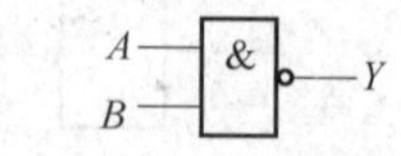

图 7-15　或非逻辑符号

或非逻辑真值表如表 7-5 所示。

表 7-5　或非逻辑真值表

A	B	Y
0	0	1
0	1	0
1	0	0
1	1	0

由表 7-5 可以看出或非逻辑关系：“全 0 出 1，有 1 出 0”。

或非逻辑函数表达式为：

$$Y=\overline{A+B}$$

3. 其他组合门

与或非门、同或门、异或门等组合逻辑电路，和基本门电路的逻辑符号、逻辑函数表达式如表 7-6 所示。

表 7-6　常用门电路的逻辑符号和逻辑函数表达式

名称	逻辑功能	逻辑符号	逻辑函数表达式
与门	与运算	A, B — & — Y	$Y=AB$
或门	或运算	A, B — ≥1 — Y	$Y=A+B$
非门	非运算	A — 1 — Y	$Y=\overline{A}$
与非门	与非运算	A, B — & — Y	$Y=\overline{AB}$

续表

名称	逻辑功能	逻辑符号	逻辑函数表达式
或非门	或非运算	A, B, ≥1, Y	$Y=\overline{A+B}$
与或非门	与或非运算	A, B, C, D, &, ≥1, Y	$Y=\overline{AB+CD}$
异或门	异或运算	A, B, =1, Y	$Y=A\overline{B}+\overline{A}B$
同或门	同或运算	A, B, =1, Y	$Y=AB+\overline{A}\overline{B}$

三、逻辑代数运算

逻辑代数或称布尔代数，它虽然和普通代数一样也用字母表示变量，但变量的值只有“1”和“0”两种。所谓逻辑“1”和逻辑“0”，代表两种相反的逻辑状态。

在逻辑代数中只有逻辑乘（“与”运算）、逻辑加（“或”运算）和求反（“非”运算）三种基本运算。

（一）基本运算法则

$0\cdot A=0$　　$1\cdot A=A$　　$A\cdot A=A$　　$A\cdot\overline{A}=0$

$0+A=A$　　$1+A=1$　　$A+A=A$　　$A+\overline{A}=1$

$\overline{\overline{A}}=A$

（二）基本定律

交换率：$AB=BA$　　$A+B=B+A$

结合率：$ABC=(AB)C=A(BC)$　　$A+B+C=A+(B+C)=(A+B)+C$

分配率：$A(B+C)=AB+BC$　　$A+BC=(A+B)(A+C)$

吸收率：$A(A+B)=A$　　$A(\overline{A}+B)=AB$

$A+AB=A$　　$A+\overline{A}B=A+B$

$AB+A\overline{B}=A$　　$(A+B)(A+\overline{B})=A$

$\overline{AB}=\overline{A}+\overline{B}$　　$\overline{A+B}=\overline{A}\cdot\overline{B}$

（三）代数化简法

由真值表写出的逻辑函数表达式，以及由此画出的逻辑图，往往比较复杂。如果经过化简，就可以使逻辑电路元器件数量减少，降低成本，提高电路工作的可靠性和稳定性。

综合运用逻辑代数的基本定律和公式，消去逻辑函数表达式中的多余项或多余因子，得到最简与或式的方法称为代数化简法，也称为公式化简法。常用的方法有以下几种：

1. 并项法

应用$A+\overline{A}=1$，将两项合并为一项，并可消去一个或两个变量。

2. 配项法

应用$B=B(A+\overline{A})$，将（$A+\overline{A}$）与乘积项相乘，而后展开，合并化简。

3. 加项法

应用$A+A=A$，在逻辑函数表达式中加相同的项，而后合并化简。

4. 吸收法

应用$A+AB=A$，消去多余因子。

组合逻辑电路分析与设计

四、组合逻辑电路

常见的基本组合逻辑电路有编码器、译码器等。

（一）分析方法

组合逻辑电路的分析，就是根据逻辑电路图，确定其逻辑功能。组合逻辑电路通常采用的分析步骤如下：

（1）由组合逻辑电路图逐级写出逻辑函数表达式。

（2）化简逻辑函数表达式。

（3）由最简表达式列出真值表。

（4）观察真值表中输出与输入的关系，描述电路逻辑功能。

例 7-1 试分析图 7-16 所示组合逻辑电路的功能。

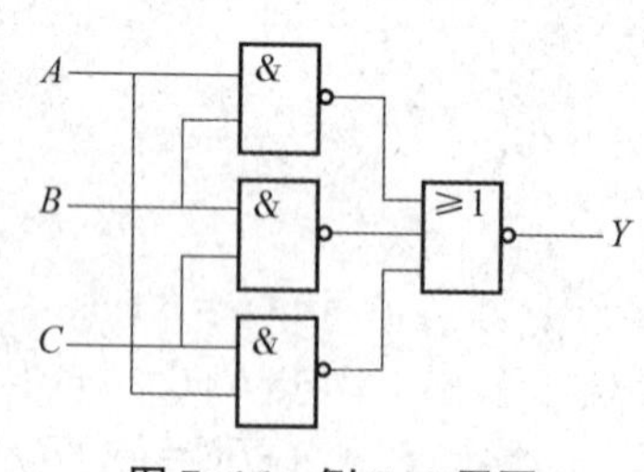

图 7-16 例 7-1 用图

解：（1）写出输出端的逻辑函数表达式。

$$Y=\overline{\overline{AB}+\overline{BC}+\overline{AC}}$$

（2）化简逻辑函数表达式：

$$Y=AB+BC+AC$$

（3）列出真值表，如表 7-7 所示。

（4）描述电路逻辑功能。

由表7-7可知，当输入A、B、C中有2个或3个为1时，输出Y为1，否则输出Y为0。可见该电路可实现多数表决逻辑功能，即3人表决用逻辑电路：只要有2票或3票同意，表决就通过。

表7-7　图7-16电路的逻辑真值表

A	B	C	Y
0	0	0	0
0	0	1	0
0	1	0	0
0	1	1	1
1	0	0	0
1	0	1	1
1	1	0	1
1	1	1	1

（二）设计方法

组合逻辑电路的设计是根据实际逻辑问题，求出实现其逻辑功能的最简逻辑电路。组合逻辑电路的设计步骤如下：

（1）根据所给的逻辑要求设定输入变量和输出变量并逻辑赋值。

（2）列真值表，根据上述分析和赋值情况，将输入变量的所有取值组合和与之相对应的输出函数值列入表中，即得真值表。

（3）写出逻辑函数表达式并化简。

（4）画逻辑电路图。

例7-2　请列出如图7-17所示双联开关控制楼梯照明灯电路的真值表。

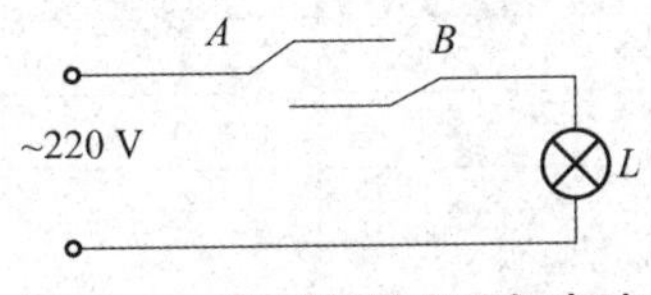

图7-17　控制楼梯照明灯电路

解：（1）两个单刀双掷开关A和B分别装在楼上和楼下。无论在楼上还是在楼下都能单独控制开灯和关灯。

设灯为L，L为1表示灯亮，L为0表示灯灭。对于开关A和B，用1表示开关向上扳，用0表示开关向下扳，可得到真值表如表7-8所示。

表7-8　例7-2的真值表

A	B	L
0	0	1
0	1	0
1	0	0
1	1	1

(2) 由真值表可以方便地写出逻辑函数表达式，方法如下：

①找出输出为 1 的对应的输入变量取值组合。

②取值为 1 的用原变量表示，取值为 0 的用反变量表示，写成一个乘积项。

③将所有乘积项逻辑加，即为逻辑函数表达式。该例的逻辑函数表达式为：

$$L=AB+\overline{A}\,\overline{B}$$

(3) 由逻辑函数表达式画出逻辑电路图和波形图，如图 7-18 (a)、(b) 所示。

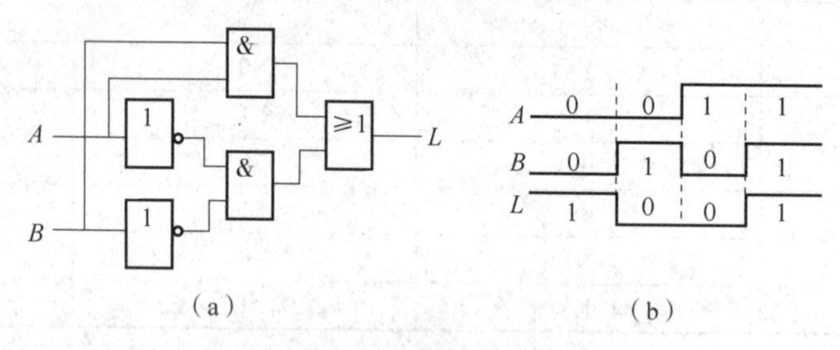

图 7-18 逻辑图和波形图

(a) 逻辑图；(b) 波形图

任务实施

根据任务提出的要求，医院优先照顾重患者的呼叫电路设计步骤如下：

(1) 确定逻辑符号取 0、1 的含义，4 个按键 A 、B 、C 、D 按下时为“1”，不按时为“0”。四个指示灯为 L_1、L_2、L_3、L_4，灯亮为“1”，灯灭为“0”。

(2) 根据题意列写真值表，如表 7-9 所示。

表 7-9 真值表

A	B	C	D	L_1	L_2	L_3	L_4
1	×	×	×	1	0	0	0
0	1	×	×	0	1	0	0
0	0	1	×	0	0	1	0
0	0	0	1	0	0	0	1

(3) 由真值表写出逻辑函数表达式：

$$L_1=A \qquad L_2=\overline{A}B \qquad L_3=\overline{A}\,\overline{B}C \qquad L_4=\overline{A}\,\overline{B}\,\overline{C}D$$

(4) 由逻辑函数表达式画出逻辑图，如图 7-19 所示。

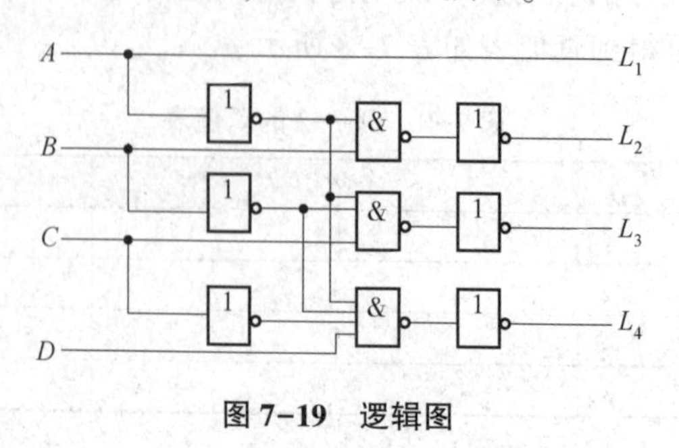

图 7-19 逻辑图

知识与技能拓展

任务二　呼叫显示电路的设计

学习目标

知识目标	能力目标	职业素养目标
1. 理解几种常用的数制 2. 掌握不同数制间的转换方法 3. 熟悉编码器和译码器的功能和使用方法	1. 能进行不同数制的转换 2. 能用中规模集成电路设计出一定功能的组合逻辑电路	1. 培养理论联系实际，分析问题、解决问题的能力 2. 培养勤于思考、善于观察、勇于实践的学习习惯

参考学时：6~8 学时。

任务引入

根据项目要求，采用中规模集成电路实现假设有 8 个病房，当其中某个病房的病人按下呼叫按键时，护士值班室通过七段数码管显示呼叫病房的房间号。另外，当多个病房同时呼叫时，护士值班室中显示患病较重患者病房号。

知识链接

一、数制与码制

数制

计算机都是以二进制形式进行算术运算和逻辑操作的，用户在键盘上输入的十进制数字和符号命令，计算机都会转成二进制的模式进行识别和运算处理，然后再把结果转换成十进制数字和符号在输出设备上面显示。

（一）常用数制

1. 十进制（用符号 D 表示）

十进制是大家熟悉的进位计数制，共有 0、1、2、3、4、5、6、7、8、9 这 10 个数字符号，这十个数字符号又称为数码。十进制的基数为 10，计算时，每位逢十进一。

例如：$(134.56)_D=1\times10^2+3\times10^1+4\times10^0+5\times10^{-1}+6\times10^{-2}$。其中，$10^2$、$10^1$、$10^0$、$10^{-1}$、$10^{-2}$，称为权。

2. 二进制（用符号 B 表示）

二进制是最为简单的进位制，由 0、1 这两个数码构成，基数为 2，逢二进一。

例如：$(11010.01)_B=1\times2^4+1\times2^3+0\times2^2+1\times2^1+0\times2^0+0\times2^{-1}+1\times2^{-2}=(26.25)_B$。

3. 十六进制（用符号 H 表示）

十六进制是一种基数为 16 的计数系统，有 0、1、2、3、4、5、6、7、8、9、A、B、C、D、E、F 共 16 个数码，由于基数为 16，计算时，每位逢十六进一。

例如：$(70F.B1)_H=7\times16^2+0\times16^1+15\times16^0+11\times16^{-1}+1\times16^{-2}=(1\,807.691\,4)_D$。

（二）进制数的转换

各种进制数的转换可以根据图 7-20 的方式进行转换

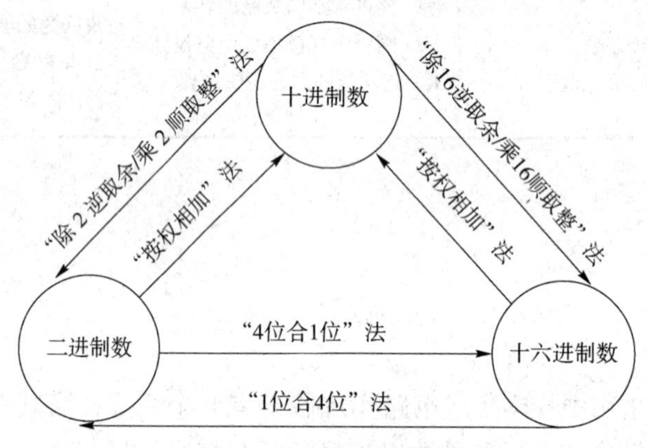

图 7-20　进制转换关系图

1. 非十进制转换成十进制

二进制、十六进制转换成十进制时，先将它们按权展开，然后各项相加（称为“按权相加”法），就得到相应的十进制数。

例如，二进制转换为十进制：

$(11001.01)_B=1\times2^4+1\times2^3+0\times2^2+0\times2^1+1\times2^0+0\times2^{-1}+1\times2^{-2}=(25.25)_D$

十六进制转换为十进制：

$(53C.A1)_H=5\times16^2+3\times16^1+12\times16^0+10\times16^{-1}+1\times16^{-2}=(1\,340.63)_D$

2. 十进制转换为非十进制

十进制转换为非十进制分为整数部分和小数部分的转换，整数部分按照“除基数，取余法，逆排列”的原则进行转换，小数部分按照“乘基数，取整法，顺排序”的原则进行转换，再将转换结果合并即可得到最终结果。

3. 十进制转换为二进制

整数逐次除 2，依次记下余数，直到商为 0 为止，再将最后一个余数作为二进制数的最高位，第一个余数为其最低位，按逆序的方式排列。

小数部分乘以 2，乘积的小数部分继续乘以 2，直到乘积的小数部分为 0 或达到要求的精度为止。取乘积的整数部分作为二进制数的各位，并按顺序的方式排列。

以求 215.687 9 的十进制数为例：

首先求整数 215 的十进制数

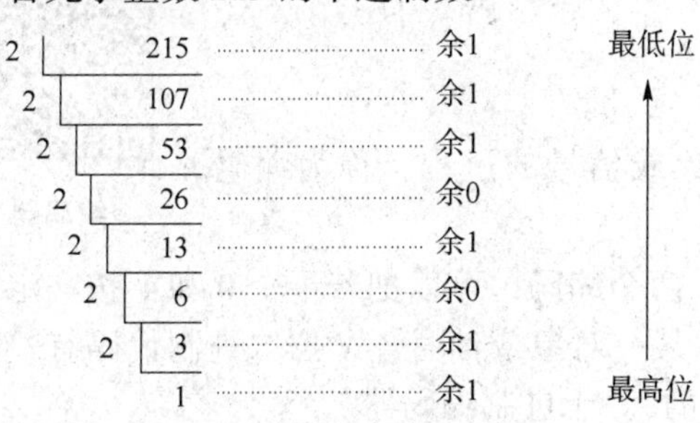

结果是：$(215)_D=(11010111)_B$。

再求小数部分 0. 687 9 的十进制数：

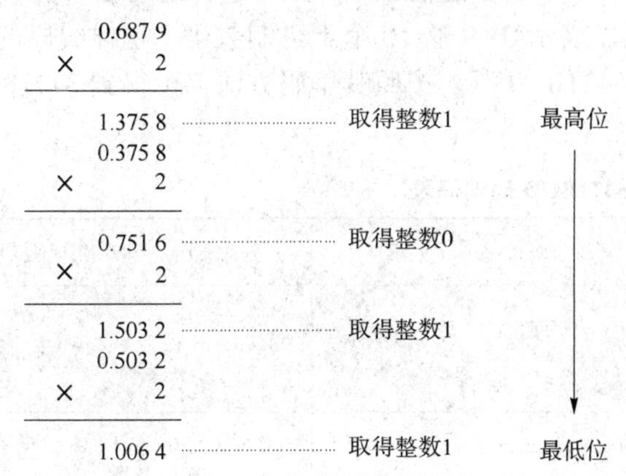

结果是：$(0.678\,9)_D=(0.1011)_B$。

故十进制数 215. 687 9 转换成二进制数后应该是 $(11010111.1011)_B$。

十进制数转换为十六进制数的方法类同与转换为二进制数的方法。

4. 二进制转换为十六进制

整数部分从低位开始，每 4 位二进制数为一组，最后不足 4 位的，则在高位加 0 补足 4 位；小数部分从高位开始，每 4 位二进制数为一组，最后不足 4 位的，在低位加 0 补足 4 位，然后每组用十六进制表示，按序相连即可。

例如，$(1101111100011.10010100)_B$转成十六进制：

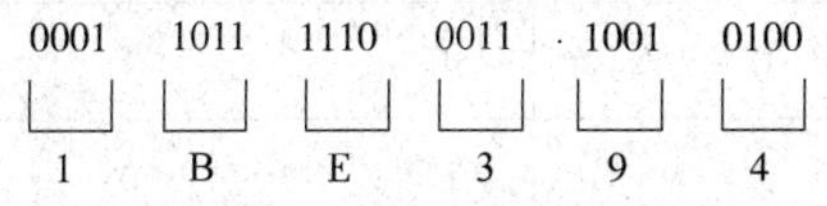

结果是：$(1101111100011.10010100)_B=(1BE3.94)_H$。

5. 十六进制转换为二进制

将每位十六进制数用与其等值的 4 位二进制数代替，然后连成一体。

例如，$(3AB.7A5)_H$ 转成二进制数：

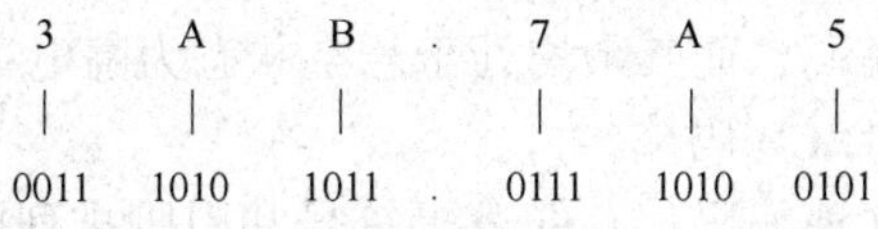

结果是，$(3AB.7A5)_H=(001110101011.011110100101)_B$。

二、编码器

用数字或某种文字和符号来表示某一对象或信号的过程，称为编码。能完成编码功能的逻辑电路称为编码器。

在二进制运算系统中，二进制只有 0 和 1 两个编码，可以把若干个 0 和 1 按一定规律编排起来组成不同的代码（二进制数）来表示某一对象或信号。N 位二进制代码有2^N种不同的状态，可以表示2^N个信号。下面介绍常用的二-十进制编码器。

将 0~9 十个十进制数编成二进制代码的电路，称为二-十进制编码器。二-十进制代码简称为 BCD 码，它用一组 4 位二进制代码表示 1 位十进制数。4 位二进制代码可以表示 16 种不同的状态，只需取其中 10 种状态就可以表示 0~9 这 10 个十进制数码，这样编码的方法就有许多种，而最常用且较为直观的是 8421BCD 码。按照其编码方法，可得到 8421BCD 编码器的真值表，如表 7-10 所示。

表 7-10　8421BCD 码编码表

输入信号或十进制数码										输出信号（8421BCD 码）			
$\overline{I}_0$ 0	$\overline{I}_1$ 1	$\overline{I}_2$ 2	$\overline{I}_3$ 3	$\overline{I}_4$ 4	$\overline{I}_5$ 5	$\overline{I}_6$ 6	$\overline{I}_7$ 7	$\overline{I}_8$ 8	$\overline{I}_9$ 9	Y_3	Y_2	Y_1	Y_0
0	1	1	1	1	1	1	1	1	1	0	0	0	0
1	0	1	1	1	1	1	1	1	1	0	0	0	1
1	1	0	1	1	1	1	1	1	1	0	0	1	0
1	1	1	0	1	1	1	1	1	1	0	0	1	1
1	1	1	1	0	1	1	1	1	1	0	1	0	0
1	1	1	1	1	0	1	1	1	1	0	1	0	1
1	1	1	1	1	1	0	1	1	1	0	1	1	0
1	1	1	1	1	1	1	0	1	1	0	1	1	1
1	1	1	1	1	1	1	1	0	1	1	0	0	0
1	1	1	1	1	1	1	1	1	0	1	0	0	1

图 7-21 为 8421BCD 编码器逻辑电路和 10 线-4 线编码器逻辑符号。从编码表及逻辑符号均可看出，输入信号为低电平有效，即任一时刻作为输入信号的 10 个按键中，只允许 1 个按下 ，相应信号为低电平 0 时表示此信号请求编码，而其余均处于悬空状态为高电平 1。输出端为原码输出，其代码为相应输入信号的 8421BCD 码。

集成 10 线-4 线优先编码器 74LS147 实现了这种编码，它的逻辑符号和引脚排列图如图 7-22 所示，功能表如表 7-11 所示。

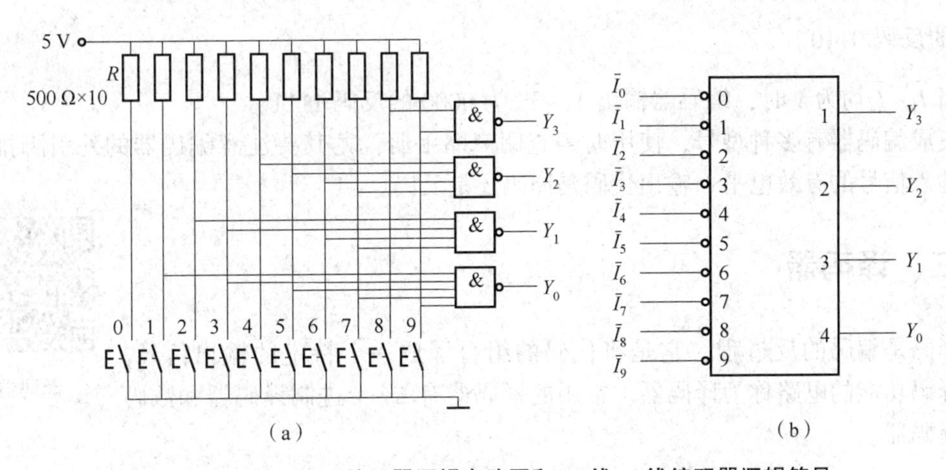

图 7-21　8421BCD 码编码器逻辑电路图和 10 线-4 线编码器逻辑符号

(a) 逻辑电路图；(b) 10 线-4 线编码器逻辑符号

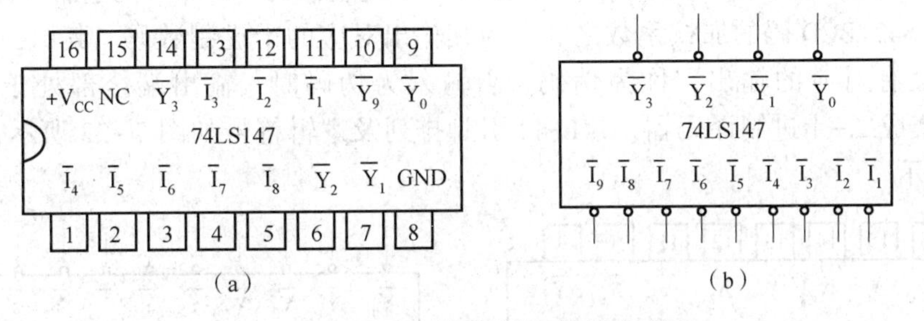

图 7-22　74LS147 的引脚排列及逻辑符号

(a) 引脚排列；(b) 逻辑符号

表 7-11　10 线-4 线优先编码器 74LS147 功能表

输入									输出			
$\overline{I}_1$	$\overline{I}_2$	$\overline{I}_3$	$\overline{I}_4$	$\overline{I}_5$	$\overline{I}_6$	$\overline{I}_7$	$\overline{I}_8$	$\overline{I}_9$	$\overline{Y}_3$	$\overline{Y}_2$	$\overline{Y}_1$	$\overline{Y}_0$
1	1	1	1	1	1	1	1	1	1	1	1	1
×	×	×	×	×	×	×	×	0	0	1	1	0
×	×	×	×	×	×	×	0	1	0	1	1	1
×	×	×	×	×	×	0	1	1	0	0	0	0
×	×	×	×	×	0	1	1	1	1	0	0	1
×	×	×	×	0	1	1	1	1	1	0	1	0
×	×	×	0	1	1	1	1	1	1	0	1	1
×	×	0	1	1	1	1	1	1	1	1	0	0
×	0	1	1	1	1	1	1	1	1	1	0	1
0	1	1	1	1	1	1	1	1	1	1	1	0

由表 7-11 可知，编码输入端 $\overline{I}_1 \sim \overline{I}_9$为低电平有效，优先级 $\overline{I}_9$最高，$\overline{I}_1$最低；编码输出为 8421BCD 码的反码。当 $\overline{I}_9=0$ 时，无论 $\overline{I}_8 \sim \overline{I}_1$有无输入，输出为 9 的 8421BCD 码

1001 的反码 0110。

当 $\overline{I}_1 \sim \overline{I}_9$ 均为 1 时，编码器输出 $\overline{Y}_3 \sim \overline{Y}_0$ 为 0000 的反码 1111。

集成编码器有多种型号，使用时需查阅产品手册，尤其要注意编码器的外引脚排列顺序、输入信号的有效电平、输出代码是原码还是反码。

三、译码器

译码是编码的反过程，它是将代码的组合译成一个特定的输出信号，实现译码功能的电路称为译码器。常用的译码器有二-十进制译码器和数码显示译码器。

（一）二-十进制译码器

将 4 位 8421BCD 码翻译成 10 个信号或 10 个十进制数码（0~9）的电路，称为二-十进制译码器。8421BCD 码的加权系数之和，为其输出对应的十进制数码。其中，1010~1111 六组代码没有对应的输出，称为伪码。当输入为伪码时，输出端全部处于无效状态，74LS42 为集成二-十进制译码器。74LS42 引脚排列及逻辑符号如图 7-23 所示，功能表如表 7-12 所示。

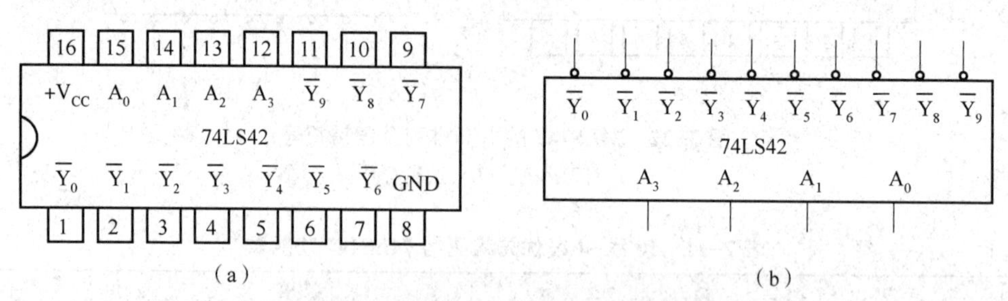

图 7-23　74LS42 引脚排列及逻辑符号

（a）引脚排列图；（b）逻辑符号

表 7-12　4 线-10 线译码器 74LS42 功能表

十进制数	输入				输出									
	A_3	A_2	A_1	A_0	$\overline{Y}_0$	$\overline{Y}_1$	$\overline{Y}_2$	$\overline{Y}_3$	$\overline{Y}_4$	$\overline{Y}_5$	$\overline{Y}_6$	$\overline{Y}_7$	$\overline{Y}_8$	$\overline{Y}_9$
0	0	0	0	0	0	1	1	1	1	1	1	1	1	1
1	0	0	0	1	1	0	1	1	1	1	1	1	1	1
2	0	0	1	0	1	1	0	1	1	1	1	1	1	1
3	0	0	1	1	1	1	1	0	1	1	1	1	1	1
4	0	1	0	0	1	1	1	1	0	1	1	1	1	1
5	0	1	0	1	1	1	1	1	1	0	1	1	1	1
6	0	1	1	0	1	1	1	1	1	1	0	1	1	1
7	0	1	1	1	1	1	1	1	1	1	1	0	1	1
8	1	0	0	0	1	1	1	1	1	1	1	1	0	1
9	1	0	0	1	1	1	1	1	1	1	1	1	1	0

由图 7-23 可看出，译码器的输入端为原码输入，输出端为低电平有效。例如，当 $A_3A_2A_1A_0=0000$ 时，只有$\overline{Y_0}=0$，其余都是 1；以此类推，当 $A_3A_2A_1A_0=1010\sim1111$ 时，所有输出均为 1。10 个输入信号可代表相应的 10 个数码，实现了译码功能。

这种译码器输入端有 4 个，输出端有 10 个，故称 4 线-10 线译码器。

（二）数码显示译码器

在数字控制系统中，经常需要将数字和运算结果显示出来，这就需要与显示器件密切配合的译码器，这种译码器称为显示译码器。在显示器件中，应用较广泛的是七段数码显示器，相应的就需要七段显示译码器。

1. 七段数码显示器

常见的七段数码显示器有半导体数码管（LED）显示器、液晶（LCD）显示器、荧光数码管显示器等。它们都是由七段可发光的字段组合而成的，组字原理相同，但发光字段的材料及发光原理不同。下面仅以半导体数码管为例，说明七段数码显示器的组字原理。

数码管的发光字段是一只条形的发光二极管。图 7-24 所示为半导体数码管的外形图，相应的发光字段就可以显示出 0~9 十个不同的数字。图 7-25 所示为数码管显示的数字形状。

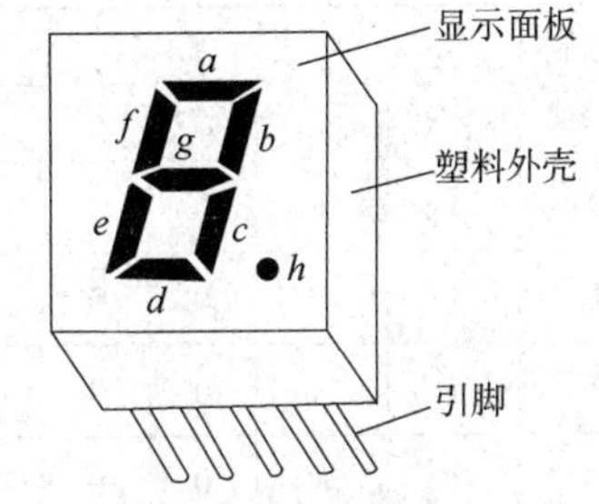

图 7-24　半导体数码管的外形图

图 7-25　数码管显示的数字形状

根据半导体数码管内部发光二极管连接方法的不同，半导体数码管分为共阳极和共阴极两种，如图 7-26 所示。电路中的电阻 R 为 100 Ω。对于共阳极数码管，a、b、c、d、e、f、g 接低电平 0 时，相应的发光二极管发光；接高电平 1 时，相应的发光二极管不发光。对于共阴极数码管，a、b、c、d、e、f、g 接高电平 1 时，相应的发光二极管发光；接低电平 0 时，相应的发光二极管不发光。例如，用共阴极数码管显示数字 1，应使 $abcdefg=0110000$；若用共阳极数码管显示数字 1，应使 $abcdefg=1001111$。因此，驱动数码管的译码器，也分为共阳极和共阴极两种。使用时，译码器应与数码管的类型相对应，共阳极译码器驱动共阳极数码管，共阴极译码器驱动共阴极数码管。否则，显示的数字就会产生错误。

2. 七段显示译码器

七段显示译码器的作用是将十进制数的 4 位二进制代码 8421BCD 码，翻译成显示器输入所需要的 7 位二进制代码（$abcdefg$），以驱动显示器显示相应的数字。因此，常把这种译码器

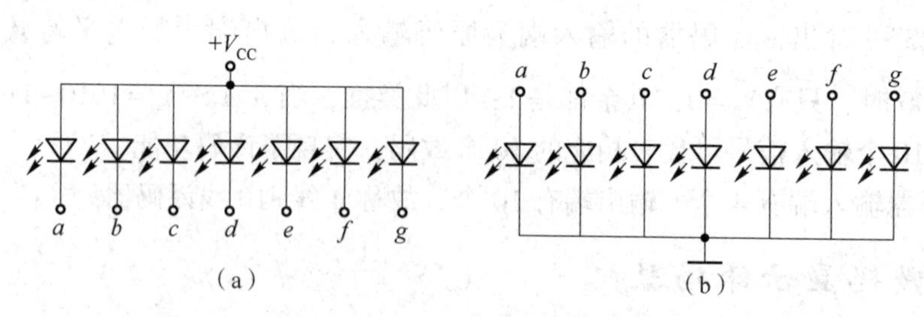

图 7-26　半导体数码管内部电路

（a）共阳极接法；（b）共阴极接法

称为“代码变换器”。常用的 TTL 型的 BCD 七段显示译码器有 74LS47（共阳极）和 74LS48（共阴极）。图 7-27 所示为 74LS48 引脚排列图和逻辑符号，功能表如表 7-13 所示。

表 7-13　七段显示译码器 74LS48 功能表

十进制或功能	输入						$\overline{BI}/\overline{RBO}$	输出							字形
	$\overline{LT}$	$\overline{RBI}$	D	C	B	A	1	a	b	c	d	e	f	g	
0	1	1	0	0	0	0	1	1	1	1	1	1	1	0	0
1	1	×	0	0	0	1	1	0	1	1	0	0	0	0	1
2	1	×	0	0	1	0	1	1	1	0	1	1	0	1	2
3	1	×	0	0	1	1	1	1	1	1	1	0	0	1	3
4	1	×	0	1	0	0	1	0	1	1	0	0	1	1	4
5	1	×	0	1	0	1	1	1	0	1	1	0	1	1	5
6	1	×	0	1	1	0	1	0	0	1	1	1	1	1	6
7	1	×	0	1	1	1	1	1	1	1	0	0	0	0	7
8	1	×	1	0	0	0	1	1	1	1	1	1	1	1	8
9	1	×	1	0	0	1	1	1	1	1	0	0	1	1	9
10	1	×	1	0	1	0	1	0	0	0	1	1	0	1	
11	1	×	1	0	1	1	1	0	0	1	1	0	0	1	
12	1	×	1	1	0	0	1	0	1	0	0	0	1	1	
13	1	×	1	1	0	1	1	1	0	0	1	0	1	1	
14	1	×	1	1	1	0	1	0	0	0	1	1	1	1	
15	1	×	1	1	1	1	1	0	0	0	0	0	0	0	
消隐	×	×	×	×	×	×	0	0	0	0	0	0	0	0	
灭零	1	0	0	0	0	0	0	0	0	0	0	0	0	0	
灯测试	0	×	×	×	×	×	1	1	1	1	1	1	1	1	8

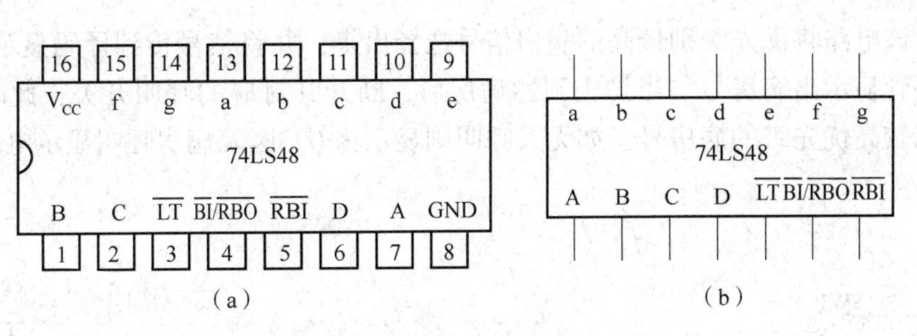

图 7–27　七段显示译码器 74LS48

（a）引脚排列；（b）逻辑符号

74LS48 除了有实现七段显示译码器基本的输入（$DCBA$）和输出（$a \sim g$）端外，还引入了灯测试输入端（$\overline{LT}$）、动态灭零端（$\overline{RBI}$），以及既有输入功能又有输出功能的消隐输入/动态灭零输出端（$\overline{BI}/\overline{RBO}$）。

由 74LS48 功能表可知其逻辑功能如下。

（1）消隐功能。$\overline{BI}/\overline{RBO}$是特殊控制端，有时作为输入，有时作为输出。当$\overline{BI}/\overline{RBO}$作输入使用且$\overline{BI}=0$时，无论其他输入端是什么电平，所有各段输出 $a \sim g$ 均为 0，与 8421BCD 码相应的字形熄灭。

（2）灭零功能。$\overline{LT}=1$，$\overline{RBI}=0$，$\overline{BI}/\overline{RBO}$是输出端，且$\overline{RBO}=0$，若 $DCBA=0000$，输出 $a \sim g$ 均为 0，与 8421BCD 码相应的字形熄灭，故称“灭零”；若 $DCBA \neq 0000$，则对显示无影响，正常译码。

（3）灯测试功能。当$\overline{LT}=0$，$\overline{BI}/\overline{RBO}$是输出端，且$\overline{RBO}=1$，此时无论其他输入端是什么状态，所有各段输出 $a \sim g$ 均为 1，显示字形“8”。该功能用于七段显示译码器测试，判断是否有损坏的字段。

（4）七段译码功能。对输入代码 0000，译码条件是：$\overline{LT}$和$\overline{RBI}$同时等于 1。而对其他输入代码，$\overline{RBI}$也可以为 0。这时，译码器 $a \sim g$ 段输出的电平是由输入端 $DCBA$ 决定的，可显示相应字形。

提示：数字电路只能处理二进制代码，输入的非二进制代码就需要“编码器”将其编制为二进制代码，待处理完之后再通过译码器还原，故编码器和译码器是数字电路的接口电路。

任务实施

根据任务要求，完成医院病房呼叫显示电路的设计，电路的核心部分选择优先编码器 74LS147 来实现，每个病房按病人病情的轻重有着不同的优先级别。8 个病房的优先级别按房号从大到小依次递减，即 8 号病房优先级别最高，1 号病房优先级别最低。

呼叫信号（1~8）由呼叫按键单元电路的各个呼叫开关发出，接着信号传到优先选择单元电路，该电路将优先级别最高的病房信号选择出来，并将信号传到译码显示单元电路，由七段数码管显示出病房号。当护士到达病房后，断开其对应的呼叫开关，此时该系统将显示下一名较高优先级的病房号，如无人呼叫则显示为0。医院病房呼叫显示电路接线图如图7-28所示。

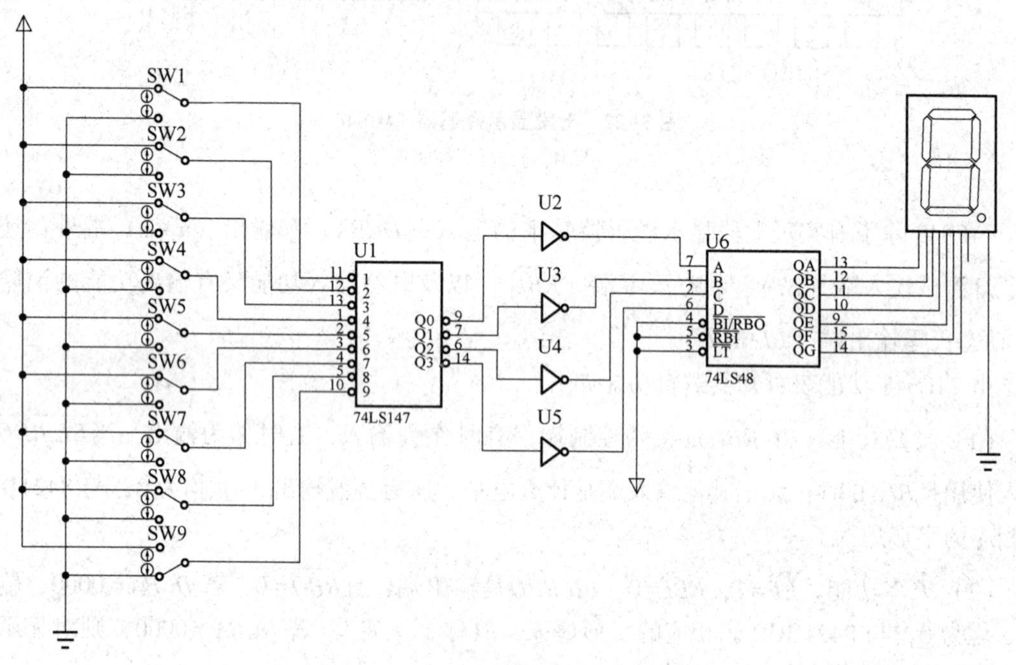

图 7-28　医院病房呼叫显示电路接线图

知识与技能拓展

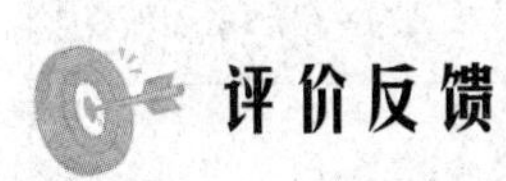

评价反馈

自我评价（40%）							
项目名称				任务名称			
班级				日期			
学号		姓名		组号		组长	
序号	评价项目					分值	得分
1	参与资料查阅					10 分	
2	参与同组成员间的交流沟通					10 分	
3	参与设计原理图					15 分	
4	参与设计仿真电路					15 分	
5	参与调试					15 分	
6	参与汇报					15 分	
7	7S 管理					10 分	
8	参与交流区讨论、答疑					10 分	
总分							

小组互评（30%）							
项目名称				任务名称			
班级				日期			
被评人姓名		被评人学号		被评人组别		评价人姓名	
序号	评价项目					分值	得分
1	前期资料准备完备					10 分	
3	原理图设计正确					20 分	
4	仿真电路设计正确					20 分	
5	心得体会汇总丰富、翔实					20 分	
6	积极参与讨论、答疑					20 分	
7	积极对遇到困难的组给予帮助与技术支持					10 分	
总分							

<table>
<tr><th colspan="6">教师评价（30%）</th></tr>
<tr><td>项目名称</td><td colspan="3"></td><td>任务名称</td><td></td></tr>
<tr><td>班级</td><td colspan="3"></td><td>日期</td><td></td></tr>
<tr><td>姓名</td><td></td><td>学号</td><td></td><td>组别</td><td></td></tr>
<tr><td colspan="6">教师总体评价意见：</td></tr>
<tr><td>总分</td><td colspan="5"></td></tr>
</table>

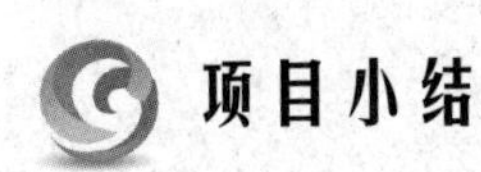

项目小结

（1）在时间上和数值上都是离散（变化不连续）的信号，称为数字信号，工作在数字信号下的电路称为数字电路。

（2）门电路是用来实现基本逻辑关系的电子电路，它是数字电路中最基本的单元。

（3）门电路的主要类型有与门、或门、非门、与非门、或非门、异或门等。

（4）逻辑代数的基本运算规则。

（5）组合逻辑电路的分析步骤为：写出各输出端的逻辑函数表达式→化简和变换逻辑函数表达式→列出真值表→确定功能。

（6）组合逻辑电路的设计步骤为：根据设计要求列出真值表→写出逻辑函数表达式→逻辑化简和变换→画出逻辑图。

（7）各个进制之间的相互转换规则。

（8）常用的中规模组合逻辑器件包括编码器、译码器。为了增加使用的灵活性和便于功能扩展，在多数中规模组合逻辑器件中都设置了输入、输出使能端或输入、输出扩展端，它们既可以控制器件的工作状态，又便于构成较复杂的逻辑系统。

学习测试

一、填空题

(1) 数字信号的特点是在________和________上都是________变化的。

(2) $(11011)_B=($________$)_D$，$(1110110)_B=($________$)_O$，$(21)_D=($________$)_O$。

(3) 写出图 7-29 所表示的逻辑函数 $Y=$________。

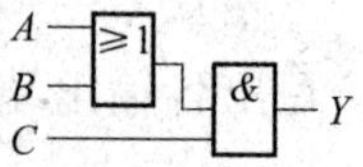

图 7-29 填空题（3）用图

(4) 在逻辑门电路中，最基本的逻辑门是________、________和________。

(5) 根据逻辑功能的不同特点，逻辑门电路可分为两大类：________和________。

(6) ________是编码的逆过程。

二、判断题

(1) 十进制数 74 转换为 8421BCD 码应当是$(01110100)_{8421BCD}$。 (　　)

(2) 显示译码器只有一种，是发光二极管显示器（LED）。 (　　)

(3) LCD 是液晶显示器，是显示译码器的一种。 (　　)

(4) 3 线-8 线译码电路是三-八进制译码器。 (　　)

(5) 十六路数据选择器的地址输入端有 4 个。 (　　)

三、选择题

(1) 下列哪些信号属于数字信号？(　　)

A. 正弦波信号　　B. 时钟脉冲信号　　C. 音频信号　　D. 视频图像信号

(2) 组合逻辑电路的输出取决于（　　）

A. 输入信号的现态　　B. 输出信号的现态

C. 输出信号的次态　　D. 输入信号的现态和输出信号的现态

(3) 组合逻辑电路是由（　　）构成的。

A. 门电路　　B. 触发器　　C. 门电路和触发器　　D. 计数器

四、分析题

组合电路如图 7-30 所示，分析该电路的逻辑功能。

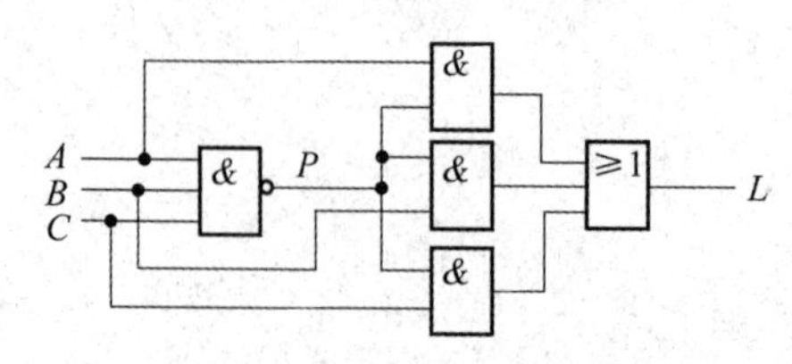

图 7-30 分析题用图

五、设计题

用与非门设计一个举重裁判表决电路，要求：

（1）设举重比赛有 3 个裁判，一个主裁判和两个副裁判。

（2）杠铃完全举上的裁决由每一个裁判按一下自己面前的按钮来确定。

（3）只有当两个或两个以上裁判判明成功，并且其中有一个为主裁判时，表明成功的灯才亮。

项目八

四路彩灯显示系统的设计

项目引入

随着经济的发展，城市之间的灯光系统花样越来越多，彩灯显示系统可用于节日庆典、医院病房等多处。如图 8-1 所示为彩灯效果图。

本项目任务就是进行四路彩灯控制器的设计，图 8-2 为四路彩灯控制系统框图。

图 8-1 彩灯效果图

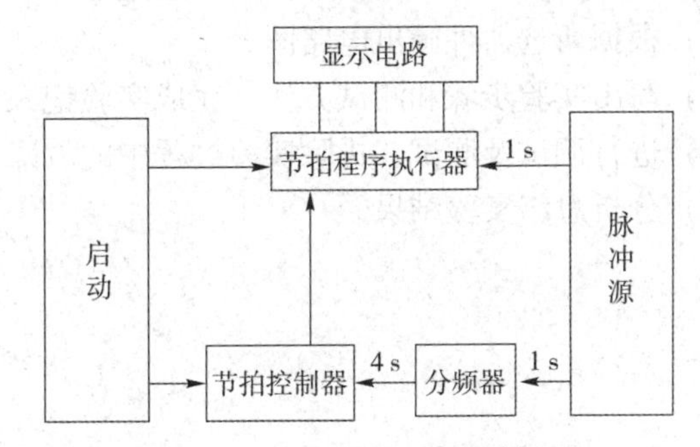

图 8-2 四路彩灯控制系统框图

项目分析

项目八知识图谱如图 8-3 所示。

1. 项目要求

（1）接通电源后，彩灯可以自动按预先设置的程序循环闪烁。

（2）设置的彩灯花型由三个节拍组成：

第一节拍：四路彩灯从左向右逐次渐亮，灯亮时间 1 s，共用 4 s；

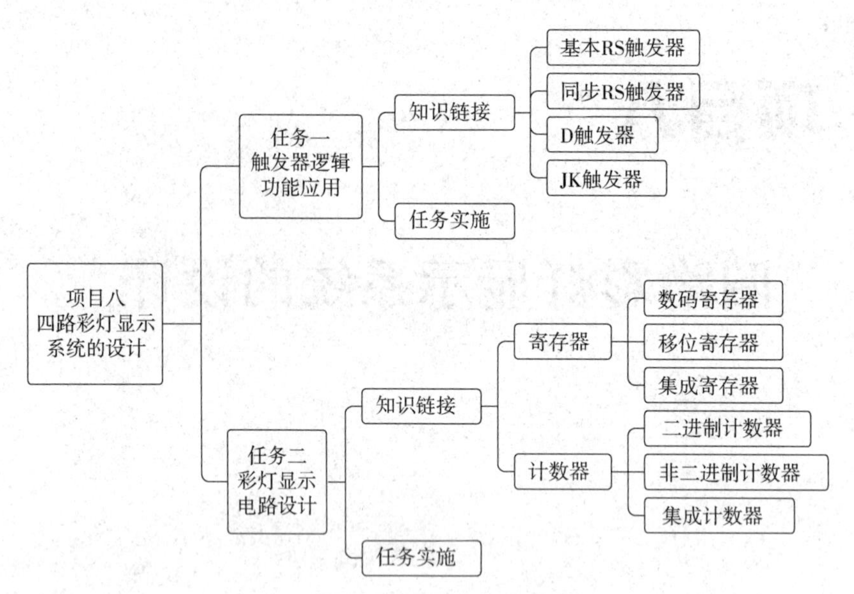

图 8-3　项目八知识图谱

第二节拍：四路彩灯从右向左逐次渐灭，也需 4 s；

第三节拍：四路彩灯同时亮 0.5 s，然后同时变暗，进行 4 次，所需时间也为 4 s。

（3）三个节拍完成一个循环，一共需要 12 s。一次循环之后重复进行闪烁。

2. 实训内容

（1）根据任务要求写出设计步骤，选定器件。

（2）根据所选器件画出电路图。

（3）写出实验步骤和测试方法，完成实验记录表。

（4）进行调试及测试，排除实验过程中的故障。

（5）分析总结实验结果。

任务一　触发器逻辑功能应用

学习目标

知识目标	能力目标	职业素养目标
1. 了解基本 RS 触发器、同步 RS 触发器、JK 触发器、D 触发器的逻辑功能和触发方式 2. 掌握触发器的逻辑功能及使用方法	会使用触发器设计电路	1. 培养学生举一反三、刻苦钻研的自学能力 2. 培养严肃认真的工作作风、严谨的科学态度

参考学时：4~6 学时。

任务引入

根据所学触发器相关知识，设计晚会彩灯控制逻辑电路，要求 3 个彩灯能够依次循环点亮，先红灯、蓝灯、黄灯依次点亮，最后三灯一起点亮，如此循环下去，起到改变颜色的功能调节晚会氛围。

知识链接

时序逻辑电路由锁存器、触发器和寄存器等单元组成。

触发器是一种具有记忆功能的逻辑部件，它能够存储一位二进制数码。它有两个输出端 Q 和 $\overline{Q}$，有两个输出稳定的状态："0" 状态和 "1" 状态；$Q=1$ 称为触发器的 "1" 状态，$Q=0$ 称为触发器的 "0" 状态。一个触发器可以记忆 1 位二值信号。

触发器在不同的输入情况下，可以被置成 "0" 状态或 "1" 状态；当输入信号消失后，所置成的状态能够保持不变；触发器由 "1" 态变为 "0" 态，或由 "0" 态变为 "1" 态，称为触发器的翻转。触发器的 Q 输出端的翻转前状态称为触发器的初态或原态，它是触发器接收输入信号之前的稳定状态。相对于初态，触发器在触发之后的输出状态称为次态或新态，它是触发器接收输入信号之后所处的新的稳定状态。

根据逻辑功能的不同，触发器可以分为 RS 触发器、D 触发器、JK 触发器、T 触发器。本章重点介绍 RS 触发器、D 触发器、JK 触发器。

一、基本 RS 触发器

触发器与时序逻辑电路

1. 电路结构及逻辑符号

基本 RS 触发器由两个与非门交叉耦合而成，如图 8-4 所示。有两个信

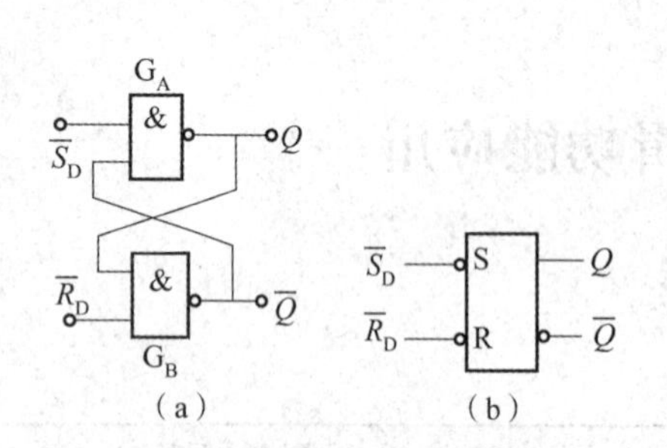

图 8-4 基本 RS 触发器

(a) 内部结构；(b) 逻辑符号

号输入端 $\overline{R}_D$ 和 $\overline{S}_D$，一般情况下，字母上的“非”表示低电平有效；两个输出端 Q 和 $\overline{Q}$，正常情况下，二者是相反的逻辑状态。定义 $Q=1$，$\overline{Q}=0$，称为触发器置位状态（“1”态）；$Q=0$，$\overline{Q}=1$，称为触发器复位状态（“0”态）；这里所加的输入信号（低电平）为触发信号，由它们导致的转换过程称为翻转。由于这里的触发信号是电平，因此这种触发器称为电平控制触发器。

2. 工作原理

G_A、G_B均为与非门，因此均满足“有 0 得 1，全 1 得 0”的特点，下面根据 4 种输入信号情况进行分析。

（1）$\overline{S}_D=1$，$\overline{R}_D=1$。假如触发器初始处于“0”态，即 $Q=0$，$\overline{Q}=1$，Q 端耦合至 G_B门的输入端，使其输出端 $\overline{Q}$ 变为 1，将此 1 电平再反馈到 G_A门的输入端，使它的两个输入端都为 1，因而保证了 G_B门的输出端 Q 为“0”，故触发器继续保持原来的“0”态。同理，若触发器处于“1”态，在这种输入前提下，Q 也会继续保持 1 态。

（2）$\overline{S}_D=1$，$\overline{R}_D=0$。$\overline{S}_D=1$，表明 $\overline{S}_D$端保持高电平；而 $\overline{R}_D=0$ 表明是在 $\overline{R}_D$ 端加低电平或负脉冲。不管 Q 原来的状态是 0 还是 1，根据与非门的逻辑规则，$\overline{Q}$ 必定是 1。反馈到 G_A门，使其输入全为 1，则 Q 必定为 0。因而 $\overline{R}_D$称为直接复位端，即在 $\overline{R}_D$端出现负脉冲或加低电平时，可使触发器复位为“0”态。

（3）$\overline{S}_D=0$，$\overline{R}_D=1$。当 $\overline{S}_D$端加低电平或负脉冲时，不管 Q 原来的状态是 0 还是 1，根据与非门的逻辑规则，Q 必定是 1。反馈至 G_B门，使其输入全为 1，则 $\overline{Q}$ 必定为 0。因而 $\overline{S}_D$称为直接置位端，即在 $\overline{S}_D$端出现负脉冲或加低电平，可使触发器置位成“1”态。

（4）$\overline{S}_D=0$，$\overline{R}_D=0$。这种情况相当于两个输入端同时接低电平或出现负脉冲，在低电平期间，不管触发器原来状态如何，Q 和 $\overline{Q}$ 必然均为 1。但在负脉冲信息同时撤销之后（恢复高电平），由于 G_A和 G_B两个与非门输入端均全为 1，Q 和 $\overline{Q}$ 都有可能出现 0；由于两个与非门传输速度的差异和其他偶然因素，只要有一个先出现为 0，反馈到输入端，必使另一个输出为 1。这种随机性会使 Q 的状态不确定。这种状态不满足触发器的两个输出端 Q 和 $\overline{Q}$ 的逻辑状态应该相反的要求，所以为禁止状态，使用时应该避免这种情况出现。

由以上分析可知，基本 RS 触发器有两个状态，它可以直接置位或复位，并具有存储和记忆功能。在直接置位端加负脉冲（$\overline{S}_D=0$）即可置位，在直接复位端加负脉冲（$\overline{R}_D=0$）即可复位。负脉冲除去以后，直接置位端和复位端都处于高电平（平时固定接高电平），此时触发器保持相应负脉冲去掉前的状态，实现存储或记忆功能。但要注意，负脉冲不可同时加在直接置位端和直接复位端。

3. 触发器的状态表

为了便于描述，触发器的 Q 输出端的原始状态称为触发器的初态，或原态，一般用 Q^n 表示，它是触发器接收输入信号之前的稳定状态。相对于初态，触发器在触发之后的输出状态称为次态，或新态，用 Q^{n+1} 表示，是触发器接收输入信号之后所处的新的稳定状态。基本 RS 触发器的各种状态列表如表 8-1 所示。

表 8-1　与非门组成的 RS 触发器的状态表

输入信号		输出状态	逻辑功能说明
$\overline{S}_D$	$\overline{R}_D$	Q^{n+1}	
1	1	状态不变	维持原态
1	0	0	置“0”
0	1	1	置“1”
0	0	状态不定	禁止状态

例 8-1　由与非门组成的基本 RS 触发器的两个输入 $\overline{R}_D$、$\overline{S}_D$ 的波形如图 8-5 所示。试画出输出 Q 的波形。设触发器的初态为“0”。

解：波形如图 8-5 所示。注意，不定状态发生在输入同时为 0，又同时恢复为 1 之后。

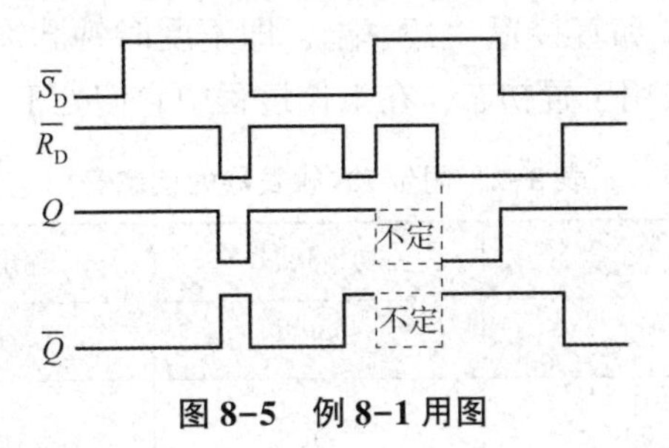

图 8-5　例 8-1 用图

二、同步 RS 触发器

基本 RS 触发器的触发方式（动作特点）是由逻辑电平直接触发的，即输入信号直接控制。在实际工作中，要求触发器按统一的节拍进行状态更新。同步 RS 触发器（钟控触发器）就是具有时钟脉冲 CP 控制的触发器。该触发器状态的改变与时钟脉冲同步，触发器更新为哪种状态由触发输入信号决定。

1. 电路结构及逻辑符号

由与非门组成的同步 RS 触发器内部电路结构及逻辑符号如图 8-6 所示。与基本 RS 触发器的区别为：增加了由非门 G_C 和 G_D 组成的导引电路，$\overline{S}_D$ 为直接置位端，$\overline{R}_D$ 为直接复位端，R 和 S 是置“0”和置“1”信号输入端，还有时钟脉冲 CP 输入端。

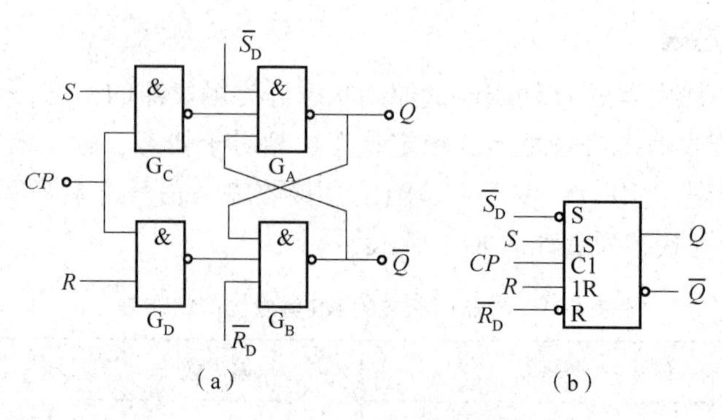

图 8-6　同步 RS 触发器

（a）内部结构；（b）逻辑符号

2. 逻辑功能

时钟脉冲 CP 是一种控制命令，通过导引电路实现对输入端 R 和 S 的控制，故称为可控 RS 触发器。

当时钟脉冲 CP 来到之前，即当 $CP=0$ 时，不论 R 和 S 端的电平如何变化，G_C门和 G_D门的输出均为 1，基本触发器保持原状态不变。

只有当时钟脉冲到来后，即 $CP=1$ 时，触发器才按 R、S 端的输入状态来决定其输出状态。同步 RS 触发器的各种状态如表 8-2 所示。

$\overline{S}_D$和 $\overline{R}_D$是直接置“0”和直接置“1”端，即不受时钟脉冲的控制，可以对基本触发器置“0”或置“1”，一般用于置初态，在工作过程中它们处于“1”态（高电平）。

表 8-2　同步 RS 触发器的状态表

输入信号		初始状态	输出状态	逻辑功能说明
S	R	Q^n	Q^{n+1}	
0 0	0 0	0 1	0 1	Q^n（维持原态）
0 0	1 1	0 1	0 0	（置“0”）
1 1	0 0	0 1	1 1	（置“1”）
1 1	1 1	0 1	状态不定	禁止状态

同步 RS 触发器的工作波形如图 8-7 所示。

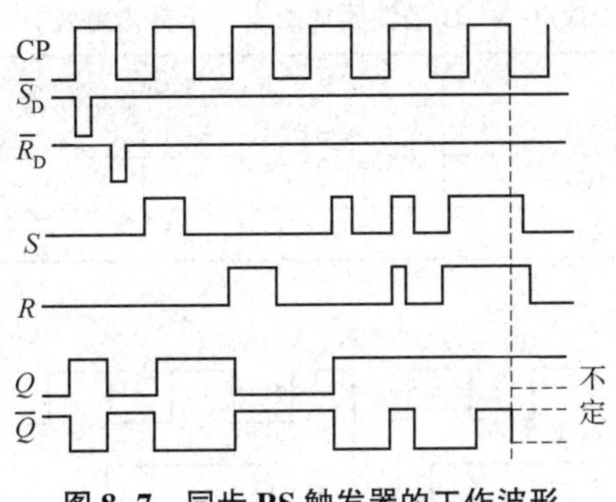

图 8-7　同步 RS 触发器的工作波形

三、D 触发器

D 触发器

D 触发器是一种边沿触发器，所谓边沿触发是指在脉冲 *CP* 的边沿（上升沿或下降沿）改变触发器状态。

1. 逻辑符号

D 触发器在时钟脉冲的触发沿根据 *D* 输入端的状态存储数据。D 触发器的逻辑符号如图 8-8 所示。它有一个 *D* 输入端、一个时钟输入端 *CP*、两个互补的输出端 *Q* 和 $\overline{Q}$。时钟输入端上标有小三角时，表示该触发器是边沿触发的，当小三角上没有小圆圈时，表示上升沿（正沿）触发，即触发器仅在时钟脉冲 *CP* 的上升沿改变状态。当小三角上有小圆圈时，表示下降沿（负沿）触发，即触发器仅在时钟脉冲 *CP* 的下降沿改变状态。

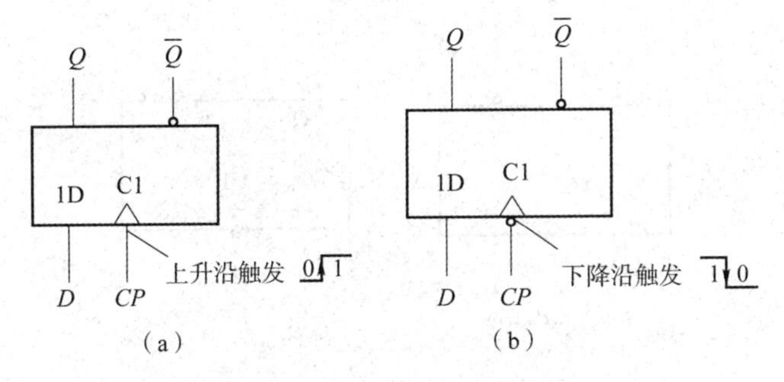

图 8-8　边沿 D 触发器逻辑符号

（a）上升沿触发；（b）下降沿触发

2. 逻辑功能

当给 D 触发器加载 *CP* 时钟后，通过仿真或实验可以发现，触发器的输出取决于 *D* 输入端的状态，D 触发器的功能表如表 8-3 所示。

3. 时序图

上升沿触发的 D 触发器的输入端波形如图 8-9 所示，根据 D 触发器功能表，当时钟脉冲 *CP* 由低电平上升到高电平时，将输入端 *D* 的状态传送到 *Q* 端，故 *Q* 端的波形如图 8-9 所示（设初始状态 $Q=0$）。

表 8-3　D 触发器功能表（上升沿触发）

输入信号		输出状态		逻辑功能说明
CP	D	Q^{n+1}	$\overline{Q}^{n+1}$	
↑	0	0	1	置“0”
↑	1	1	0	置“1”

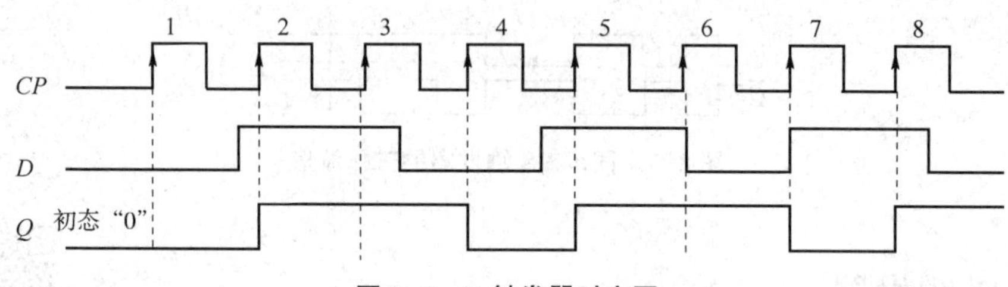

图 8-9　D 触发器时序图

四、JK 触发器

JK 触发器

JK 触发器是时钟触发器中逻辑功能最齐全的一种，它具有置“0”、置“1”、保持和翻转 4 种逻辑功能。

1. 逻辑符号及功能表

上升沿触发的 JK 触发器逻辑符号如图 8-10 所示。通过仿真或实验可以发现，当 JK 触发器加载时钟脉冲后，触发器的输出取决于 J 和 K 输入的状态，得出 JK 触发器的功能表如表 8-4 所示。

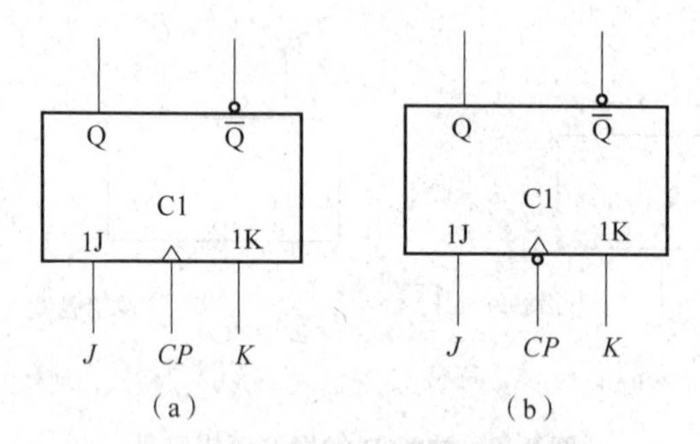

图 8-10　边沿 JK 触发器的逻辑符号

（a）上升沿触发；（b）下降沿触发

表 8-4　JK 触发器的逻辑功能表

输入信号		输出状态	逻辑功能说明
J	K	Q^{n+1}	
0	1	0	置“0”
1	0	1	置“1”
0	0	Q^n	保持
1	1	$\overline{Q}^n$	计数（翻转）

2. 时序图

下降沿触发的 JK 触发器输入端的波形与输出端 Q 和 $\overline{Q}$ 的波形如图 8-11 所示（设初始状态 $Q=0$）。

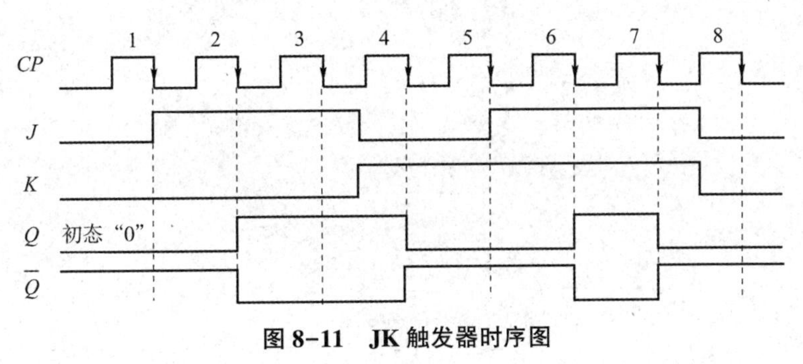

图 8-11　JK 触发器时序图

任务实施

根据任务要求，利用触发器完成 3 路彩灯的循环点亮设计。触发器具有记忆功能，它是数字电路中用来存储二进制数字信号的单元电路，触发器的输出不但取决于它的输入，而且还与它原来的状态有关。通过 JK 触发器可以实现彩灯循环电路，如图 8-12 所示。

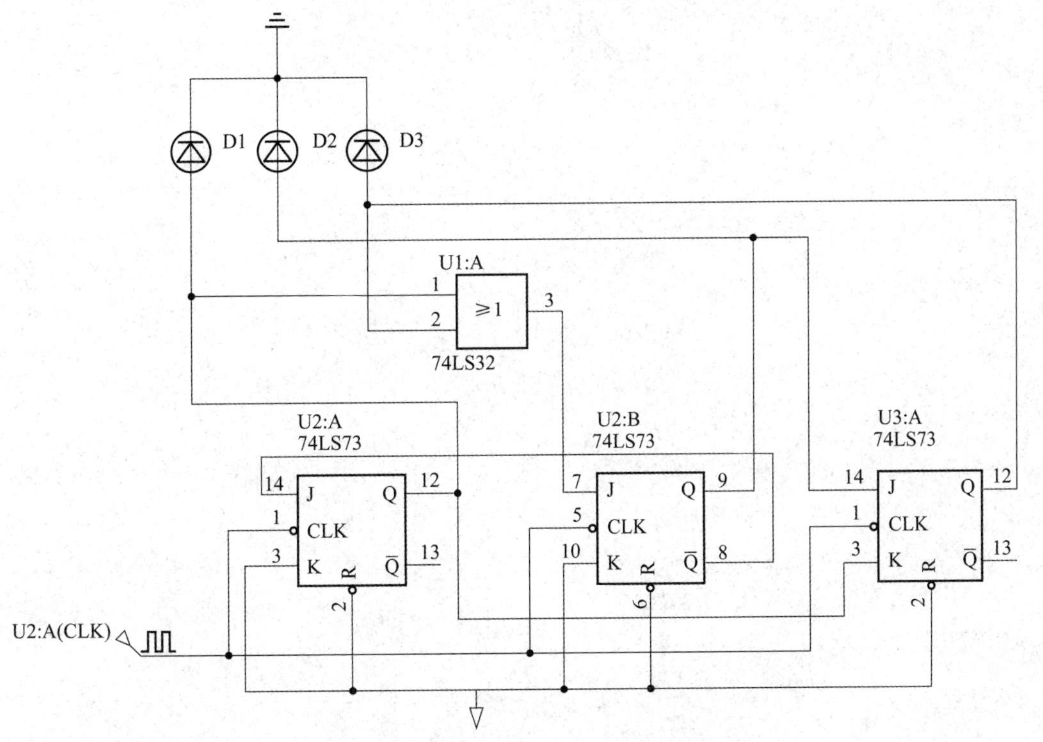

图 8-12　JK 触发器实现彩灯循环电路

评价反馈

自我评价（40%）							
项目名称				任务名称			
班级				日期			
学号		姓名		组号		组长	
序号	评价项目					分值	得分
1	参与资料查阅					10 分	
2	参与同组成员间的交流沟通					10 分	
3	参与设计原理图					15 分	
4	参与设计仿真电路					15 分	
5	参与调试					15 分	
6	参与汇报					15 分	
7	7S 管理					10 分	
8	参与交流区讨论、答疑					10 分	
总分							

小组互评（30%）							
项目名称				任务名称			
班级				日期			
被评人姓名		被评人学号		被评人组别		评价人姓名	
序号	评价项目					分值	得分
1	前期资料准备完备					10 分	
2	原理图设计正确					20 分	
3	仿真电路设计正确					20 分	
4	心得体会汇总丰富、翔实					20 分	
5	积极参与讨论、答疑					20 分	
6	积极对遇到困难的组给予帮助与技术支持					10 分	
总分							

<table>
<tr><th colspan="6">教师评价（30%）</th></tr>
<tr><td>项目名称</td><td colspan="3"></td><td>任务名称</td><td></td></tr>
<tr><td>班级</td><td colspan="3"></td><td>日期</td><td></td></tr>
<tr><td>姓名</td><td></td><td>学号</td><td></td><td>组别</td><td></td></tr>
<tr><td colspan="6">教师总体评价意见：</td></tr>
<tr><td>总分</td><td colspan="5"></td></tr>
</table>

任务二　彩灯显示电路设计

学习目标

知识目标	能力目标	职业素养目标
1. 熟悉寄存器、计数器的结构和工作原理 2. 了解各种触发器的结构和工作原理	能组成各种寄存器、计数器和控制电路	1. 培养学生举一反三、刻苦钻研的自学能力 2. 培养严肃认真的工作作风、严谨的科学态度

参考学时：6~8 学时。

任务引入

利用寄存器、计数器进行彩灯显示电路设计。

知识链接

一、寄存器

数码寄存器

在数字电路中，常常需要将一些数码、指令或运算结果暂时存放起来，这些暂时存放数码或指令的部件就是寄存器。在计算机的 CPU 内部有许多数码寄存器，它们作为存放数据的缓冲单元，大大提高了 CPU 的工作效率。

由于寄存器具有清除数码、接收数码、存放数码和传送数码的功能，因此，它必须具有记忆功能，所以寄存器都是由触发器和门电路组成的。一个触发器只能寄存一位二进制数，要存多位数时，就得用多个触发器。常用的有 4 位、8 位、16 位等寄存器。

寄存器存放数码的方式有并行和串行两种。并行方式就是数码各位从各对应位输入端同时输入寄存器中；串行方式就是数码从一个输入端逐位输入寄存器中。

从寄存器取出数码的方式也有并行和串行两种。在并行方式中，被取出的数码各位在对应于各位的输出端上同时出现；在串行方式中，被取出的数码在一个输出端逐位出现。

寄存器常分为数码寄存器和移位寄存器两种，其区别在于有无移位的功能。

（一）数码寄存器

数码寄存器具有接收、存放、输出和清除数码的功能。在接收指令（在计算机中称为写指令）控制下，将数据送入寄存器存放。需要时可在输出指令（读出指令）控制下，将数据由寄存器输出。它的输入与输出均采用并行方式。

1. 电路结构

D 触发器构成的 4 位数码寄存器如图 8-13 所示。

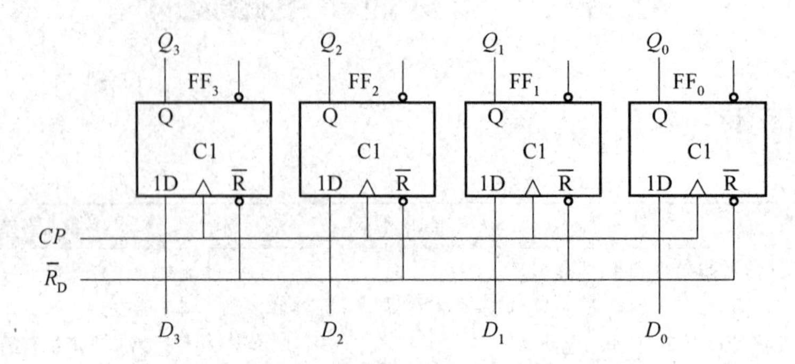

图 8-13　D 触发器构成的 4 位数码寄存器

2. 工作原理

（1）异步清零：无论有无 CP 信号及各触发器处于哪种状态，只要 $\overline{R}_D=0$，则各触发器的输出 $Q_3 \sim Q_0$均为 0。这一过程称为异步清零。在接收数码之前，通常先清零，即发出清零脉冲，平时不需要异步清零时，应使 $\overline{R}_D=1$。

（2）送数：当 $\overline{R}_D=1$ 时，待存数码送至各触发器的 D 输入端，CP 上升沿到来时，各触发器的状态改变，使 $Q_3^{n+1}=D_3$，$Q_2^{n+1}=D_2$，$Q_1^{n+1}=D_1$，$Q_0^{n+1}=D_0$。每当新数据被接收脉冲存入寄存器后，原存的旧数据便被自动刷新。

（3）保持：当 $\overline{R}_D=1$，且 CP 不为上升沿时，各触发器保持原状态不变。

上述寄存器在输入数码时各位数码同时进入寄存器，取出时各位数码同时出现在输出端，因此，这种寄存器为并行输入并行输出寄存器。

（二）移位寄存器

在计算机中，常常要求寄存器有“移位”功能。所谓移位，就是每当一个移位正脉冲（时钟脉冲）到来时，触发器组的状态便向右或向左移一位，也就是指寄存的数码可以在移位脉冲的控制下依次进行移位。例如，在进行乘法运算时，要求将部分积右移；将并行传递的数据转换成串行传送的数据，以及将串行传递的数据转换成并行传送的数据的过程中，也需要“移位”。具有移位功能的寄存器称为移位寄存器。

根据数码的移位方向，可分为左移位寄存器和右移位寄存器；按功能又可分为单向移位寄存器和双向移位寄存器。

1. 电路结构

用 D 触发器构成的右移位寄存器电路如图 8-14 所示。图中，CP 是移位脉冲控制器，$\overline{R}_D$是异步清零端，D_{SR}是右移串行数据输入端，Q_3、Q_2、Q_1、Q_0是并行数据输出端，Q_3又可作为串行数据输出端。

2. 工作原理

（1）异步清零：首先使 $\overline{R}_D=0$，清除原数据，使 $Q_3Q_2Q_1Q_0=0000$，然后使 $\overline{R}_D=1$。

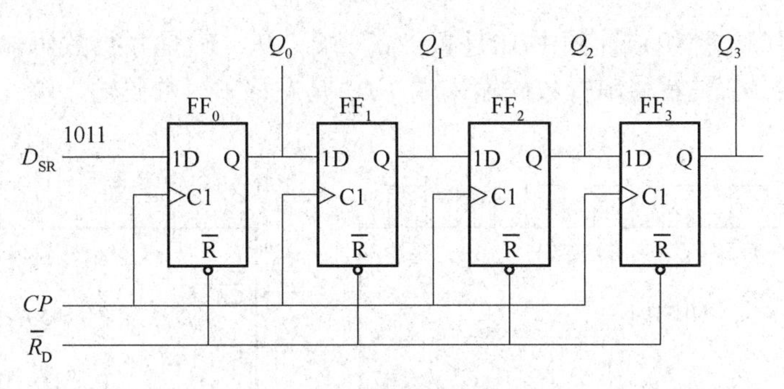

图 8-14 4 位右移位寄存器

（2）串行输入数码并右移：如果将数码 1101 右移串行输入寄存器，在移位脉冲信号 CP 控制下，经过 4 个脉冲后，则可在 $Q_3Q_2Q_1Q_0$端同时得到 1101 的数据，实现了数据的串行输入-并行输出转换。如果再输入 4 个移位脉冲，则输入数据 1101 逐位从 Q_3端输出，实现数据的串行输入-串行输出的传送。由于数据依次从低位移向高位，即从左向右移动，所以是右移位寄存器。其状态表如表 8-5 所示，时序图如图 8-15 所示。

表 8-5 4 位右移位寄存器状态表

输入		输出				逻辑功能说明
移位脉冲 CP 顺序	输入 D_{SR}	Q_0	Q_1	Q_2	Q_3	
0	1	0	0	0	0	清零
1	1	1	0	0	0	右移 1 位
2	0	1	1	0	0	右移 2 位
3	1	0	1	1	0	右移 3 位
4		1	0	1	1	右移 4 位

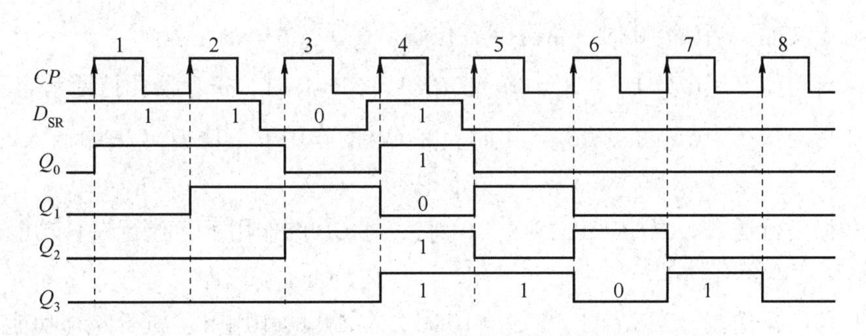

图 8-15 4 位右移位寄存器时序图

（3）保持：当 $\overline{R}_D=1$，且 CP 不为上升沿时，各触发器保持原状态不变，即实现数据的记忆存储功能。

（三）集成寄存器

图 8-16 所示为 4 位双向移位寄存器 74LS194 的引脚排列图和逻辑符号。此芯片由 4 个

RS 触发器和一些门电路组成。图中$\overline{CR}$是置“0”端，$D_3 \sim D_0$是并行数码输入端，$Q_3 \sim Q_0$是并行数码输出端；D_{SR}是右移串行数码输入端，D_{SL}是左移串行数码输入端；S_1和S_0是工作方式控制端。

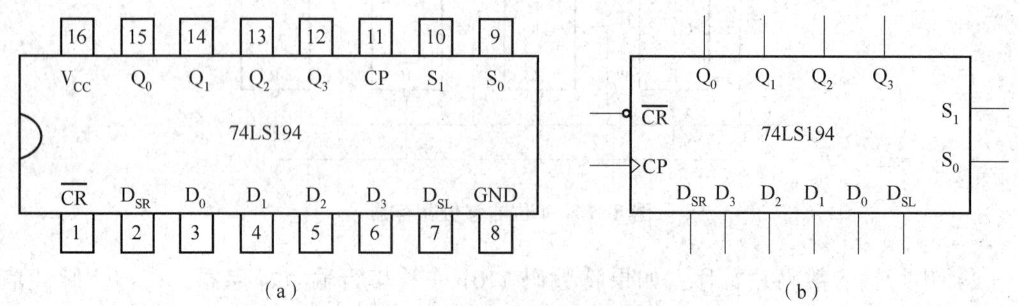

图 8-16　双向寄存器 74LS194

（a）引脚排列；（b）逻辑符号

74LS194 的功能表如表 8-6 所示，其功能说明如下。

表 8-6　74LS194 功能表

输入										输出				功能说明
$\overline{CR}$	S_1	S_0	CP	D_{SL}	D_{SR}	D_0	D_1	D_2	D_3	Q_0^{n+1}	Q_1^{n+1}	Q_2^{n+1}	Q_3^{n+1}	
0	×	×	×	×	×	×	×	×	×	0	0	0	0	清零
1	0	0	×	×	×	×	×	×	×	保持				保持
1	×	×	0											
1	1	1	↑	×	×	d_0	d_1	d_2	d_3	d_0	d_1	d_2	d_3	置数
1	0	1	↑	×	D_i	×	×	×	×	D_i	Q_0^n	Q_1^n	Q_2^n	右移
1	1	0	↑	D_i	×	×	×	×	×	Q_1^n	Q_2^n	Q_3^n	D_i	左移

（1）清零功能。当$\overline{CR}=0$时，寄存器各位置“0”。

（2）保持功能。当$\overline{CR}=1$、$S_1S_0=00$或$\overline{CR}=1$、$CP=0$时，寄存器保持原状态不变。

（3）并行送数。当$\overline{CR}=1$，$S_1S_0=11$时，在 CP 的作用下，使 $D_0 \sim D_3$端输入的数码 $d_0 \sim d_3$送入寄存器。

（4）右移串行送数。当$\overline{CR}=1$，$S_1S_0=01$时，在 CP 的作用下，执行右移功能，D_{SR}端输入的数码依次送入寄存器。

（5）左移串行送数。当$\overline{CR}=1$，$S_1S_0=10$时，在 CP 的作用下，执行左移功能，D_{SL}端输入的数码依次送入寄存器。

二、计数器

计数器

计数器是数字系统中应用最广泛的时序逻辑部件之一，其基本功能是计数，即累计输入脉冲的个数。此外，它还具有定时、分频、信号产生、数字运算等作用。

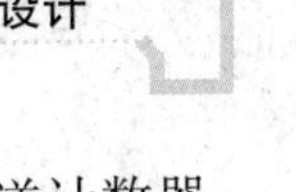

计数器有很多种类，按计数的增减方式可分为加法计数器、减法计数器和可逆计数器；按计数进制可分为二进制计数器、二-十进制计数器、N 进制计数器等；按计数脉冲的输入方式可分为同步计数器和异步计数器。

（一）二进制计数器

二进制数只有 0 和 1 两个数码。所谓二进制加法，就是“逢二进一”，即 $0+1=1$，$1+1=10$。也就是每当本位是 1，再加 1 时，本位就变为 0，而向高位进位。如果要表示 n 位二进制数，就得用 n 个触发器。计数器的编码状态随着计数脉冲的输入而周期性变化。计数器状态变化周期中的状态个数称为计数器的“模”，用 M 表示。由 n 个触发器组成、模 $M=2^n$ 的计数器，称为 n 位二进制计数器。

根据计数脉冲是否同时加在各触发器的时钟脉冲输入端，二进制计数器分为异步二进制计数器和同步二进制计数器。同步二进制计数器中，各触发器的翻转与时钟脉冲同步，工作速度较快，工作频率也较高。下面以 3 位同步二进制加法计数器为例进行说明。

1. 电路结构

同步二进制加法计数器电路结构如图 8-17 所示。

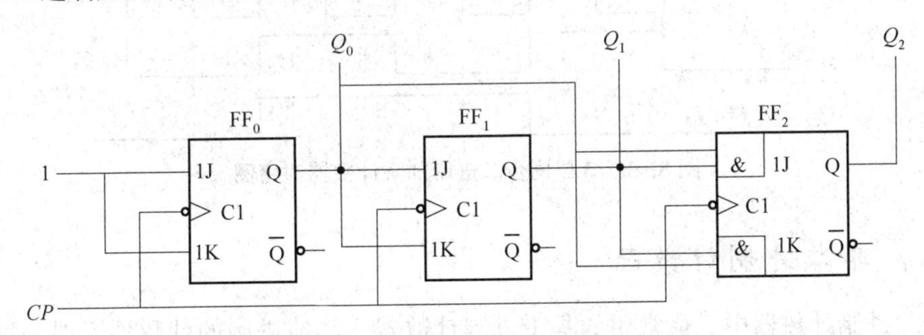

图 8-17　3 位同步二进制加法计数器电路

2. 工作原理

$J_0=K_0=1$，FF$_0$每输入一个时钟脉冲翻转一次；FF$_1$在 $Q_0=1$ 时，在下一个 CP 触发沿到来时翻转；FF$_2$在 $Q_0=Q_1=1$ 时，在下一个 CP 触发沿到来时翻转。

3. 电路状态表

图 8-17 所示电路的状态表如表 8-7 所示。

4. 时序图

图 8-17 所示电路时序图如图 8-18 所示。

由该加法计算器的时序图可看出：FF$_0$触发器的输出 Q_0是一个频率为输入时钟频率的 1/2 的方波信号，FF$_1$触发器的 Q_1输出频率是外部时钟（CP）频率的 1/4（$1/2^2$），FF$_2$触发器的 Q_2输出频率是外部时钟频率的 1/8（$1/2^3$），即输入的计数脉冲每经过一级触发器，其周期增加一倍，频率降低一半。Q_0、Q_1、Q_2分别对 CP 波形进行了二分频、四分频、八分频，因而计数器也可作为分频器。由 n 个触发器构成的二进制计数器，其末级触发器输出脉冲的频率为 CP 的 $1/2^n$，即实现对 CP 的 2^n分频。

表 8-7　图 8-17 所示电路的状态表

计数脉冲数	二进制数			十进制数
	Q_2	Q_1	Q_0	
0	0	0	0	0
1	0	0	1	1
2	0	1	0	2
3	0	1	1	3
4	1	0	0	4
5	1	0	1	5
6	1	1	0	6
7	1	1	1	7
8	0	0	0	0

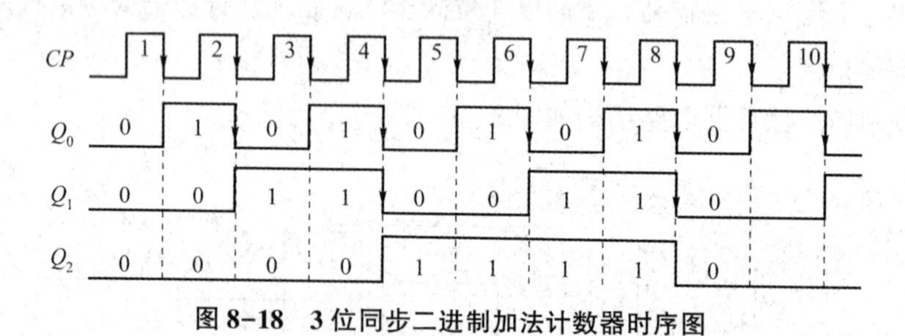

图 8-18　3 位同步二进制加法计数器时序图

（二）非二进制计数器

在非二进制计数器中，最常用的是十进制计数器，其他进制的计数器习惯上被称为任意进制计数器。这里以 8421BCD 码十进制同步计数器为例，对非二进制同步计数器进行简单的介绍。一个十进制计数器的原理是用 4 位二进制代码表示 1 位十进制数，每位十进制数有 10 个可能状态（0~9），因此需要 4 位触发器来构成。

采用 8421BCD 码的十进制加法计数器的状态表如表 8-8 所示。可见，若由 0000 状态开始计数，每 10 个脉冲一个循环，即当第 10 个脉冲到来时，由 1001 变为 0000，实现了“逢十进一”。其时序图如图 8-19 所示。

表 8-8　十进制加法计数器状态表

计数脉冲数	二进制数				十进制数
	Q_3	Q_2	Q_1	Q_0	
0	0	0	0	0	0
1	0	0	0	1	1
2	0	0	1	0	2
3	0	0	1	1	3
4	0	1	0	0	4

续表

计数脉冲数	二进制数				十进制数
	Q_3	Q_2	Q_1	Q_0	
5	0	1	0	1	5
6	0	1	1	0	6
7	0	1	1	1	7
8	1	0	0	0	8
9	1	0	0	1	9
10	0	0	0	0	进位

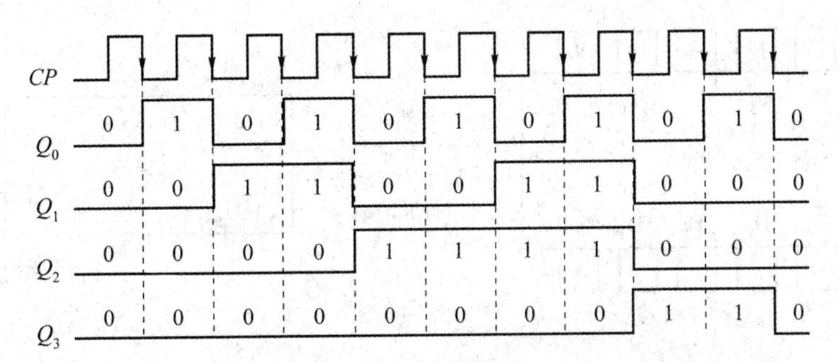

图 8-19　同步十进制加法计数器时序图

图 8-20 所示是用 JK 触发器组成的 8421BCD 码同步十进制加法计数器。

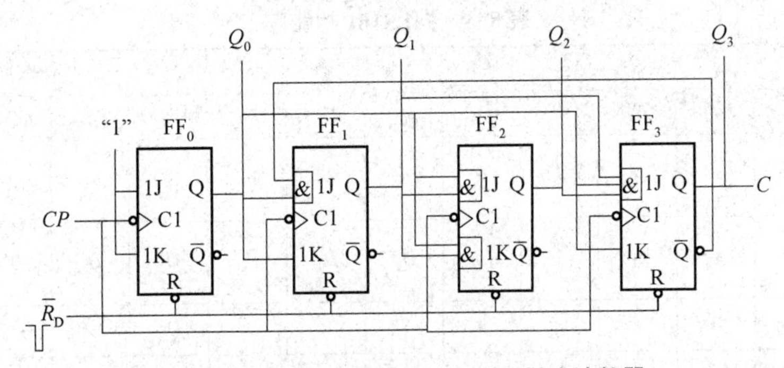

图 8-20　JK 触发器组成的十进制加法计数器

（三）集成计数器

1. 集成计数器 74LS161

集成计数器使用方便、灵活，下面介绍常用的集成二进制计数器 74LS161 的功能及应用。

图 8-21 是 4 位同步二进制加法计数器 74LS161 的引脚排列图和逻辑符号。其中 CO 是向高位进位的输出端，$\overline{CR}$是异步清零端；$\overline{LD}$是同步置数端；CT_P、CT_T为使能端，CP 是上升沿触发时钟脉冲端，D_3、D_2、D_1、D_0是预置数据输入端；74LS161 的逻辑功能表如表 8-9 所示。

（1）异步清零：当$\overline{CR}=0$时，不管其他输入端状态如何，计数器输出将被直接置“0”，$Q_3Q_2Q_1Q_0=0000$，时钟脉冲CP不起作用。

（2）同步并行置数：当$\overline{CR}=1$，$\overline{LD}=0$时，在CP的上升沿作用下，预置好的数据$D_3D_2D_1D_0$被并行送到输出端，此时$Q_3Q_2Q_1Q_0=D_3D_2D_1D_0$。

（3）计数：当$\overline{CR}=1$，$\overline{LD}=1$时，只要$CT_T \cdot CT_P=1$，在CP脉冲的上升沿作用下，计数器进行二进制加法计数。当计到$Q_3Q_2Q_1Q_0$为1111时，进位输出端CO变为1，$CO=1$的时间是从$Q_3Q_2Q_1Q_0$为1111时起，到$Q_3Q_2Q_1Q_0$的状态变化时为止。

（4）保持：当$\overline{CR}=1$，$\overline{LD}=1$时，只要$CT_T \cdot CT_P=0$，即两个使能端中有0时，则计数器保持原来状态不变。

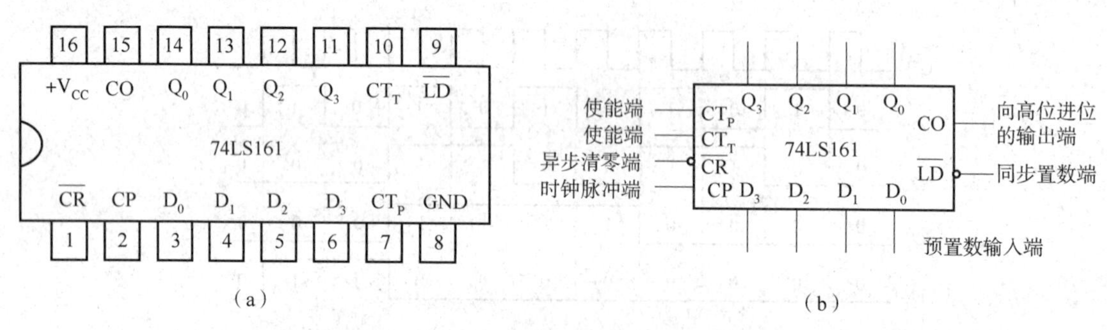

图8-21 4位同步二进制加法计数器74LS161

（a）引脚排列图；（b）逻辑符号

表8-9 74LS161功能表

序号	输入									输出				功能说明
	$\overline{CR}$	$\overline{LD}$	CT_P	CT_T	CP	D_3	D_2	D_1	D_0	Q_3^{n+1}	Q_2^{n+1}	Q_1^{n+1}	Q_0^{n+1}	
1	0	×	×	×	×	×	×	×	×	0	0	0	0	异步清零
2	1	0	×	×	↑	D_3	D_2	D_1	D_0	D_3	D_2	D_1	D_0	同步置数
3	1	1	0	×	×	×	×	×	×	Q_3^n	Q_2^n	Q_1^n	Q_0^n	保持
4	1	1	×	0	×	×	×	×	×	Q_3^n	Q_2^n	Q_1^n	Q_0^n	保持
5	1	1	1	1	↑	×	×	×	×	加1计数				加1计数

2. 集成计数器的应用

N进制是“逢N进一”。N进制计数器就是指其计数器状态每经N个脉冲循环一次。获得N进制计数器的实用方法是将集成计数器适当改接成任意进制计数器，其方法有置数法（或称置位法）和清零法（或称复位法）两种。

（1）置数法。

置数法是利用计数器的置数端在计数器计数到某一状态后产生一个置数信号，使计数的状态回到输入数据所表示的状态。

例 8-2　用置数法将 74LS161 构成六进制计数器（0000→0001→0010→0011→0100→0101）。

解：如图 8-22 所示，计数器从 0000 开始计数，当计至 5（0101）时，与非门输出低电平，使置数端 $\overline{LD}=0$。由于 74LS161 的同步置数功能，当下一个脉冲到来后使各触发器置“0”，完成一个六进制计数循环。

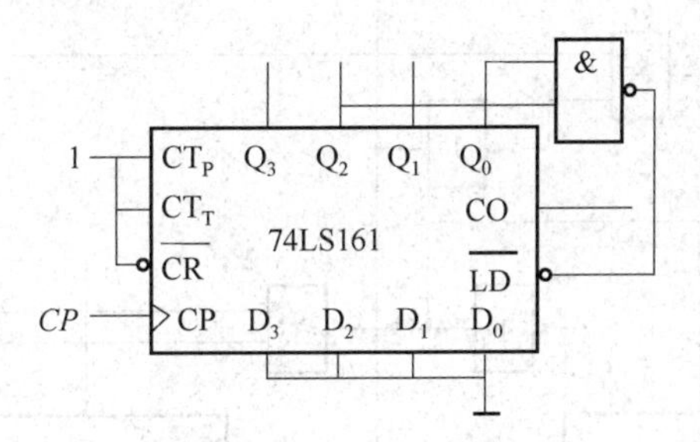

图 8-22　用置数法将 74LS161 构成六进制计数器

（2）清零法。

清零法是利用计数器的清零端在计数器计到某个数时产生一个清零信号，使计数器回到“0”状态。根据计数器是同步清零还是异步清零，在产生清零信号的状态上会有所不同。

例 8-3　用清零法将 74LS161 构成六进制计数器（0000→0001→0010→0011→0100→0101）。

解：如图 8-23 所示，计数器从 0000 开始计数，当计至 6（0110）时，与非门输出低电平，使清零端 $\overline{CR}=0$。由于 74LS161 的异步清零功能，计数器立即清零（它不需要等到下一个脉冲到来），以致还没看到 6 就已经返回至 0，即 6 是一个极短暂的过渡状态。

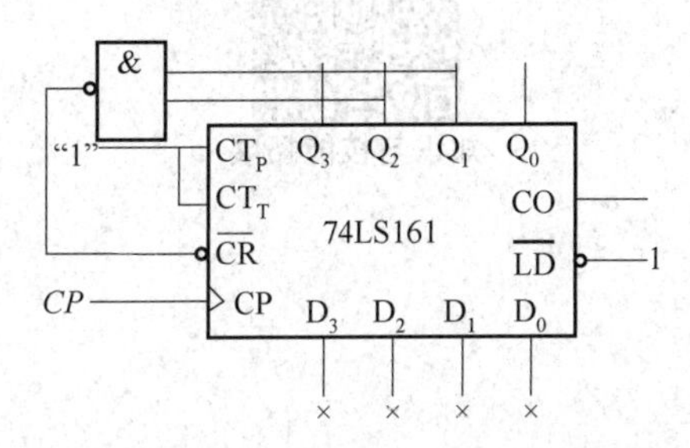

图 8-23　用清零法将 74LS161 构成六进制计数器

任务实施

根据任务要求，要实现本系统，需要设计时钟脉冲产生电路、循环控制电路和彩灯花样输出电路。时钟脉冲产生电路由 74LS194 分频实现，循环控制电路由 74LS161 和与非门电路实现，彩灯花样输出电路由 74LS194 和相关逻辑电路实现。前两个节拍由 74LS194 芯片左移右移功能易于实现，第三个节拍整体送数，利用异步清零法将清零端置“0”达 0.5 s 即可。如图 8-24 为四路彩灯显示设计电路图。

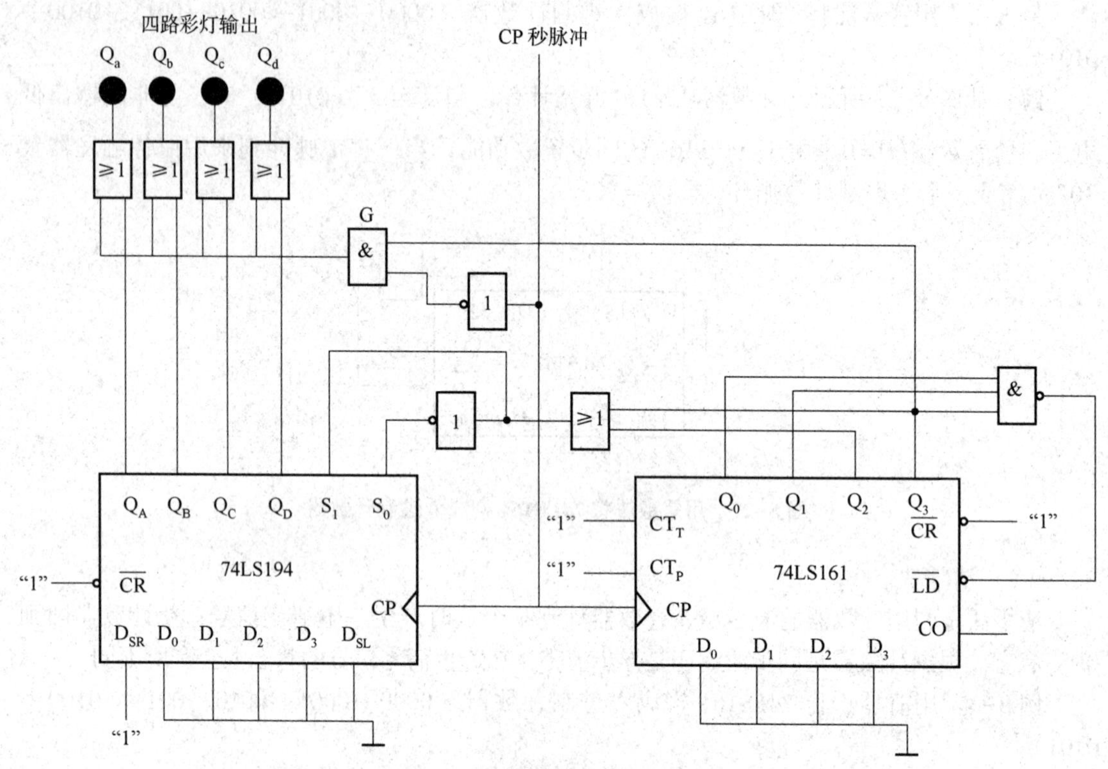

图 8-24　四路彩灯显示设计电路图

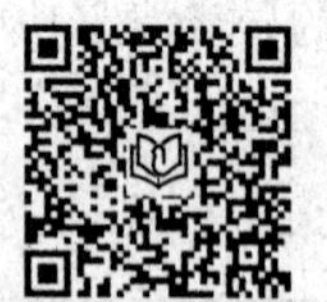

知识与技能拓展

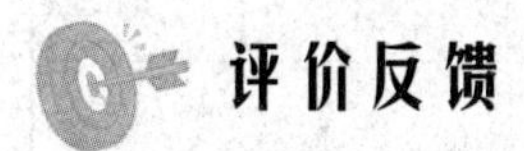

评价反馈

<table>
<tr><th colspan="8">自我评价（40%）</th></tr>
<tr><td colspan="2">项目名称</td><td colspan="2"></td><td colspan="2">任务名称</td><td colspan="2"></td></tr>
<tr><td colspan="2">班级</td><td colspan="2"></td><td colspan="2">日期</td><td colspan="2"></td></tr>
<tr><td>学号</td><td></td><td>姓名</td><td></td><td>组号</td><td></td><td>组长</td><td></td></tr>
<tr><th>序号</th><th colspan="5">评价项目</th><th>分值</th><th>得分</th></tr>
<tr><td>1</td><td colspan="5">参与资料查阅</td><td>10 分</td><td></td></tr>
<tr><td>2</td><td colspan="5">参与同组成员间的交流沟通</td><td>10 分</td><td></td></tr>
<tr><td>3</td><td colspan="5">参与设计原理图</td><td>15 分</td><td></td></tr>
<tr><td>4</td><td colspan="5">参与设计仿真电路</td><td>15 分</td><td></td></tr>
<tr><td>5</td><td colspan="5">参与调试</td><td>15 分</td><td></td></tr>
<tr><td>6</td><td colspan="5">参与汇报</td><td>15 分</td><td></td></tr>
<tr><td>7</td><td colspan="5">7S 管理</td><td>10 分</td><td></td></tr>
<tr><td>8</td><td colspan="5">参与交流区讨论、答疑</td><td>10 分</td><td></td></tr>
<tr><td>总分</td><td colspan="7"></td></tr>
</table>

<table>
<tr><th colspan="8">小组互评（30%）</th></tr>
<tr><td colspan="2">项目名称</td><td colspan="2"></td><td colspan="2">任务名称</td><td colspan="2"></td></tr>
<tr><td colspan="2">班级</td><td colspan="2"></td><td colspan="2">日期</td><td colspan="2"></td></tr>
<tr><td>被评人姓名</td><td></td><td>被评人学号</td><td></td><td>被评人组别</td><td></td><td>评价人姓名</td><td></td></tr>
<tr><th>序号</th><th colspan="5">评价项目</th><th>分值</th><th>得分</th></tr>
<tr><td>1</td><td colspan="5">前期资料准备完备</td><td>10 分</td><td></td></tr>
<tr><td>2</td><td colspan="5">原理图设计正确</td><td>20 分</td><td></td></tr>
<tr><td>3</td><td colspan="5">仿真电路设计正确</td><td>20 分</td><td></td></tr>
<tr><td>4</td><td colspan="5">心得体会汇总丰富、翔实</td><td>20 分</td><td></td></tr>
<tr><td>5</td><td colspan="5">积极参与讨论、答疑</td><td>20 分</td><td></td></tr>
<tr><td>6</td><td colspan="5">积极对遇到困难的组给予帮助与技术支持</td><td>10 分</td><td></td></tr>
<tr><td>总分</td><td colspan="7"></td></tr>
</table>

<table>
<tr><th colspan="6">教师评价（30%）</th></tr>
<tr><td>项目名称</td><td colspan="3"></td><td>任务名称</td><td></td></tr>
<tr><td>班级</td><td colspan="3"></td><td>日期</td><td></td></tr>
<tr><td>姓名</td><td></td><td>学号</td><td></td><td>组别</td><td></td></tr>
<tr><td colspan="6">教师总体评价意见：</td></tr>
<tr><td>总分</td><td colspan="5"></td></tr>
</table>

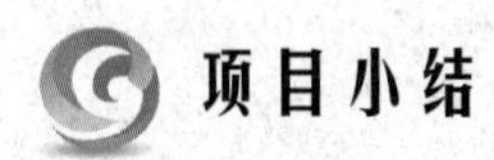

项目小结

（1）时序逻辑电路由触发器和组合逻辑电路组成，其中触发器是必不可少的。时序逻辑电路的输出状态不仅与输入状态有关，而且还与电路原来的状态有关。

（2）基本 RS 触发器的输出状态是否变化，仅取决于$\overline{S}_D$ 和$\overline{R}_D$ 输入端的状态，只有当$\overline{S}_D$和$\overline{R}_D$ 均为低电平而同时变为高电平时，电路的输出状态不定。其他情况输出均有固定的状态。

（3）同步 RS 触发器的输出状态是否变化取决于 R、S 输入端和时钟脉冲的状态。同步 RS 触发器具有计数功能，但存在空翻现象。

（4）JK 触发器和 D 触发器均具有计数功能且不会产生空翻。

（5）寄存器是用来暂时存放数码的部件，按功能可分为数码寄存器和移位寄存器。数码寄存器速度快，但必须有较多的输入和输出端。而移位寄存器速度较慢，但仅需要很少的输入和输出端。

（6）计数器和寄存器是时序逻辑电路中最常用的部件。计数器是快速记录输入脉冲个数的部件。计数器可分为加法和减法计数器、二进制和 N 进制计数器、同步和异步计数器。

学习测试

一、填空题

(1) 触发器具有__________个稳定状态，在输入信号消失后，它能保持__________。

(2) 在基本 RS 触发器中，输入端 R 或 $\overline{R}_D$ 能使触发器处于__________状态，输入端 S 或 $\overline{S}_D$ 能使触发器处于__________状态。

(3) 同步 D 触发器的特性方程为__________。

(4) 在 CP 脉冲和输入信号作用下，JK 触发器能够具有__________、__________、__________和__________的逻辑功能。

(5) 用来记忆和统计输入 CP 脉冲个数的电路，称为__________。

(6) 具有存放数码和使数码逐位右移或左移的电路称为__________。

二、判断题

(1) 同步 D 触发器的 Q 端和 D 端的状态在任何时刻都是相同的。 (　　)

(2) 采用边沿触发器是为了防止空翻。 (　　)

(3) 同一逻辑功能的触发器，其电路结构一定相同。 (　　)

(4) 同步时序电路和异步时序电路的最主要区别是，前者的所有触发器受同一时钟脉冲控制，后者的各触发器受不同的时钟脉冲控制。 (　　)

三、选择题

(1) JK 触发器在 CP 脉冲作用下，若使 $Q^{n+1}=\overline{Q}^n$，则输入信号应为（　　）。

A. $J=K=1$　　B. $J=Q$，$K=\overline{Q}$

C. $J=\overline{Q}$，$K=Q$　　D. $J=K=0$

(2) 边沿控制触发器的触发方式为（　　）。

A. 上升沿触发

B. 下降沿触发

C. 可以是上升沿触发，也可以是下降沿触发

D. 可以是高电平触发，也可以是低电平触发

(3) 用 n 个触发器构成计数器，可得到的最大计数长度为（　　）。

A. n　　B. $2n$

C. n^2　　D. 2^n

(4) 要想把串行数据转换成并行数据，应选（　　）。

A. 并行输入串行输出方式　　B. 串行输入串行输出方式

C. 串行输入并行输出方式　　D. 并行输入并行输出方式

(5) 寄存器在电路组成上的特点是（　　）

A. 有 CP 输入端，无数码输入端　　B. 有 CP 输入端和数码输入端

C. 无 CP 输入端，有数码输入端　　D. 无 CP 输入端和数码输入端。

四、分析与设计题

（1）已知主从 JK 触发器 J、K 的波形如图 8-25 所示，画出输出 Q 的波形图（设初始状态为“0”）。

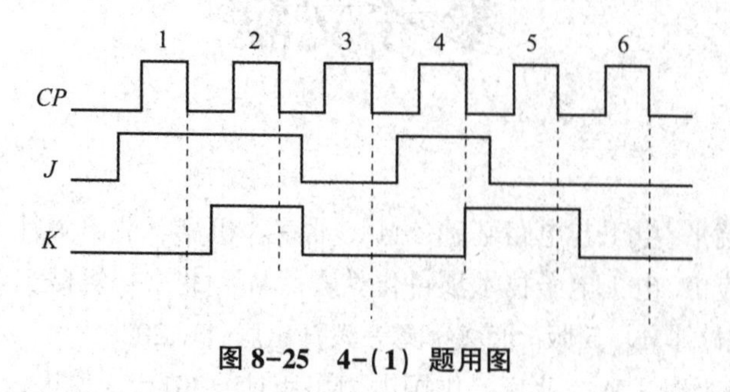

图 8-25　4-(1) 题用图

（2）用 74LS161 构成一个十二进制计数器。

参考文献

[1] 吴娟，雷晓平. 电工与电路基础［M］. 北京：机械工业出版社，2020.

[2] 王屹，赵应艳. 电工电子技术项目化教程［M］. 北京：机械工业出版社，2019.

[3] 邱关源. 电路［M］. 5 版. 北京：高等教育出版社，2006.

[4] 王枚. 电路原理［M］. 北京：中国电力出版社，2011.

[5] 何军. 电工电子技术项目教程［M］. 3 版. 北京：电子工业出版社，2023.

[6] 蔡大华. 电工与电子技术［M］. 北京：高等教育出版社，2019.

[7] 曹建林，魏巍. 电工电子技术［M］. 北京：高等教育出版社，2019.

[8] 叶国平. 电机与应用［M］. 北京：电子工业出版社，2015.

[9] 叶水音. 电机学［M］. 3 版. 北京：中国电力出版社，2015.

[10] 刘光源. 低压电气设备操作［M］. 北京：电子工业出版社，2014.

[11] 王娟. 工厂电气控制技术［M］. 北京：电子工业出版社，2014.

[12] 王书杰，汤荣生. 模拟电子技术项目式教程［M］. 北京：机械工业出版社，2018.

[13] 秦曾煌. 电工学［M］. 北京：高等教育出版社，2003.

[14] 唐明良，张红梅. 模拟电子技术仿真、实验与课程设计［M］. 重庆：重庆大学出版社，2016.

[15] 姜俐侠. 模拟电子技术项目式教程［M］. 北京：机械工业出版社，2011.

[16] 张惠荣，王国贞. 模拟电子技术项目式教程［M］. 北京：机械工业出版社，2019.

[17] 林平勇，高嵩. 电工电子技术（少学时）［M］. 4 版. 北京：高等教育出版社，2016.

[18] 徐钰琨. 电工电子技术与实践［M］. 北京：中国电力出版社，2016.